剪映

视频剪辑
从小白到大师

（电脑版）

龙飞◎编著

化学工业出版社

·北京·

内容简介

本书帮助读者快速精通剪映专业版（电脑版）的操作技巧，制作出想要的专业视频效果，让你的视频作品播放量轻松上10W+、100W+！

随书赠送：书中案例的140个素材文件、68个效果文件、260分钟同步教学视频，以及30个短视频拍摄与Vlog运镜技巧。

书中不仅涵盖了剪映专业版的全部软件功能，同时还精心安排了68个具有针对性的实例，具体讲解了剪映的剪辑、调色、变速、滤镜、转场、动画、贴纸、特效、字幕、蒙版、背景、音频以及音效等核心功能，同时精选了抖音、快手上的热门案例，如卡点效果、相册效果、合成效果、电影效果以及综合案例等，助你轻松成为视频剪辑高手！

本书适合短视频创作者、剪辑者、运营者，以及Vlogger、博主、旅游爱好者、摄影摄像师等，也可作为视频编辑相关专业的学习教材。

图书在版编目（CIP）数据

剪映视频剪辑从小白到大师：电脑版/龙飞编著.
—北京：化学工业出版社，2021.6（2024.9重印）
ISBN 978-7-122-39002-8

Ⅰ.①剪… Ⅱ.①龙… Ⅲ.①视频制作－教材
Ⅳ.①TN948.4

中国版本图书馆CIP数据核字(2021)第076075号

责任编辑：李　辰　孙　炜　　　封面设计：王晓宇
责任校对：宋　夏　　　装帧设计：盟诺文化

出版发行：化学工业出版社（北京市东城区青年湖南街13号　邮政编码100011）
印　　装：涿州市般润文化传播有限公司
710mm×1000mm　1/16　印张18　字数354千字　2024年9月北京第1版第8次印刷

购书咨询：010-64518888　　　售后服务：010-64518899
网　　址：http://www.cip.com.cn
凡购买本书，如有缺损质量问题，本社销售中心负责调换。

定　　价：98.00元

005　对视频进行旋转与校正

006　裁掉不需要出现的画面

009　导出 4K 高品质的短视频

010　给视频添加背景音乐

011　给视频添加场景音效

013　使用抖音收藏的音乐

017　对音频进行变速处理

020　在视频中添加文字内容

021　在视频中添加花字效果

025　设置视频中的文字动画

026　自动朗读将文字转换为语音

029 制作古风烟雾文字效果

030 制作卡拉 OK 文字效果

031 简单风光色调：画面效果更夺目

035 赛博朋克色调：展现桥梁彩色灯光

036 唯美鲜亮色调：突出清新的油菜花

038 无缝转场：运动切换大桥的光影变化

041 抠图转场：用局部元素带出整体视频

043　旋转立方体卡点：打造炫酷的霓虹灯

044　抖动拍照卡点：制作动感的录像机效果

049　动态写真：创意九宫格玩法，让你刷爆朋友圈

050　蒙版抠图：让照片画面跟随音乐节奏显示出来

053　双人分身：让自己给自己拍照打卡

054　超级月亮：二次曝光合成画面效果

055　空中定格：打响指控制雨伞的掉落

056　挥手变天：蓝天白云秒变漫天星辰

057　雪花飘落：制作城市夜景情景短视频

059　穿越铁门：电影里的特异功能这么玩

060　城市碟中谍：制作大片感的镜头效果

061　一人变多人：超火的时间定格分身术

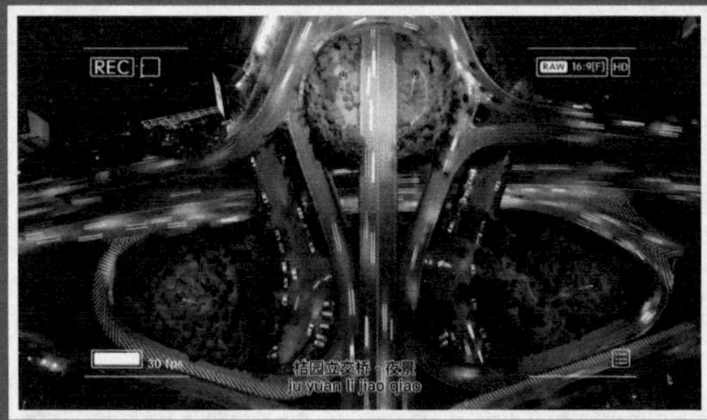

第 10 章　《秀美风光》：剪映后期制作全流程

第 11 章　《蔡伦竹海》：高手进阶特效轻松玩

前 言

抖音平台于2021年1月5日发布的《2020抖音数据报告》显示，截至2020年12月，抖音日活跃用户数突破6亿，日均视频搜索次数突破4亿。从这些数据可以看到，如今已经是一个“人人玩抖音”的短视频时代，人们越来越喜欢用视频来展示自己的个性与风格。

短视频已经成为人们生活当中一种常用的娱乐消遣方式，甚至成为很多人生活的一部分，大量用户还以短视频拍摄和运营为职业，从中赢得更多的商业机会。一个成功的爆款短视频，能够让拍摄者和演员在短时间内吸引大量观众注意。

目前，市场上的手机短视频书籍已经非常多了，本书主要以抖音官方出品的剪映专业版（电脑版）为主要操作平台，同时收集了大量爆款短视频作品，结合这些实战案例来策划和编写这本书，希望能够真正帮助大家提升自己的视频剪辑技能。

与手机App版相比，剪映专业版拥有更加清晰的操作界面和更加强大的面板功能，更适合电脑端用户的软件布局，同时也延续了移动端全能易用的操作风格，能够适用于各种专业的剪辑场景。

剪映专业版拥有很多智能化的功能，通过AI（Artificial Intelligence，人工智能）技术为用户的创作赋能。在遇到比较繁杂的操作时，AI可以帮助用户节约更多时间，从而把有限的时间留给创作。

同时，剪映专业版还拥有更多高阶功能，可以覆盖后期剪辑任务的全部场景，满足用户的各类剪辑需求。

（1）多轨剪辑：支持多视频轨道和音频轨道的编辑，帮助用户轻松处理各种繁杂的编辑项目。

（2）曲线变速：内置了多种专业变速预设参数，用户可以一键添加变速效果，让随手拍摄的生活视频片段也可以展现出大片感。

（3）蒙版合成：内置了多种类型的蒙版，为用户带来多元化的后期玩法，可以丰富多视频轨道的创作效果，打造出超乎想象的画面感。

（4）语音识别：内置AI智能语音识别功能，能够智能识别字幕和歌词，给视频批量加字幕不再是用户的烦恼。

（5）海量素材：拥有丰富的素材库，其中囊括了数千种热门素材，包括音频、文本、贴纸、特效、动画、转场和滤镜等，而且这些素材还会实时更新，能够满足用户的不同创作需求，让视频画面更加丰满。

（6）极致体验：用户可以根据需要设置输出视频的分辨率、码率、帧率和格式等参数，最高支持4K分辨率和60fps帧率，输出的作品画面更优质，兼容性更强。

从手机到电脑，从短视频到中视频和长视频，剪映专业版能够让用户更加简单高效地创作自己的作品，用影像更好地去展现每一个精彩的片段。

随着自媒体内容形式的发展，用户体验差的图文内容已经逐渐疲软，变现变得越来越困难，而视频自媒体则因为有更好的观看体验，各大平台也越来越重视短视频和中视频的布局。如果你也想要在视频的风口上“飞起来”，那么赶紧阅读这本书，一定会有你想要的内容。

本书最大的特色亮点分为以下3点。

（1）技巧为主，纯粹干货：课程设计体系化，共11大章节内容，全书通过68个实用性超强的干货型技巧，采用实战案例讲解，步骤详细，可以帮助大家从新手快速成为视频后期制作高手。

（2）简单粗暴，有趣有料：本书的视频素材均来自笔者的旅途所见所闻，笔者实拍实操详细分解每个知识点，内容深入浅出，能够有效激发读者的创作灵感，做出有专业水准的视频。

（3）好玩易学，实战示范：本书没有枯燥的理论，纯实战教学，手把手教读者学会剪映专业版的操作技巧，做出属于自己的爆款视频作品。

本书由龙飞编著，提供视频素材和拍摄帮助的人员还有苏高、向小红、陈小芳、刘华敏、刘振远、包超锋、严茂钧、卢博、彭爽、杨婷婷、刘伟等，在此表示感谢。由于作者知识水平有限，书中难免有不足和疏漏之处，恳请广大读者批评、指正，联系微信：2633228153。

特别提示：本书在编写时，是基于当前剪映电脑软件截取的实际操作图片，但书从编辑到出版需要一段时间，在这段时间里，软件界面与功能会有调整与变化，比如有些功能被删除了，或者增加了一些新功能等，这些都是软件开发商做的软件更新。若图书出版后相关软件有更新，请以更新后的实际情况为准，根据书中的提示，举一反三进行操作即可。

编著者

Mac 电脑版与 Windows 电脑版的操作说明

目前，剪映电脑版主要包括Windows和Mac两个版本，这两个版本的功能基本一致，具体相同之处如下。

（1）功能区：均分为视频、音频、文本、贴纸、特效、转场、滤镜和调节8个功能模块，提供的细节功能也基本一致。

（2）时间线窗口：均提供了撤销、恢复、分割、删除、定格、倒放、镜像、旋转和裁剪等常用剪辑功能。

（3）预览窗口：都可以显示当前时间和视频总时长，同时都具有画布尺寸调整、全屏预览和播放/暂停功能。

（4）素材操作区：均提供了画面、音频、变速、动画、调节和背景等调整功能。

用户在Windows电脑版和Mac电脑版上进行上述操作时，两者的操作方法基本相同，均可以实现同样的视频效果。不过，Mac电脑版与Windows电脑版存在一些极细微的差别，用户在做某些效果时需要注意。

1. 界面布局

两个版本的软件界面布局大致相同，唯一的不同之处在于，Windows电脑版中将素材操作区单独拿出来放到了右上角区域，操作便捷度更高，但看上去稍显凌乱。而Mac电脑版中则将素材操作区和功能区集成到一起了，在操作时可以将没必要出现的功能屏蔽掉，操作精准度高更。

Mac电脑版的软件界面的集成度和清晰度都比较高，非常适合做视频的后期设计，如下图所示。

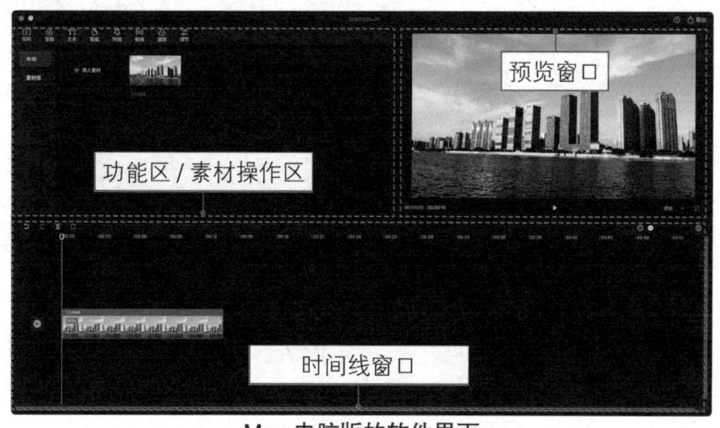

Mac 电脑版的软件界面

Windows电脑版的软件界面展现的功能非常多，操作起来比较便捷，如下图所示。

Windows 电脑版的软件界面

2. 功能区别

Windows电脑与Mac电脑版相比，只在时间线窗口中多出了一个吸附功能（可将素材自动对齐时间轴），如下图所示。

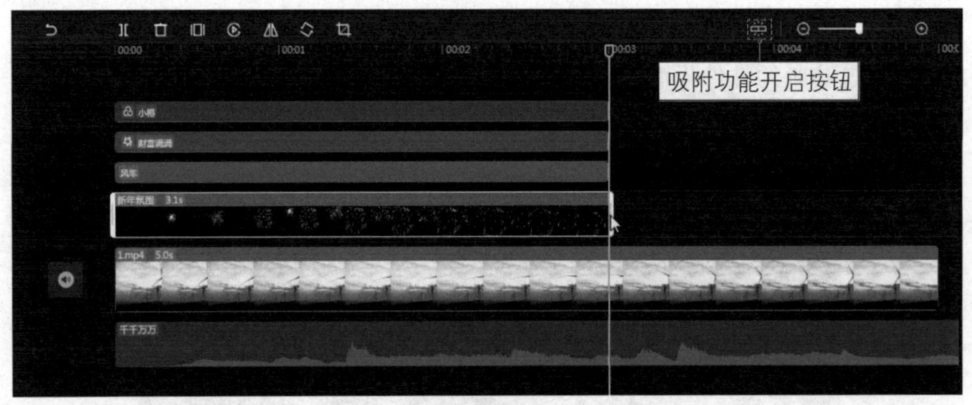

吸附功能

而在Mac电脑版的素材操作区中，则多出了“蒙版”和“曲线变速”功能，如下图所示。“蒙版”是一个非常强大的功能，也是本书选择以Mac电脑版来写稿的主要原因，书中很多案例都使用到了“蒙版”功能来完成。

通过“曲线变速”功能，用户可以自定义设置变速倍速，或者使用预设的变速模板，让整个视频画面的变速过程更具线性变化。

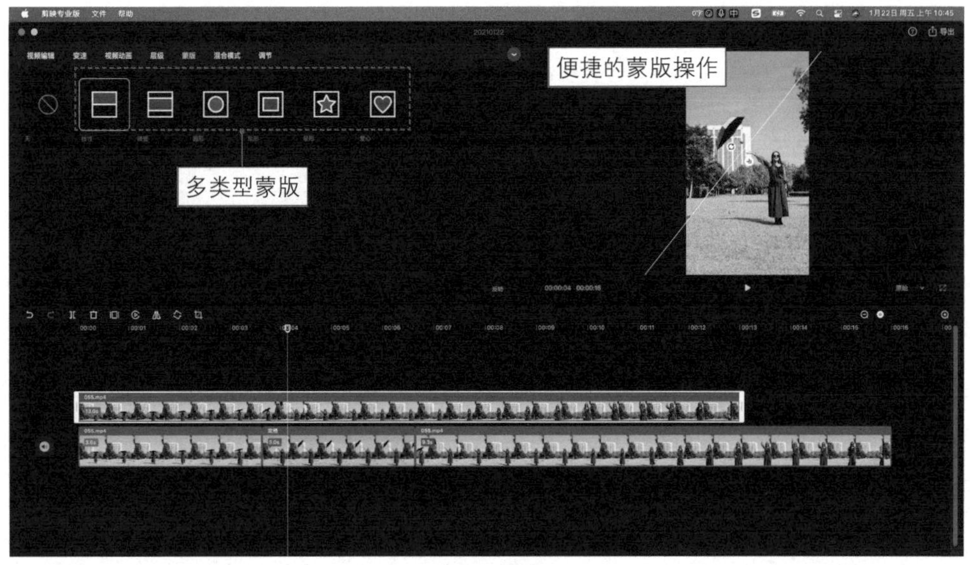

“蒙版”功能

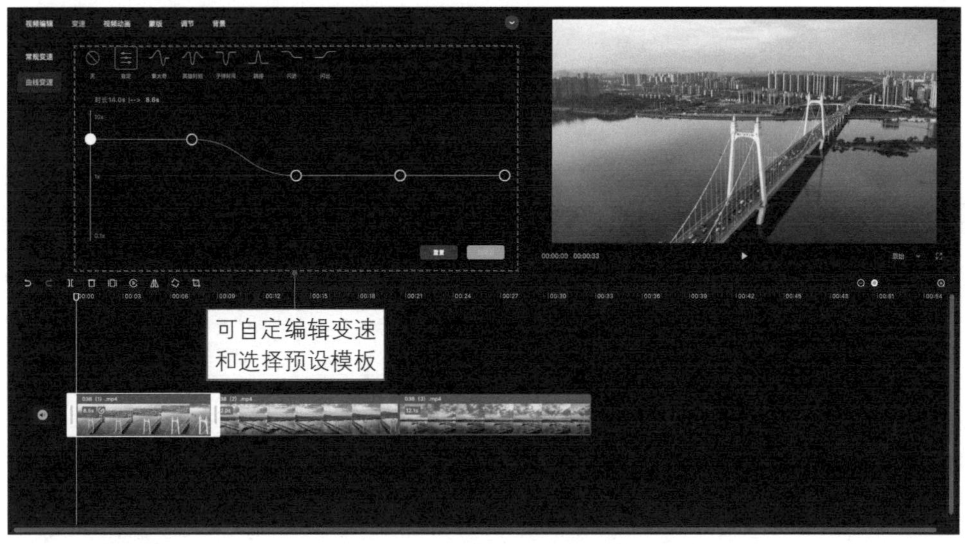

“曲线变速”功能

3. 操作快捷键

总的来说，除了个别功能有区别外，Mac电脑版与Windows电脑版的操作方法基本一致。另外，剪映电脑版的快捷键也比较少，下面进行总结，如下表所示。

剪映电脑版的快捷键

操作说明	Mac 电脑版	Windows 电脑版
分割	Command（⌘）+B	Ctrl+B
复制	Command（⌘）+C	Ctrl+C
剪切	Command（⌘）+X	Ctrl+X
粘贴	Command（⌘）+V	Ctrl+V
删除	Delete（删除键）	Backspace（回退键）
		Delete（删除键）
撤销	Command（⌘）+Z	Ctrl+Z
恢复	Shift（⇧）+Command（⌘）+Z	Shift+Ctrl+Z
上一帧	无	←
下一帧	无	→
手动踩点	Command（⌘）+J	Ctrl+J
轨道放大	Command（⌘）++	Ctrl++
轨道缩小	Command（⌘）+ –	Ctrl+ –
时间线上下滚动	无	滚轮上下
时间线左右滚动	无	Alt+ 滚轮上下
吸附开关	无	N
播放 / 暂停	空格键	Spacebar（空格键）
全屏 / 退出全屏	Command（⌘）+F	Ctrl+F
取消播放器对齐	无	长按 Ctrl
新建草稿	Command（⌘）+N	Ctrl+N
导入视频 / 图像	Command（⌘）+I	Ctrl+I
切换素材面板	▶	Tab（跳格键）
关闭功能面板	Esc	无
导出	Command（⌘）+E	Ctrl+E
退出	Command（⌘）+Q	Ctrl+Q

目　录

第 1 章

视频剪辑：手把手教会你做影视后期

001 分割与删除多余视频片段

在剪映软件中剪辑视频之前，首先要将素材导入到软件中，然后对其进行分割处理，并删除多余的视频片段，下面介绍具体的操作方法。

扫码看效果

扫码看教程

步骤 01 打开剪映软件，在主界面中单击“开始创作”按钮，如图 1–1 所示。

步骤 02 进入视频剪辑界面，单击“导入素材”按钮，如图 1–2 所示。

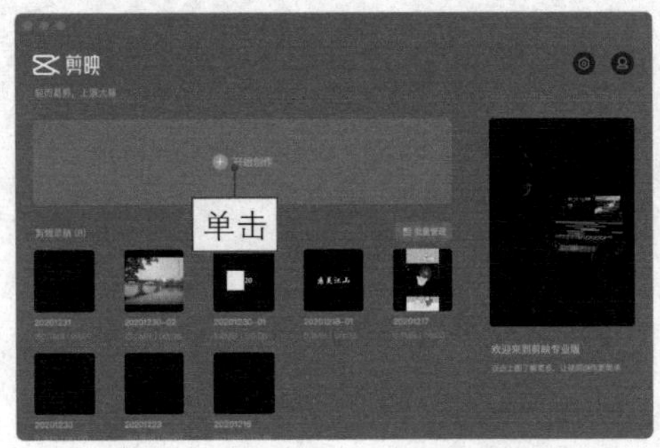

图 1–1 **单击“开始创作”按钮**

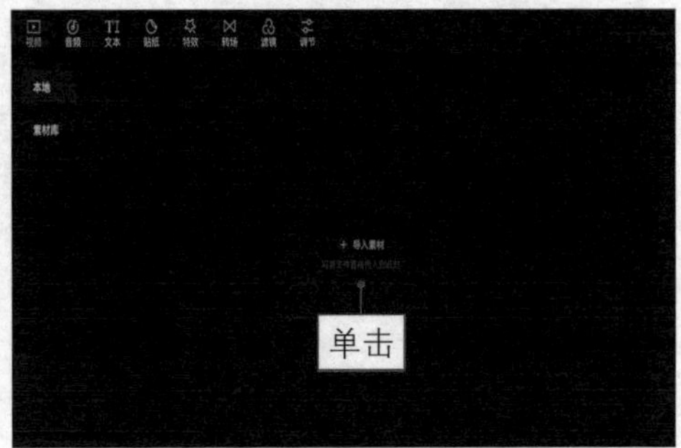

图 1–2 **单击“导入素材”按钮**

步骤 03 打开素材所在文件夹，选择相应的视频文件，如图 1–3 所示。

步骤 04 单击“打开”按钮，将视频文件导入到“本地”素材库中，如图 1–4 所示。

图 1–3 **选择相应的视频文件**

图 1–4 **导入到“本地”素材库中**

步骤 05 ❶ 选择视频文件；❷ 在右侧的预览窗口中可以播放预览视频效果，如图 1–5 所示。

步骤 06 单击视频素材缩略图右下角的添加按钮⊕，即可将其添加到时间线窗口的视频轨道中，如图 1–6 所示。

步骤 07 ❶ 拖曳时间轴至相应位置处；❷ 单击“分割”按钮Ⅱ，如图 1–7 所示。

图 1–5　**预览视频效果**

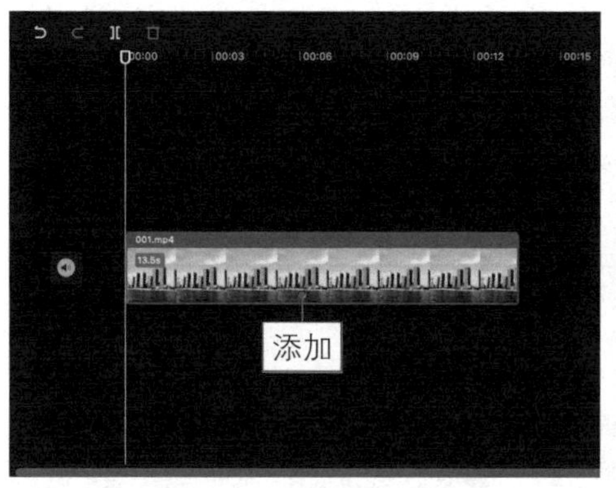

图 1–6　**添加到视频轨道中**

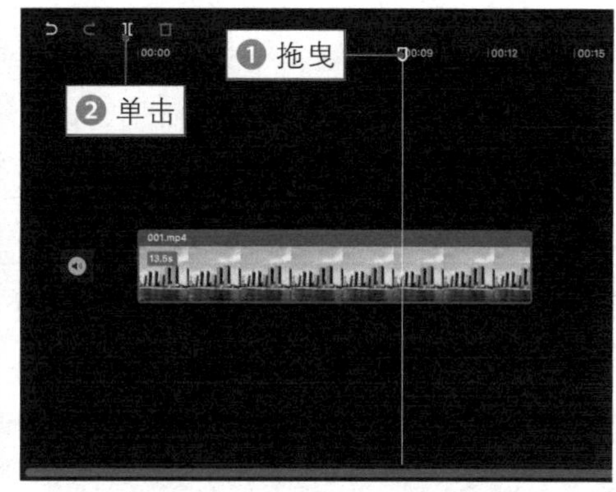

图 1–7　**单击“分割”按钮**

步骤 08 执行操作后，即可分割视频，选择分割出来的后半段视频，如图 1–8 所示。

步骤 09 单击“删除”按钮，即可删除多余的视频片段，如图 1–9 所示。

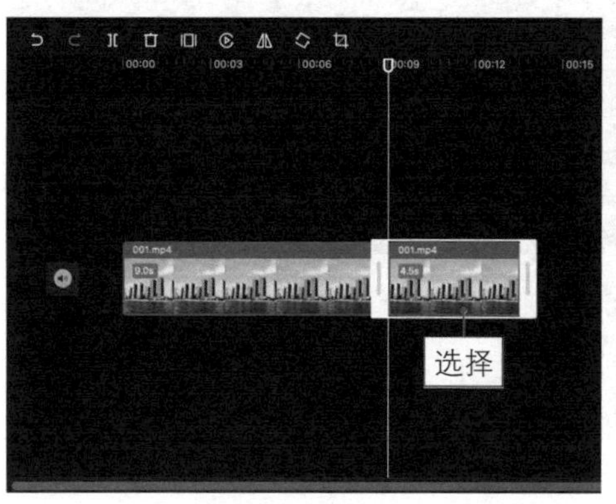

图 1–8　**选择分割出来的后半段视频**

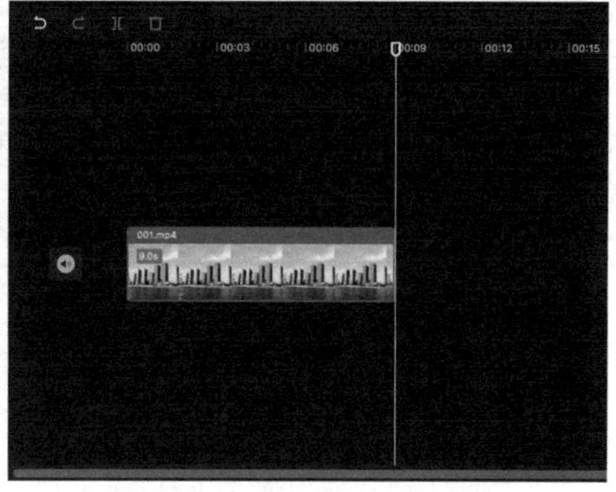

图 1–9　**删除多余的视频片段**

★专家指点★

预览窗口左下角的时间，表示当前时长和视频的总时长。单击右下角的⛶按钮，可全屏预览视频效果。单击“播放”按钮▷，即可播放视频。用户在进行视频编辑操作后，单击“撤回”按钮↶，即可撤销上一步的操作。

002 制作定格片段画面效果

通过剪映的“定格”功能，可以让视频画面定格在某个瞬间。用户在遇到精彩的画面镜头时，即可使用“定格”功能来延长这个镜头的播放时间，从而增加视频对观众的吸引力。下面介绍制作定格片段画面效果的操作方法。

扫码看效果

扫码看教程

步骤 01 ❶ 在剪映中导入 1 个视频素材；❷ 并将其添加到视频轨道，如图 1–10 所示。

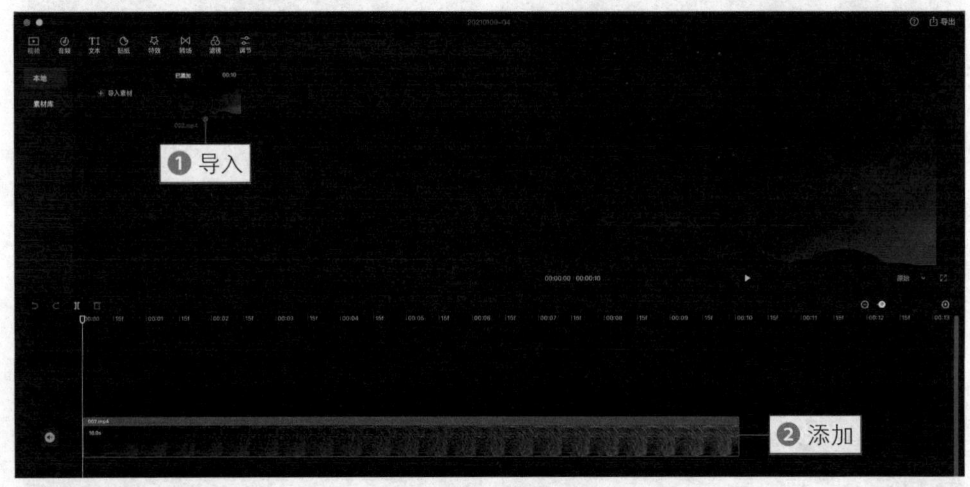

图 1–10　**将素材添加到视频轨道**

步骤 02 ❶ 将时间轴拖曳至视频结尾处；❷ 单击“定格”按钮▣，如图 1–11 所示。

步骤 03 执行操作后，即可生成定格片段，如图 1–12 所示。

步骤 04 拖曳定格片段右侧的白色拉杆，即可调整其时间长度，如图 1–13 所示。

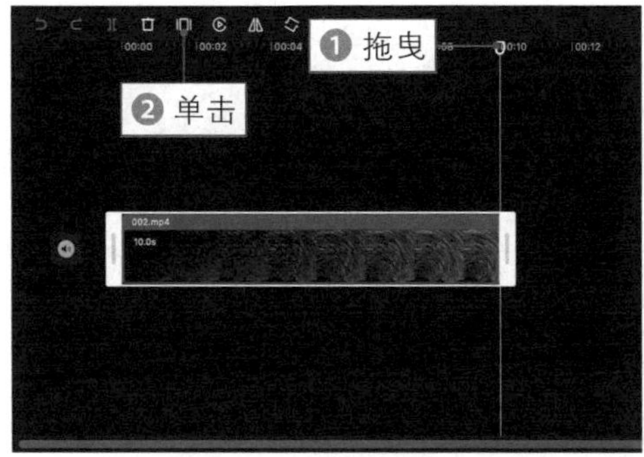

图 1–11　**单击“定格”按钮**

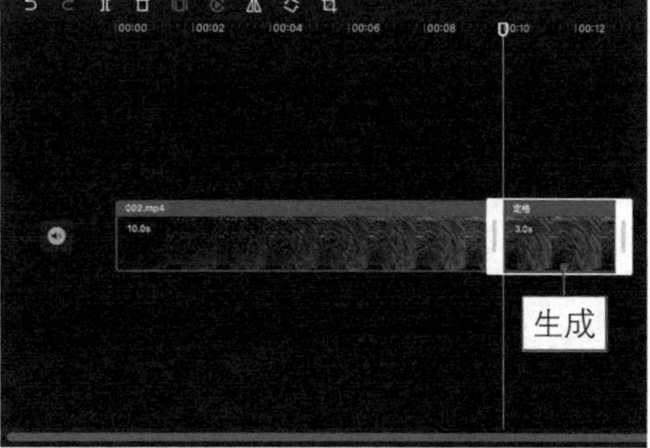

图 1–12　**生成定格片段**

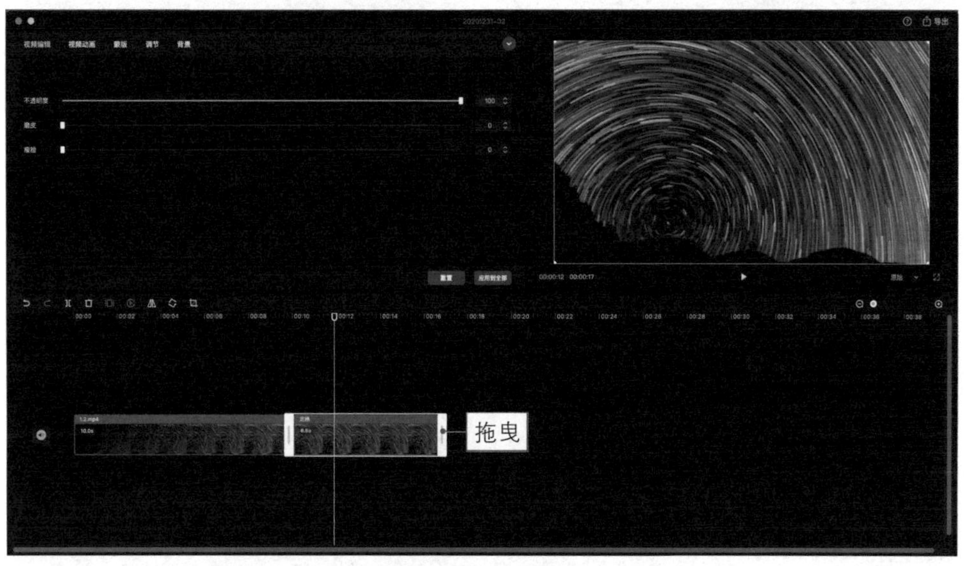

图 1–13　**调整定格片段的时间长度**

003　制作时光倒流画面效果

使用剪映的“倒放”功能，可以制作出时光倒流的视频画面效果，下面介绍具体的操作方法。

扫码看效果

扫码看教程

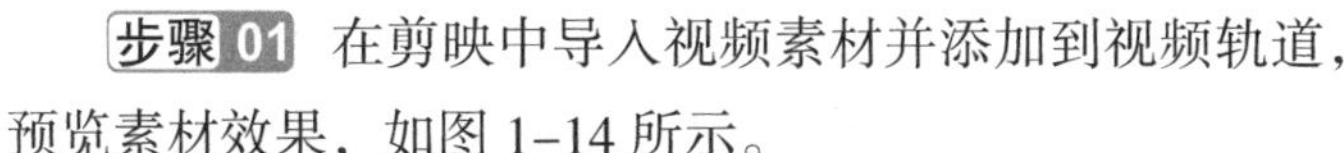

步骤 01　在剪映中导入视频素材并添加到视频轨道，预览素材效果，如图 1–14 所示。

步骤 02　❶ 选择视频轨道；❷ 单击“倒放”按钮，如图 1–15 所示。

步骤 03　执行操作后，即可对视频进行倒放处理，并显示处理进度，如图 1–16 所示。

图 1–14　预览素材效果

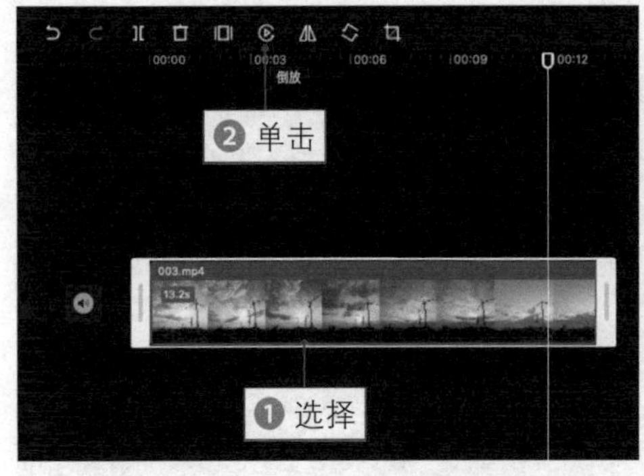

图 1–15　单击“倒放”按钮

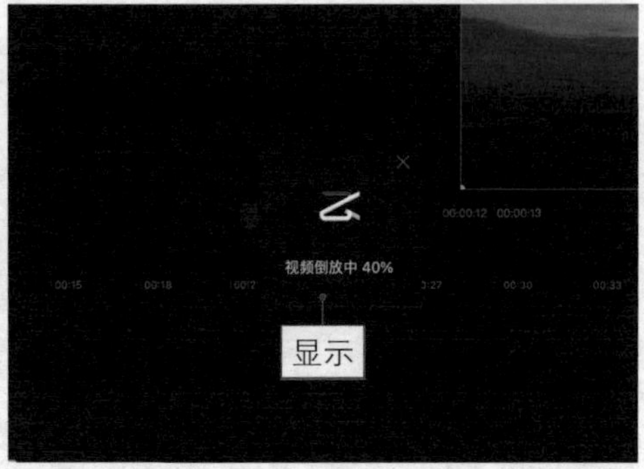

图 1–16　显示处理进度

步骤 04 稍等片刻即可完成倒放处理，预览视频效果，如图 1–17 所示。

图 1–17　预览视频效果

004　制作镜像视频画面效果

使用剪映的“镜像”功能，可以对视频画面进行水平镜像翻转操作，主要用于纠正画面视角或者打造多屏播放效果，下面介绍具体的操作方法。

扫码看效果

扫码看教程

步骤 01 在剪映中导入 1 个视频素材，添加两个重复的素材到视频轨道中，如图 1–18 所示。

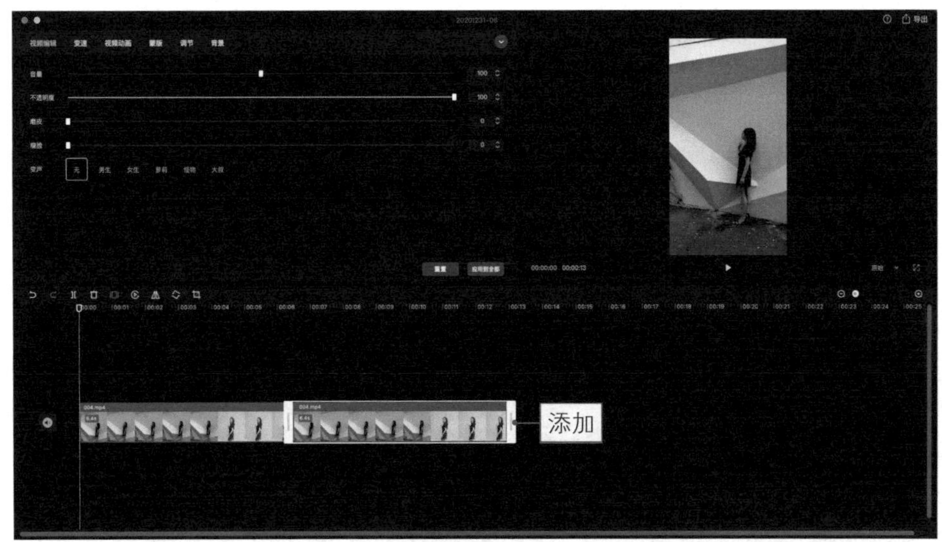

图 1–18　**添加两个素材到视频轨道中**

步骤 02　选择后面的视频素材，❶ 将其拖曳至上方的画中画轨道中；❷ 将画布比例设置为 4：3；❸ 适当调整主轨道和画中画轨道中的视频画面位置，如图 1–19 所示。

图 1–19　**调整主轨道和画中画轨道中的视频画面位置**

步骤 03　❶ 选择画中画轨道；❷ 单击“镜像”按钮 ；❸ 即可将其进行水

平镜像翻转，如图 1–20 所示。

图 1–20　**水平镜像翻转画中画轨道**

★专家指点★

画中画效果是指在同一个视频中同时显示多个视频的画面。在剪映手机版的工具栏中，会直接显示“画中画”功能按钮；而电脑版虽然没有直接显示该功能，但用户仍然可以通过拖曳视频至画中画轨道的方式，来进行多轨道操作。

步骤 04 播放预览视频效果，画面中同时出现两个人物，如图 1–21 所示。

图 1–21　**预览视频效果**

★专家指点★

在剪映的视频剪辑界面中单击右上角的?按钮，弹出“快捷键”对话框，其中包含一些剪辑操作的快捷键，能够帮助用户提升剪辑效率。

005　对视频进行旋转与校正

使用剪映的“旋转”功能，可以对视频画面进行顺时针 90° 旋转操作，能够简单纠正画布的视角，或者打造一些特殊的画面效果。下面介绍“旋转”功能的具体操作方法。

扫码看效果

扫码看教程

步骤 01　❶ 在剪映中导入 1 个视频素材；❷ 添加两个重复的素材到视频轨道中，如图 1–22 所示。

图 1–22　**添加两个重复素材到视频轨道中**

步骤 02　选择后面的视频素材，❶ 将其拖曳至上方的画中画轨道中；❷ 选择主视频轨道；❸ 单击“旋转”按钮；❹ 旋转视频画面，如图 1–23 所示。

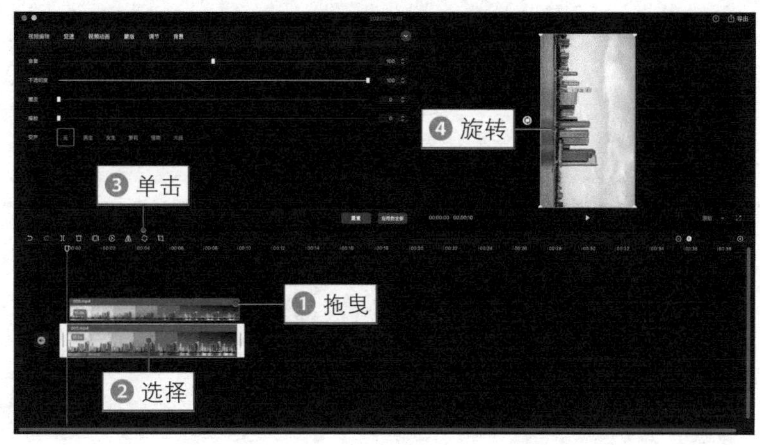

图 1–23　**旋转视频画面**

步骤 03 再次单击“旋转”按钮旋转画面，并单击“镜像”按钮翻转画面，形成垂直翻转的画面效果，如图 1–24 所示。

步骤 04 在预览窗口中，适当调整主轨道和画中画轨道的视频位置，形成上下对称的画面效果，如图 1–25 所示。

图 1–24 垂直翻转画面

图 1–25 调整视频位置

步骤 05 播放预览视频，打造出一种“逆世界”的镜像特效，如图 1–26 所示。

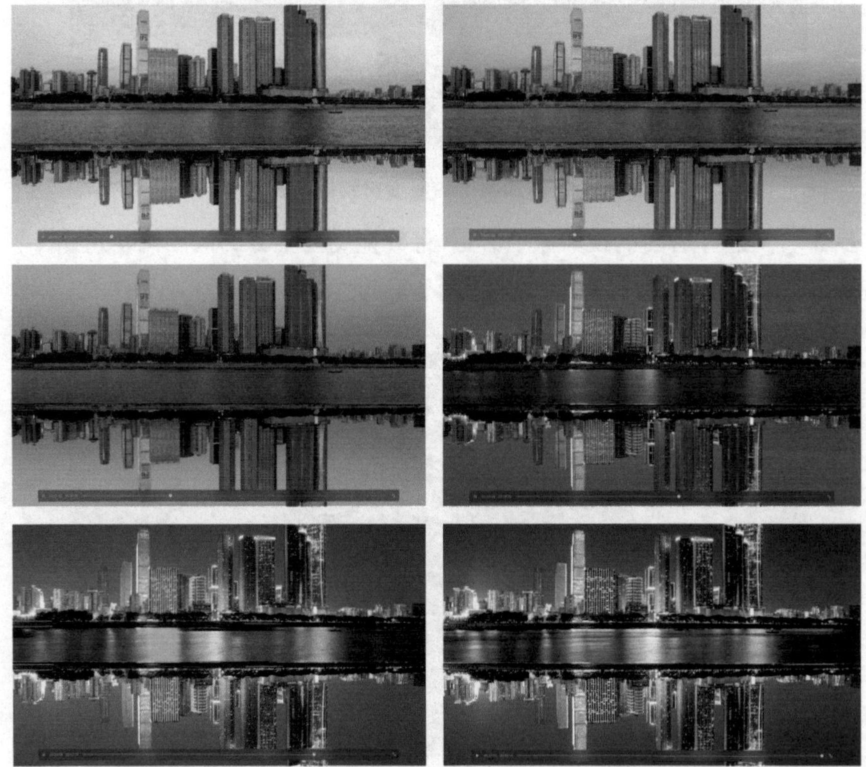

图 1–26 预览视频效果

006 裁掉不需要出现的画面

扫码看效果

扫码看教程

用户在前期拍摄短视频时，如果发现画面局部有瑕疵，或者构图不太理想，也可以在后期利用剪映的“裁剪”功能，对视频进行更加精确的旋转或者裁掉部分画面，下面介绍具体的操作方法。

步骤 01 在剪映中导入视频素材并添加到视频轨道，❶ 选择视频轨道；❷ 单击“裁剪”按钮，如图 1-27 所示。

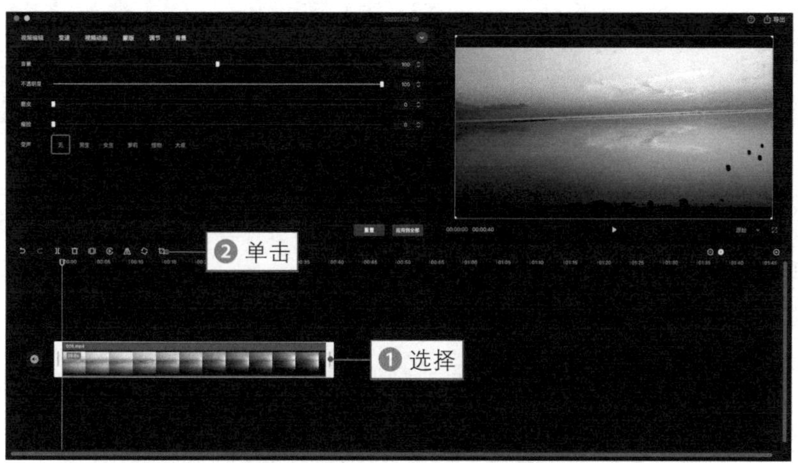

图 1-27　**单击“裁剪”按钮**

步骤 02 执行操作后，弹出“裁剪”对话框，设置“旋转角度”为 2、“裁剪比例”为 16 : 9，即可校正倾斜的水平线，如图 1-28 所示。

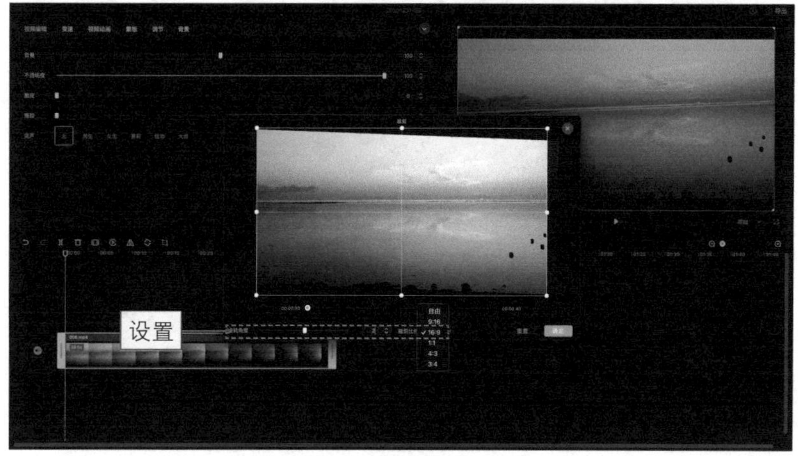

图 1-28　**设置相应参数**

步骤 03 在“裁剪”对话框的预览区域中拖曳裁剪控制框，对画面进行适当裁剪，如图 1–29 所示。

步骤 04 单击“确定”按钮，确认裁剪操作，如图 1–30 所示。

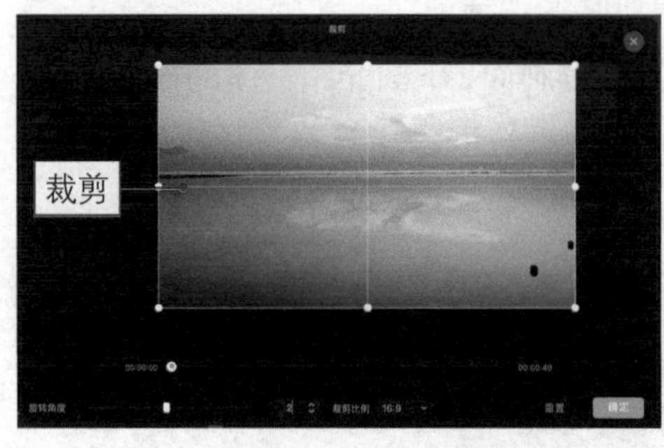

图 1–29 **裁剪画面**

图 1–30 **确认裁剪操作**

步骤 05 播放预览视频，水平线构图可以让画面显得更加宁静、舒适，如图 1–31 所示。

图 1–31 **预览视频效果**

007　将横版视频变成竖版视频

使用剪映的比例调整功能，可以快速将横版视频转换为竖版效果，下面介绍具体的操作方法。

扫码看效果 (1)

扫码看效果 (2)

扫码看教程

步骤 01 ❶ 在剪映中导入视频素材并添加到视频轨道；❷ 单击预览窗口中的“原始”按钮，如图 1-32 所示。

图 1-32　**单击“原始”按钮**

步骤 02 ❶ 在弹出的下拉列表中选择“9 : 16”选项；❷ 即可将视频画布调整为相应尺寸大小，如图 1-33 所示。

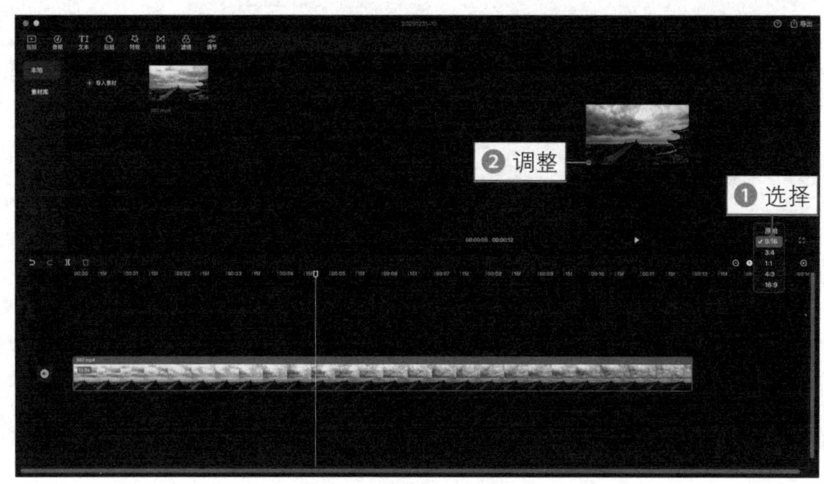

图 1-33　**调整视频画布**

步骤 03 使用这种方法制作的竖版视频，画面上下会出现黑色背景，同时视频画面能够获得完整的展现，效果如图 1–34 所示。

图 1–34　**黑色背景的竖版视频效果**

步骤 04 如果用户对效果不满意，❶ 也可以选择视频轨道；❷ 并在预览窗口中调整视频画面的大小和展现区域，如图 1–35 所示。

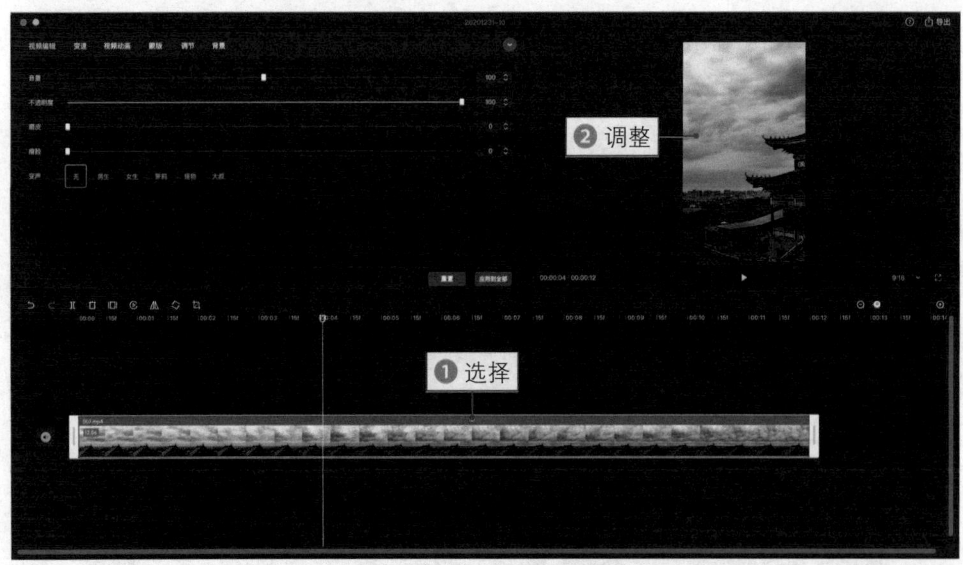

图 1–35　**调整视频画面**

★专家指点★

例如，抖音平台的竖版视频尺寸为 1080×1920，即 9∶16 的宽高比。对于尺寸过大的视频，抖音会对其进行压缩，因此，画面可能会变得很模糊。

步骤 05 使用这种方法制作的竖版视频，画面上下没有黑色背景，能够获得满屏展现，但视频画面会被大量裁剪，只能显示局部区域，效果如图 1–36 所示。

图 1–36　**满屏展现的竖版视频效果**

008 制作创意的视频背景效果

当用户将横版视频转换为竖版后，如果对黑色背景不太满意，也可以使用剪映的“背景”功能，修改背景的颜色或者更换其他的背景效果，下面介绍具体的操作方法。

扫码看效果

扫码看教程

步骤 01 ❶ 在剪映中导入视频素材并添加到视频轨道；❷ 单击预览窗口中的“原始”按钮，如图 1–37 所示。

步骤 02 ❶ 设置画布比例为 9∶16；❷ 即可将视频画布调整为抖音竖屏的尺寸大小，如图 1–38 所示。

步骤 03 ❶ 选择视频轨道；❷ 单击“背景”按钮；❸ 切换至“颜色”选项卡；❹ 在其中选择相应的背景颜色，效果如图 1–39 所示。

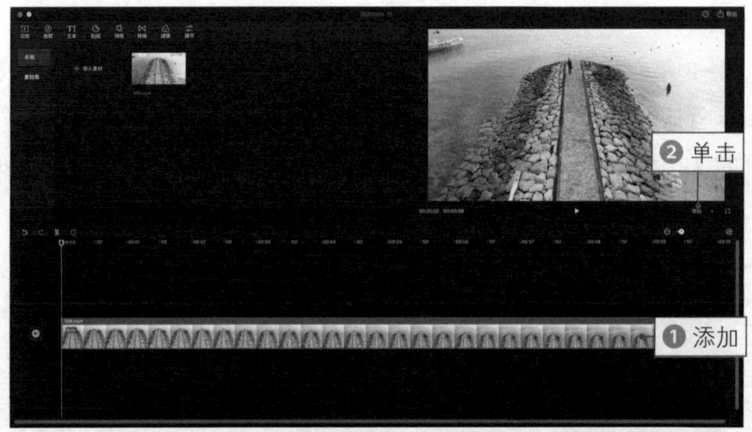

图 1-37 **单击“原始”按钮**

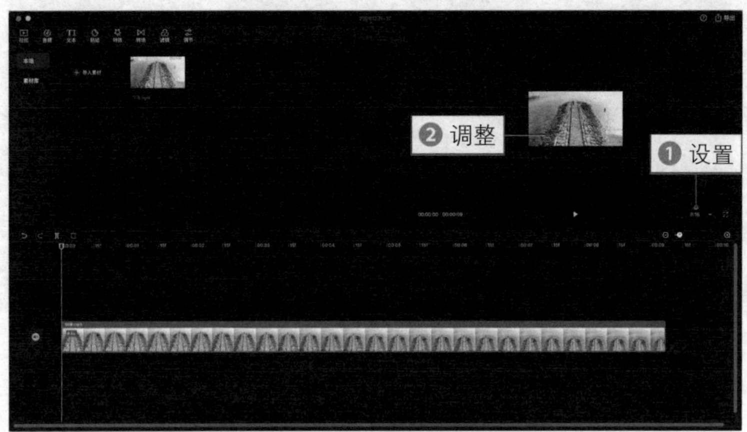

图 1-38 **调整视频画布**

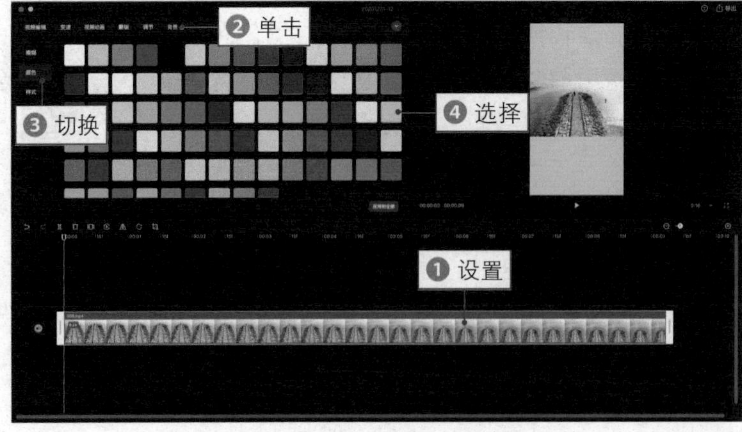

图 1-39 **选择相应的背景颜色**

★专家指点★

与电脑版不同之处在于，在剪映手机版中，“背景”中的“样式”功能区中多了一个按钮，点击后可以打开手机相册，在其中选择合适的图片作为自定义的背景。

步骤 04 ❶ 切换至“样式”选项卡；❷ 在其中选择相应的背景图片，效果如图 1–40 所示。

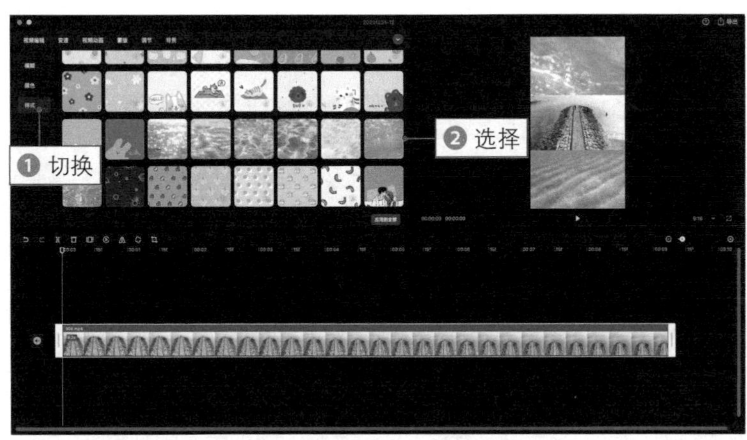

图 1–40　**选择相应的背景图片**

步骤 05 播放预览视频，精美的背景效果能够更好地衬托视频画面，如图 1–41 所示。

图 1–41　**预览视频效果**

009 导出4K高品质的短视频

扫码看效果 扫码看教程

当用户完成对视频的剪辑操作后，可以通过剪映的“导出”功能，快速导出视频作品为 .mp4 或者 .mov 等格式的成品。下面介绍将视频导出为 4K 画质的操作方法。

步骤 01 ❶ 在剪映中导入 1 个视频素材；❷ 将其添加到视频轨道中，如图 1–42 所示。

图 1–42 **将素材添加到视频轨道**

步骤 02 ❶ 选择视频轨道；❷ 在“变速”功能区中切换至“常规变速”选项卡；❸ 设置“倍数”为 5.0×；❹ 在预览窗口中可以查看到视频的总播放时长变短了，如图 1–43 所示。

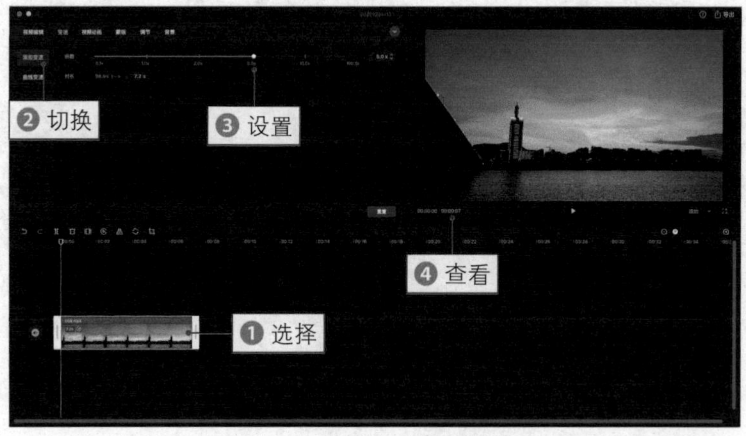

图 1–43 **设置变速倍数缩短播放时长**

步骤 03 单击“导出”按钮，弹出“导出”对话框，在“名称”文本框中输入导出视频的名称，如图 1–44 所示。

步骤 04 单击“浏览”按钮，弹出“选择存放导出视频的文件夹”对话框，❶ 选择相应的保存路径；❷ 单击“选择”按钮确认，如图 1–45 所示。

图 1–44 输入导出视频的名称

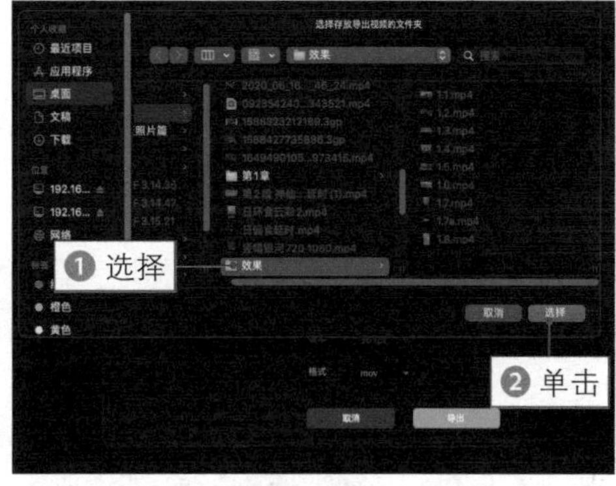

图 1–45 选择相应的保存路径

步骤 05 在“分辨率”下拉列表框中选择 4K 选项，如图 1–46 所示。

步骤 06 在“码率”下拉列表框中选择“高（优秀画质）”选项，如图1–47所示。

图 1–46 选择 4K 选项

图 1–47 选择“高（优秀画质）”选项

步骤 07 在“帧率”下拉列表框中选择 60fps 选项，如图 1–48 所示（注意，此处的“帧率”参数要与视频拍摄时选择的参数相同，否则即使选择最高的参数也会影响画质）。

步骤 08 在“格式”下拉列表框中选择“mp4”选项，便于手机观看，如图 1–49 所示。

步骤 09 单击“导出”按钮，显示导出进度，如图 1–50 所示。

步骤 10 导出完成后，选中“导出成功，打开文件”复选框，如图 1–51 所示。

图 1–48　**选择 60fps 选项**

图 1–49　**选择 mp4 选项**

图 1–50　**显示导出进度**

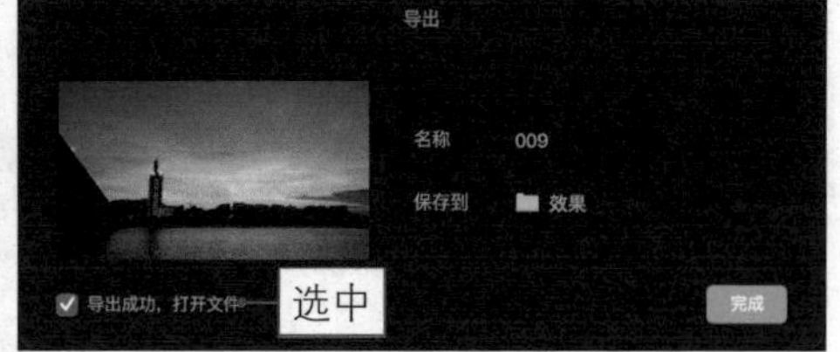

图 1–51　**选中"导出成功，打开文件"复选框**

步骤 11 单击"完成"按钮，即可自动打开导出的视频文件，播放预览视频，如图 1–52 所示。

图 1–52　**预览视频效果**

第 2 章

音频剪辑：普通人也能剪出音乐大片

010 给视频添加背景音乐

扫码看效果 扫码看教程

剪映电脑版同样具有非常丰富的背景音乐曲库，而且进行了十分细致的分类，用户可以根据自己的视频内容或主题来快速选择合适的背景音乐。下面介绍给视频添加背景音乐的具体操作方法。

步骤 01 ❶ 在剪映中导入视频素材并将其添加到视频轨道中；❷ 单击“关闭原声”按钮将原声关闭，如图 2-1 所示。

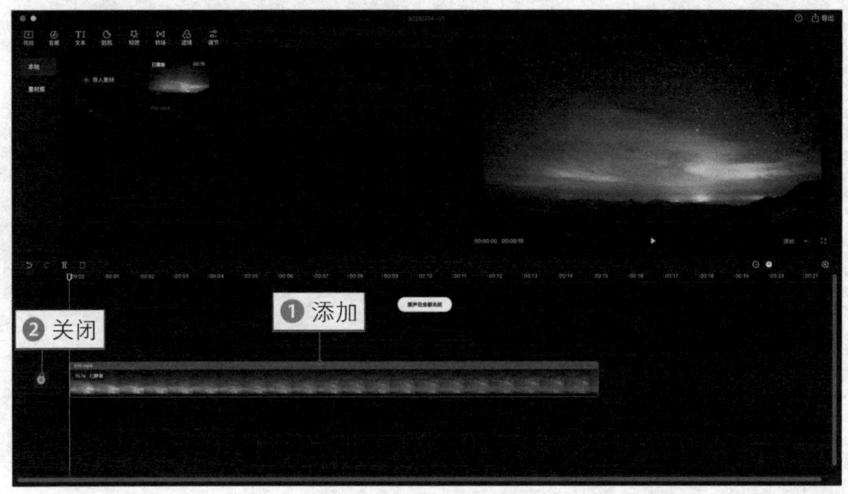

图 2-1 关闭原声

步骤 02 ❶ 单击“音频”按钮，切换至“音频”功能区；❷ 单击“音乐”按钮，切换至“音乐”选项卡，如图 2-2 所示。

步骤 03 ❶ 选择相应的音乐类型，如“纯音乐”；❷ 在音乐列表中选择合适的背景音乐，即可进行试听，如图 2-3 所示。

图 2-2 切换至“音乐”选项卡

图 2-3 进行试听

步骤 04 ❶ 单击"音乐"选项卡中的添加按钮 + ；❷ 即可将其添加到时间线窗口的音频轨道中，如图 2-4 所示。

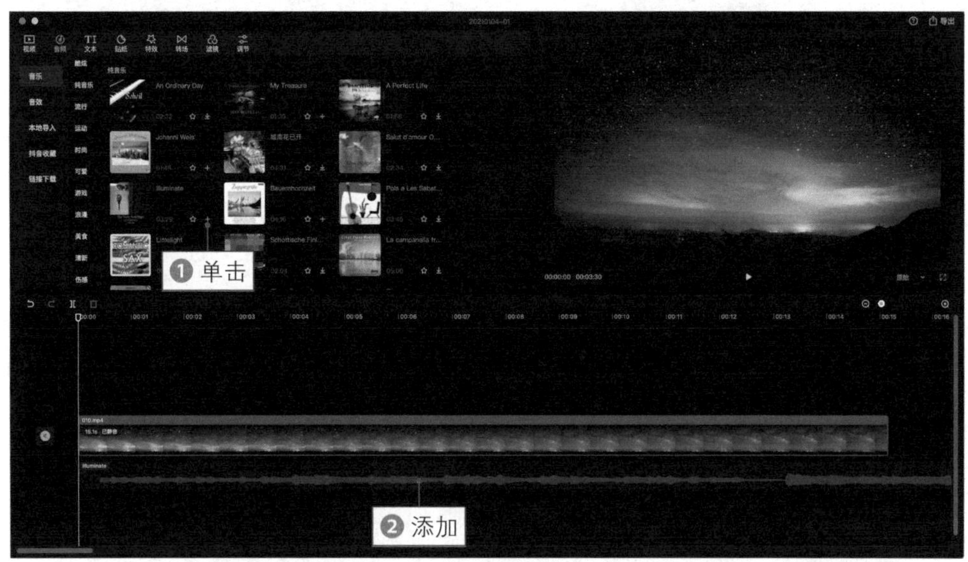

图 2-4　**添加背景音乐**

★专家指点★

用户如果看到喜欢的音乐，也可以点击☆图标，将其收藏起来，待下次剪辑视频时可以在"收藏"列表中快速选择该背景音乐。

步骤 05 ❶ 将时间轴拖曳至视频结尾处；❷ 单击"分割"按钮][，如图 2-5 所示。

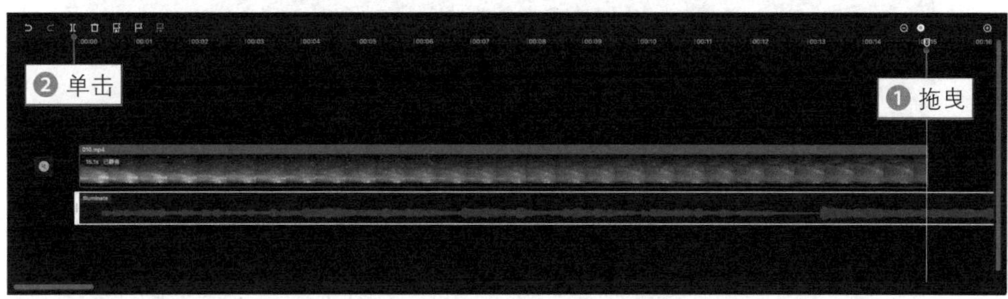

图 2-5　**单击"分割"按钮**

步骤 06 ❶ 选择分割后的多余音频片段；❷ 单击"删除"按钮，如图 2-6 所示。

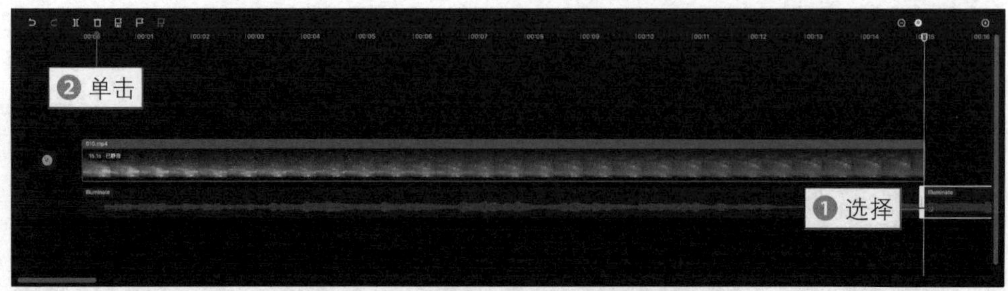

图 2-6 **单击“删除”按钮**

步骤 07 执行操作后，即可删除多余的音频片段，播放预览视频，效果如图 2-7 所示。

图 2-7 **预览视频效果**

011 给视频添加场景音效

扫码看效果

扫码看教程

剪映中提供了很多有趣的音频特效，用户可以根据短视频的情境来增加音效，如综艺、笑声、机械、人声、转场、游戏、魔法、打斗、美食、动物、环境音、手机、悬疑、乐器等类型。下面介绍给视频添加场景音效的具体操作方法。

步骤 01 ❶ 在剪映中导入视频素材并将其添加到视频轨道中；❷ 单击“音频”按钮，如图 2-8 所示。

图 2-8　**单击“音频”按钮**

步骤 02 ❶ 切换至“音频”功能区；❷ 单击“音效”按钮，切换至“音效”选项卡，如图 2-9 所示。

步骤 03 ❶ 选择相应的音效类型，如“环境音”；❷ 在音效列表中选择“海浪”选项，即可进行试听，如图 2-10 所示。

图 2-9　**切换至“音效”选项卡**

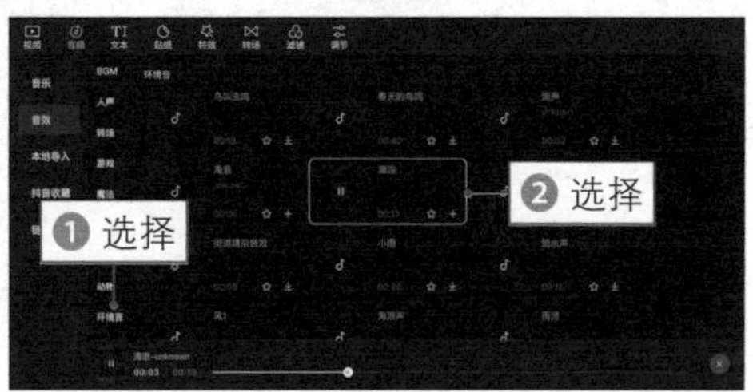

图 2-10　**选择“海浪”选项**

步骤 04 单击“音效”选项卡中的添加按钮+，即可将其添加到时间线窗口的音频轨道中，如图 2-11 所示。

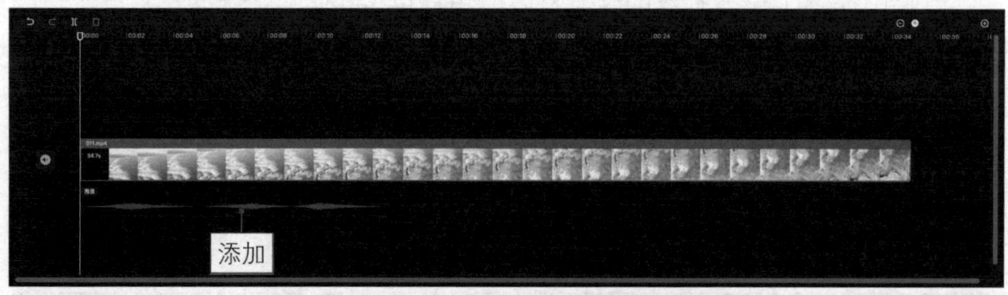

图 2-11 **添加背景音效**

步骤 05 选择音效素材，按【Command+C】组合键进行复制，并按两次【Command+V】组合键进行粘贴，如图 2-12 所示。

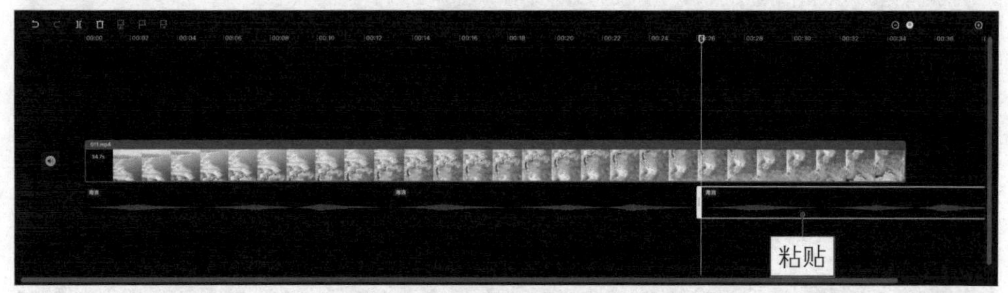

图 2-12 **复制并粘贴背景音效**

步骤 06 ❶ 将时间轴拖曳至视频结尾处；❷ 单击“分割”按钮，如图 2-13 所示。

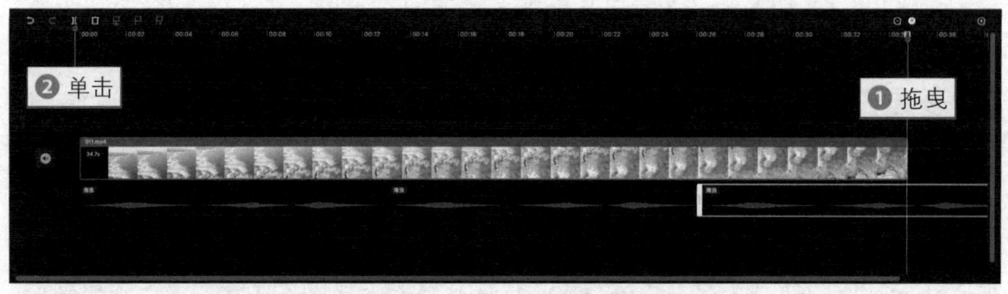

图 2-13 **单击“分割”按钮**

步骤 07 ❶ 选择分割后的多余音效片段；❷ 单击“删除”按钮，如图 2-14 所示。

步骤 08 执行操作后，即可删除多余的音效片段，播放预览视频效果，添加音效后可以让画面更有感染力，如图 2–15 所示。

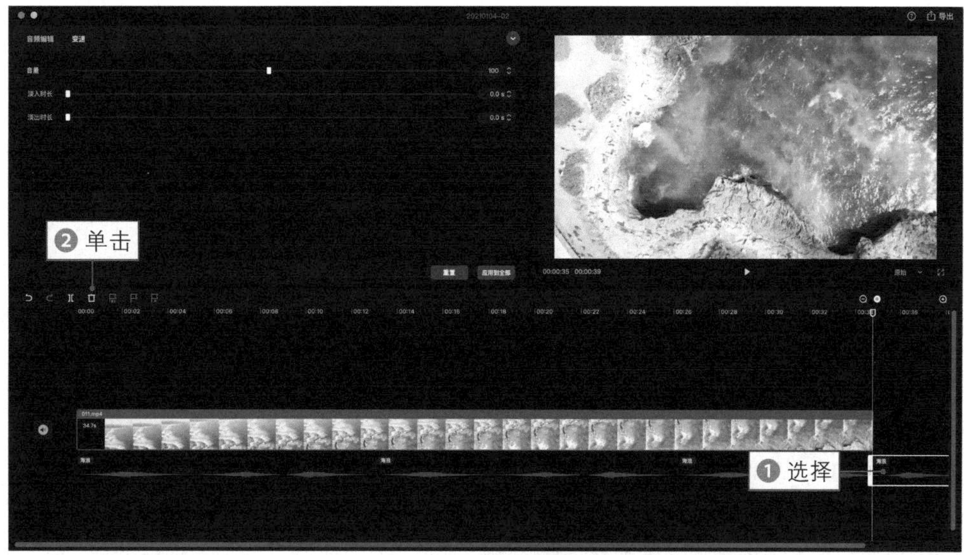

图 2–14　**单击“删除”按钮**

图 2–15　**预览视频效果**

012 从视频文件中提取音乐

如果用户看到其他背景音乐好听的视频，也可以将其保存到电脑中，并通过剪映来提取视频中的背景音乐，将其用到自己的视频中。

扫码看效果

扫码看教程

★专家指点★

在制作本书后面的视频实例时，大家也可以采用从提供的效果视频文件中直接提取音乐的方法，来快速给视频素材添加背景音乐。

下面介绍从视频文件中提取背景音乐的具体操作方法。

步骤 01 ❶ 在剪映中导入视频素材并将其添加到视频轨道中；❷ 单击“音频”按钮，如图 2–16 所示。

图 2–16 **单击“音频”按钮**

步骤 02 ❶ 切换至“音频”功能区中的“本地导入”选项卡；❷ 单击“导入素材”按钮，如图 2–17 所示。

步骤 03 ❶ 在弹出的窗口中选择相应的视频素材；❷ 单击“打开”按钮，如图 2–18 所示。

步骤 04 执行操作后，即可导入音频素材，单击添加按钮+，如图 2–19 所示。

图 2-17　**单击“导入素材”按钮**

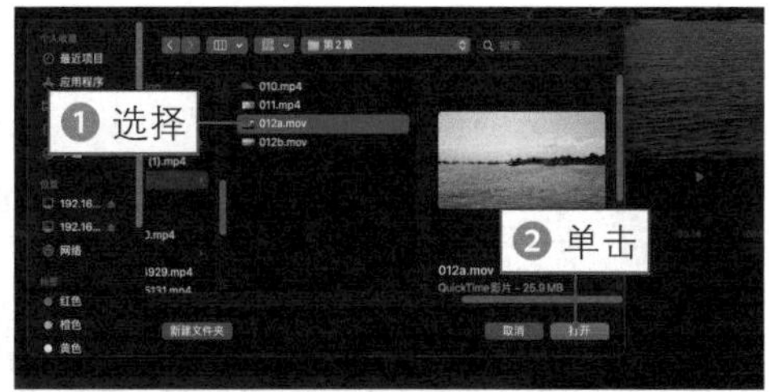

图 2-18　**单击“打开”按钮**

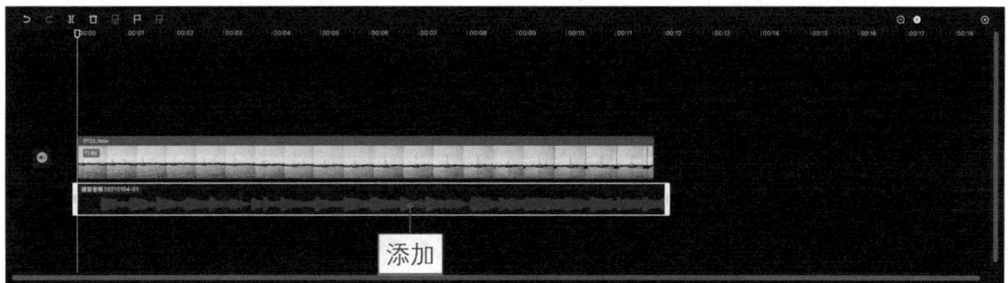

图 2-19　**单击添加按钮**

步骤 05 执行操作后，即可将其添加到音频轨道中，如图 2-20 所示。

图 2-20　**添加到音频轨道中**

步骤 06 拖曳音频轨道右侧的白色滑块，将其调整到与视频同长，如图 2-21 所示。

图 2-21　**调整音频轨道的时长**

步骤 07 ❶ 选择视频轨道；❷ 在“视频编辑”功能区中设置“音量”为 0，将其调整为静音，如图 2-22 所示。

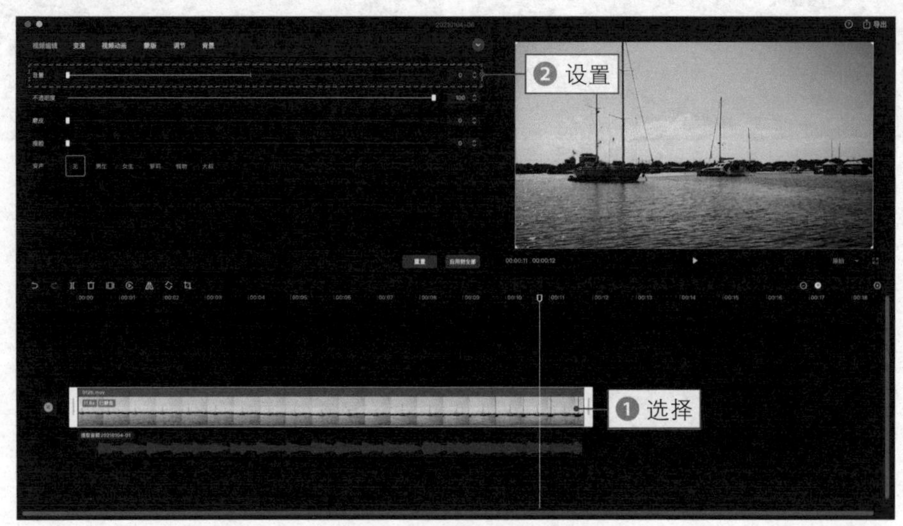

图 2-22 调整视频的音量

步骤 08 ❶ 选择音频轨道；❷ 在“音频编辑”功能区中设置“音量”为 200，将音量调整为最大，如图 2-23 所示。

图 2-23 调整音频的音量

步骤 09 播放预览视频，视频的原声已经被消除，取而代之的是其他视频的背景音乐，如图 2-24 所示。

图 2-24　**预览视频效果**

013　使用抖音收藏的音乐

扫码看效果　扫码看教程

剪映和抖音的账号是互通的，当用户在抖音中听到喜欢的视频背景音乐时，❶ 可以点击右下角的拍同款按钮，进入拍同款界面；❷ 点击“收藏”按钮；❸ 即可收藏该背景音乐，如图 2-25 所示。

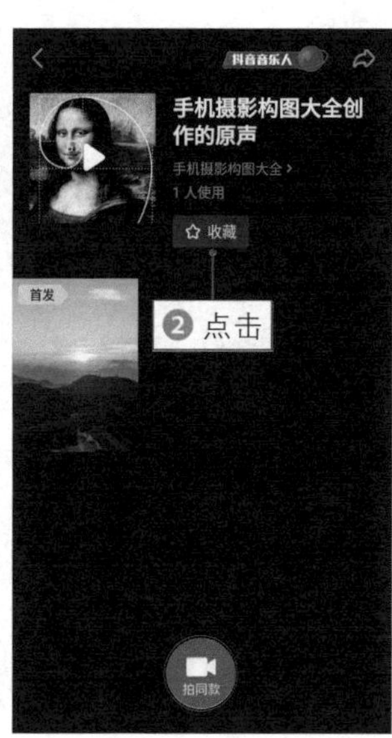

图 2-25　**收藏喜欢的抖音背景音乐**

然后用户可以在剪映电脑版中登录相同的抖音账号，即可将收藏的背景音乐同步到剪映中。用户可以在剪映的开始界面中单击登录按钮，如图 2–26 所示，弹出“登录”对话框，然后通过抖音扫码或者手机验证码进行登录，如图 2–27 所示。

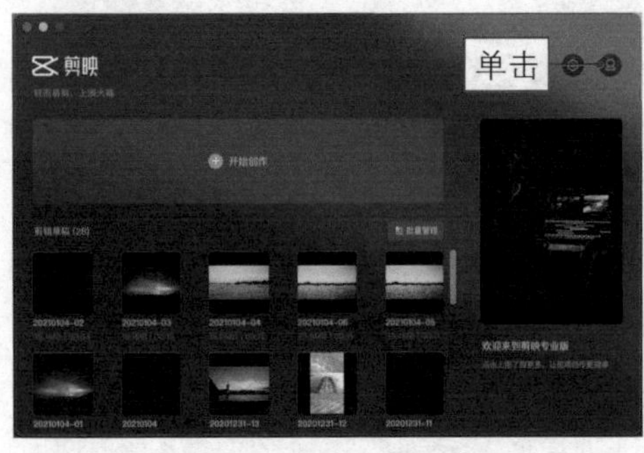

图 2–26　**单击登录按钮**

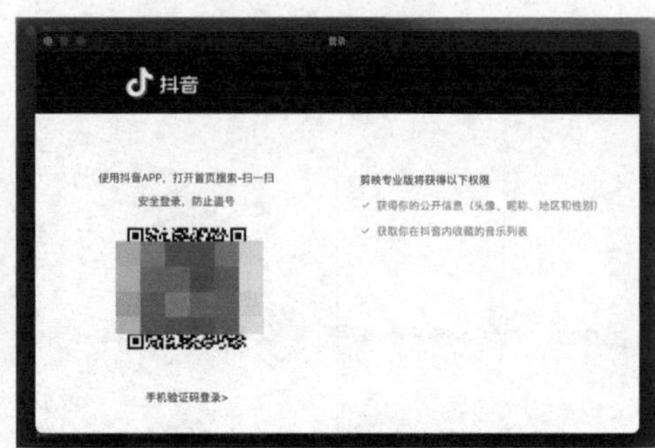

图 2–27　**“登录”对话框**

登录后，剪映的登录按钮会显示为抖音的账号头像，如图 2–28 所示。同时，用户可以在剪映中看到抖音收藏的音乐列表，下面介绍给视频添加抖音收藏的背景音乐的具体操作方法。

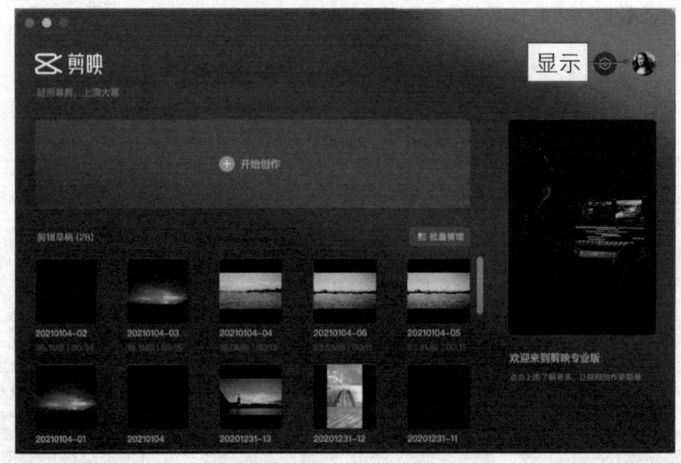

图 2–28　**登录按钮显示为抖音的账号头像**

步骤 01 ❶ 在剪映中导入视频素材并将其添加到视频轨道中；❷ 单击“音频”按钮，如图 2–29 所示。

步骤 02 ❶ 切换至“音频”功能区中的“抖音收藏”选项卡；❷ 选择相应的背景音乐，如图 2–30 所示。

步骤 03 ❶ 试听所选的背景音乐；❷ 单击添加按钮，如图 2–31 所示。

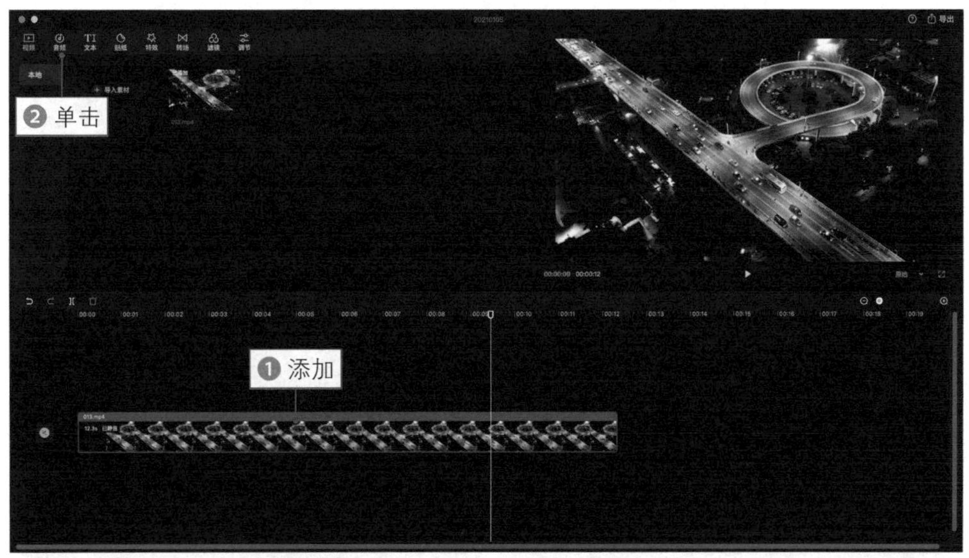

图 2-29　**单击“音频”按钮**

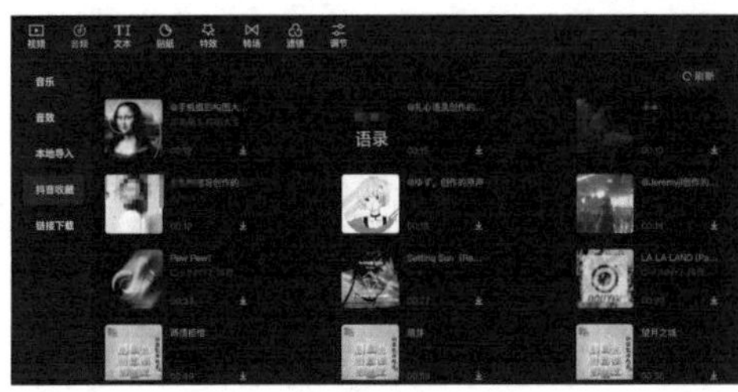

图 2-30　**选择相应的背景音乐**

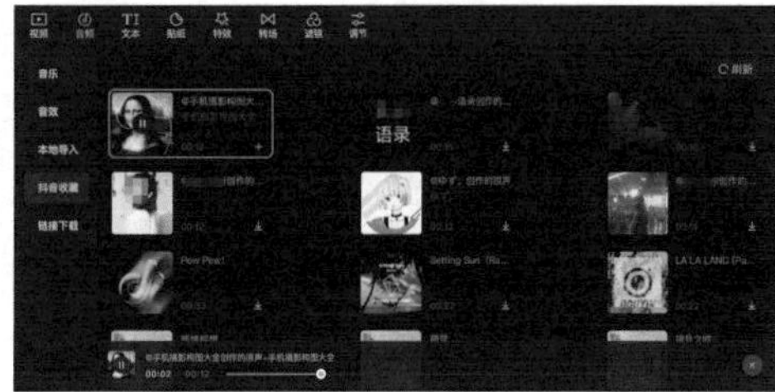

图 2-31　**单击添加按钮**

步骤 04 执行操作后，即可将其添加到时间线窗口的音频轨道中，如图 2-32 所示。

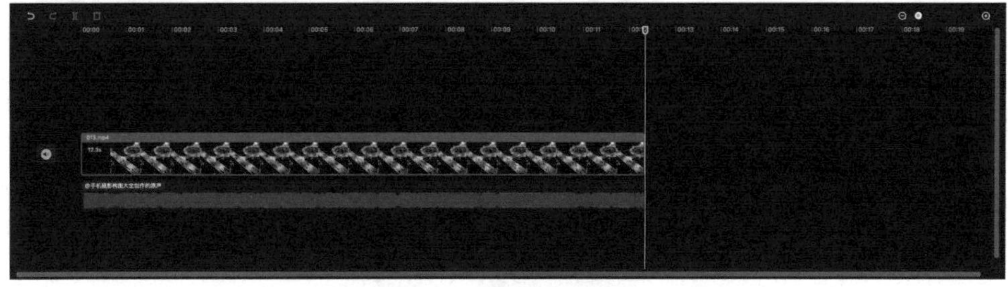

图 2-32　**添加背景音乐**

步骤 05 播放预览视频，即可将抖音收藏的音乐作为自己的视频背景音乐，如图 2-33 所示。

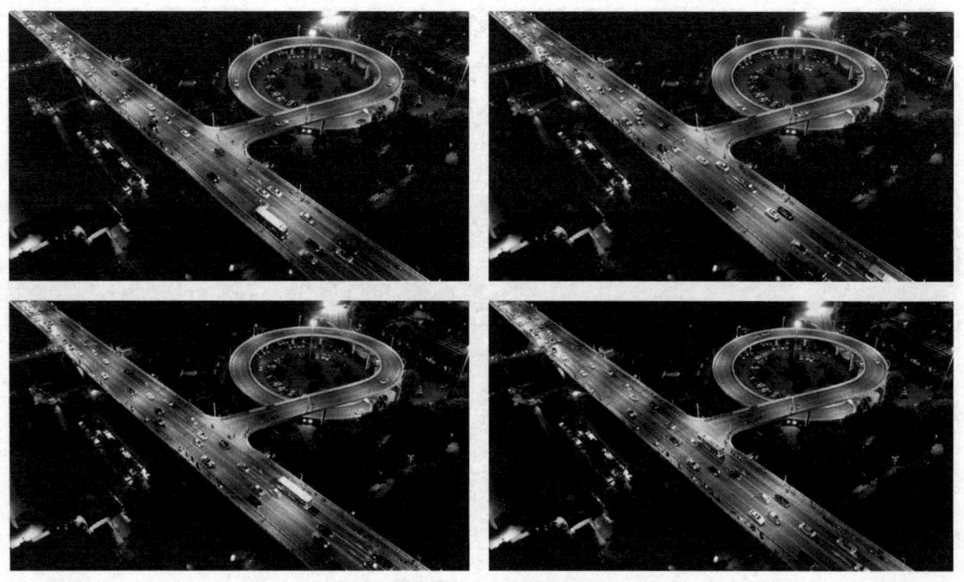

图 2-33　预览视频效果

014　下载热门BGM的链接

扫码看效果　扫码看教程

除了收藏抖音的背景音乐外，用户也可以在抖音中直接下载热门 BGM（Background Music 的缩写，意思为背景音乐）的链接，这样就无须收藏了。

在抖音中发现喜欢的背景音乐后，点击分享按钮，如图 2-34 所示。打开“分享到”菜单，点击“复制链接”按钮，如图 2-35 所示。

执行操作后，即可复制该视频的背景音乐链接，然后在剪映中粘贴该链接并下载即可，具体操作方法如下。

图 2-34　点击分享按钮

图 2-35　点击“复制链接”按钮

步骤 01 ❶ 在剪映中导入视频素材并将其添加到视频轨道中；❷ 单击“音频”按钮，如图 2-36 所示。

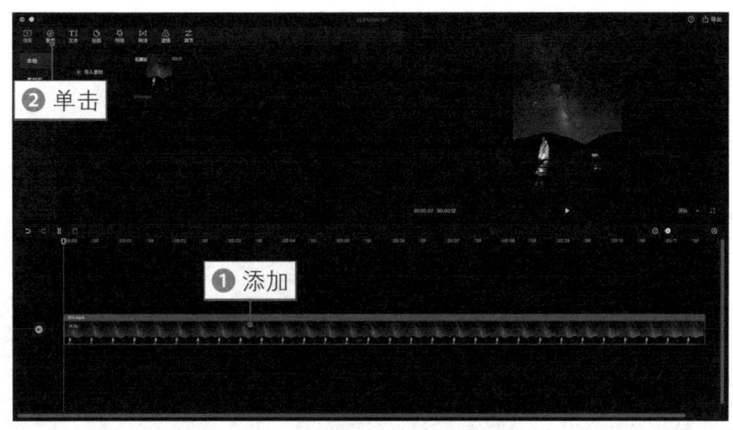

图 2-36　**单击“音频”按钮**

步骤 02 ❶ 切换至“音频”功能区中的“链接下载”选项卡；❷ 在文本框中粘贴复制的 BGM 链接；❸ 单击下载按钮 ，即可开始下载背景音乐，如图 2-37 所示。

步骤 03 背景音乐下载完成后，单击添加按钮 ，如图 2-38 所示。

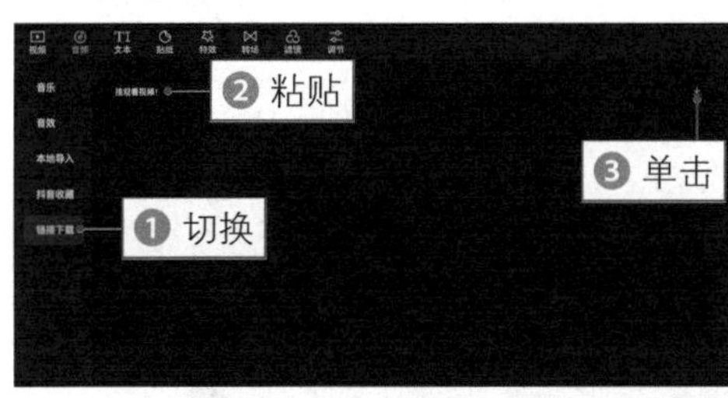

图 2-37　**单击下载按钮**

图 2-38　**单击添加按钮**

步骤 04 执行操作后，即可将其添加到时间线窗口的音频轨道中，如图 2-39 所示。

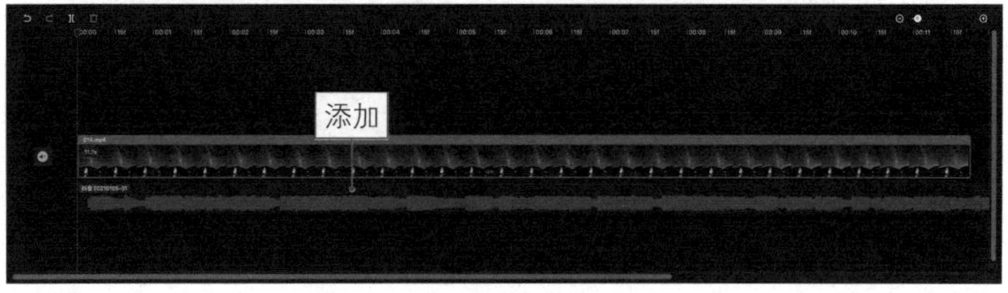

图 2-39　**添加背景音乐**

步骤 05 裁剪部分音频，让音频轨道与视频轨道同长，播放预览视频，效果如图 2-40 所示。

图 2-40 **预览视频效果**

015 对音频进行剪辑处理

扫码看效果 扫码看教程

使用剪映电脑版也可以非常方便地对音频进行剪辑处理，选取其中的高潮部分，让短视频更能打动人心。下面介绍对音频进行剪辑处理的具体操作方法。

步骤 01 ❶ 在剪映中导入视频素材并将其添加到视频轨道中；❷ 单击“音频”按钮打开曲库；❸ 添加一首合适的背景音乐，如图 2-41 所示。

图 2-41 **添加背景音乐**

步骤 02 在时间线窗口中选择音频轨道，如图 2-42 所示。

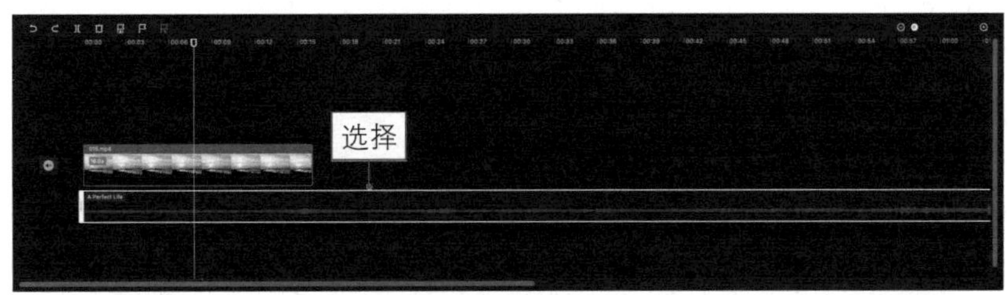

图 2-42　**选择音频轨道**

步骤 03 单击音频轨道左侧的白色滑块并向右拖曳，如图 2-43 所示。

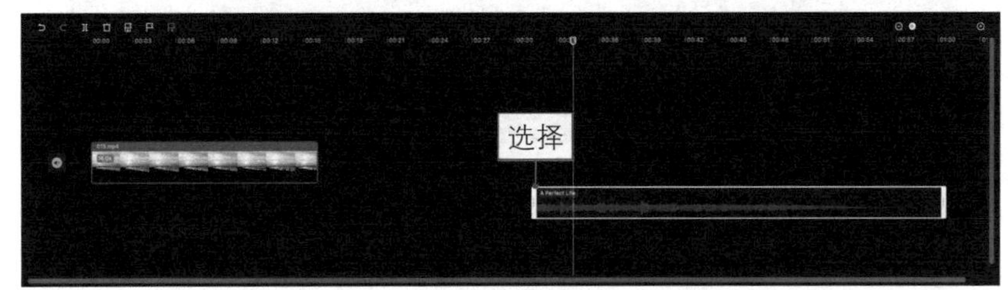

图 2-43　**拖曳音频轨道左侧的白色滑块**

步骤 04 单击音频轨道并将其拖曳至时间线的起始位置处，如图 2-44 所示。

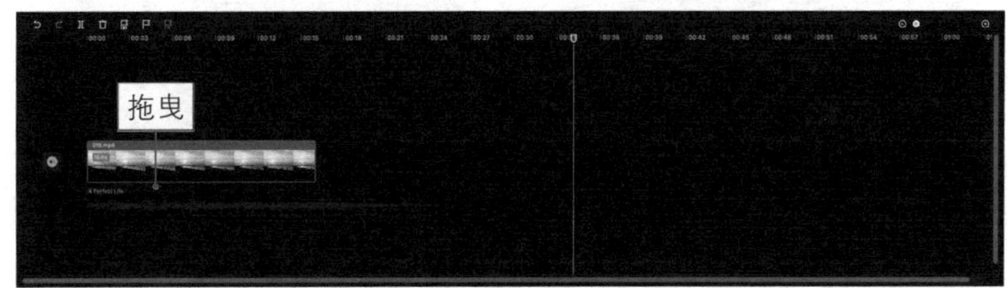

图 2-44　**拖曳音频轨道**

步骤 05 单击音频轨道右侧的白色滑块，并向左拖曳至视频轨道的结束位置处，如图 2-45 所示。

图 2-45　**拖曳音频轨道右侧的滑块**

步骤 06 执行操作后，即可完成音频素材的剪辑，播放预览视频，效果如图 2–46 所示。

图 2–46　预览视频效果

016　设置淡入淡出音乐效果

扫码看效果

扫码看教程

设置音频淡入淡出效果后，可以让短视频的背景音乐显得不那么突兀，给观众带来更加舒适的视听感。

★专家指点★

淡入是指背景音乐开始响起的时候，声音会缓缓变大；淡出是指背景音乐即将结束的时候，声音会渐渐消失。

下面介绍设置音频淡入淡出效果的具体操作方法。

步骤 01 ❶ 在剪映中导入视频素材并将其添加到视频轨道中；❷ 单击"音频"按钮，打开曲库；❸ 添加一首合适的背景音乐，如图 2-47 所示。

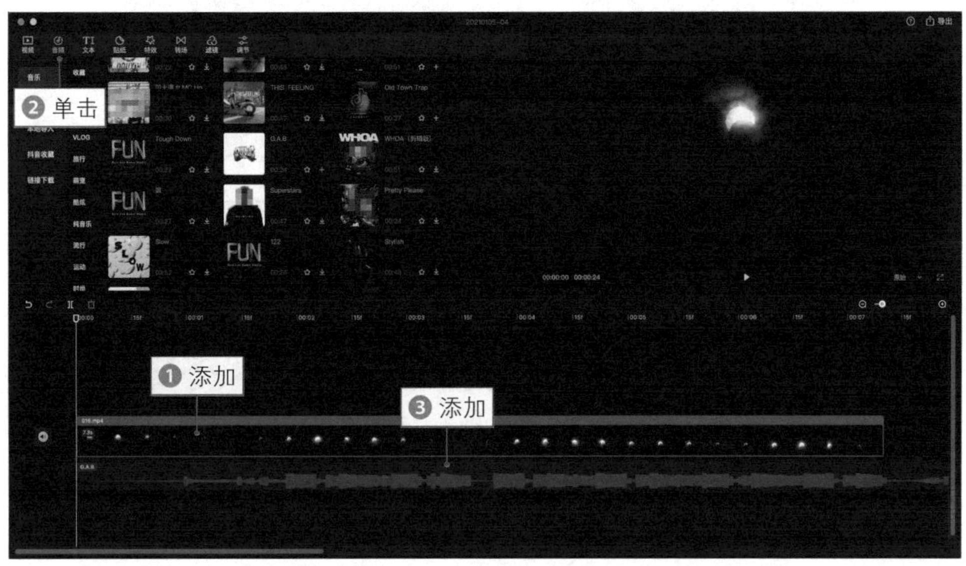

图 2-47　**添加背景音乐**

步骤 02 在时间线窗口中，对音频轨道进行适当剪辑，使其播放时长与视频轨道相同，如图 2-48 所示。

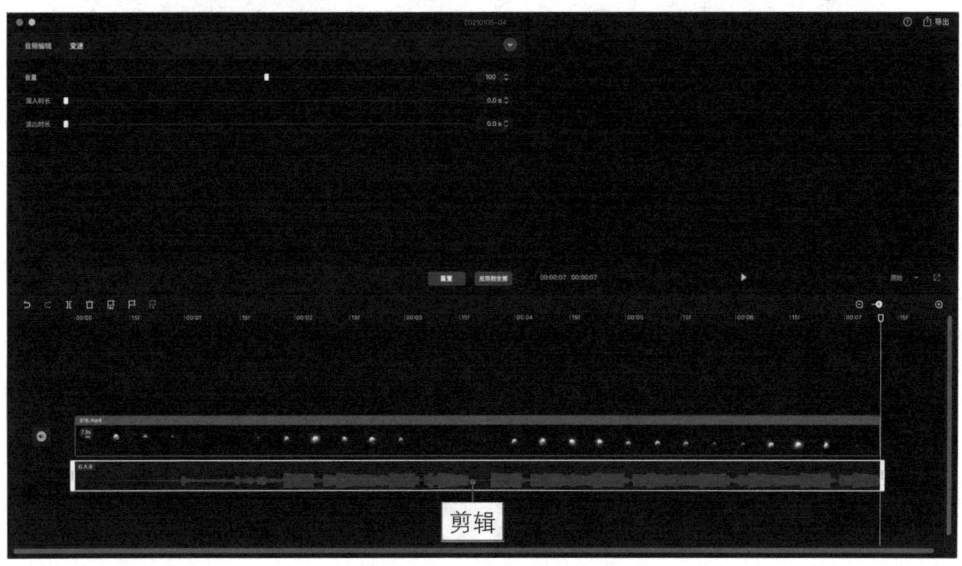

图 2-48　**剪辑音频轨道**

步骤 03 ❶ 选择音频轨道；❷ 在“音频编辑”功能区中设置“淡入时长”为 3.5s、“淡出时长” 为 1.8s，如图 2-49 所示。

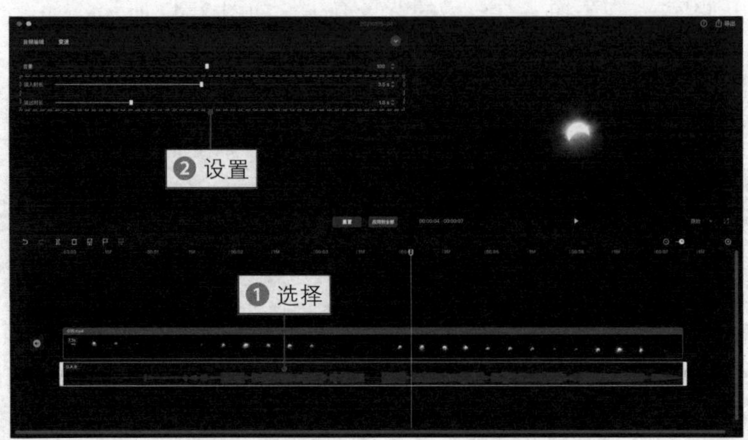

图 2-49　设置“淡入时长”和“淡出时长”选项

步骤 04 执行操作后，即可设置背景音乐的淡入淡出效果，播放预览视频，如图 2-50 所示。

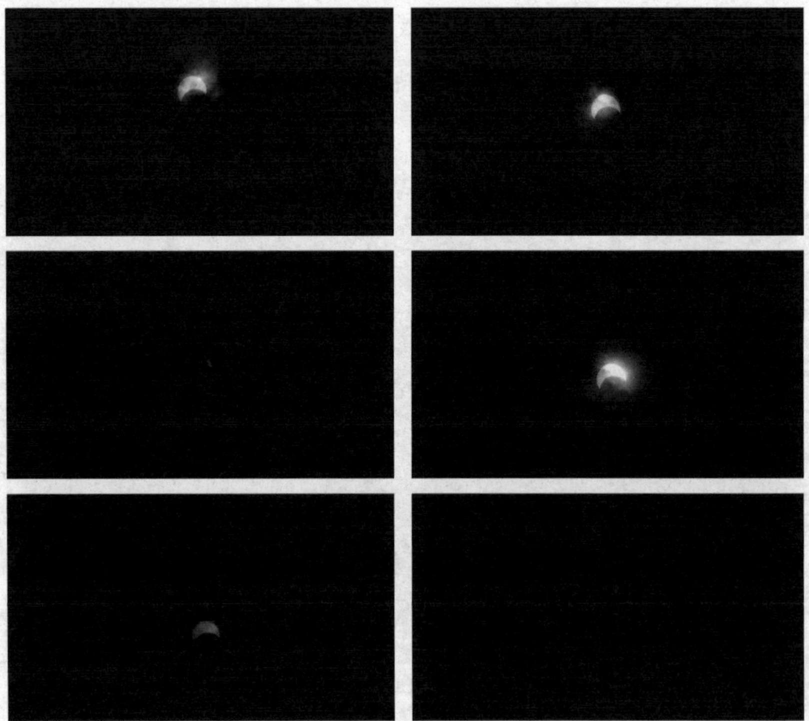

图 2-50　预览视频效果

017 对音频进行变速处理

扫码看效果　扫码看教程

使用剪映可以对音频播放速度进行放慢或加快等变速处理，从而制作出一些特殊的背景音乐效果。下面介绍对音频进行变速处理的具体操作方法。

步骤 01 ❶ 在剪映中导入视频素材并将其添加到视频轨道中；❷ 在音频轨道中添加一首合适的背景音乐，如图 2–51 所示。

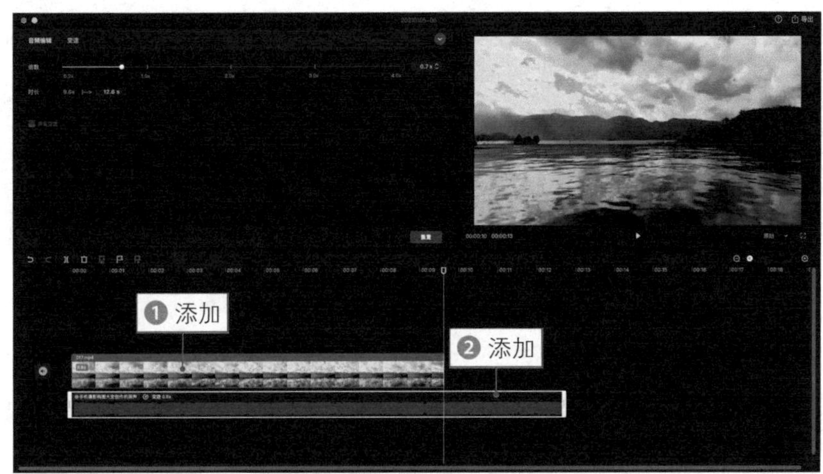

图 2–51　**添加背景音乐**

步骤 02 ❶ 选择音频轨道；❷ 切换至“变速”功能区；❸ 可以看到默认的“倍速”参数为 1.0×，如图 2–52 所示。

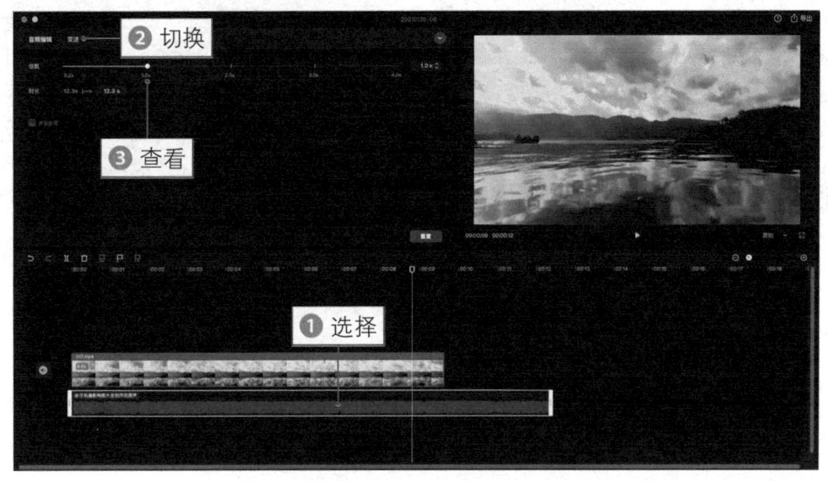

图 2–52　**查看默认的“倍速”参数**

步骤 03 ❶ 向左拖曳“倍速”滑块；❷ 即可增加音频时长，如图 2-53 所示。

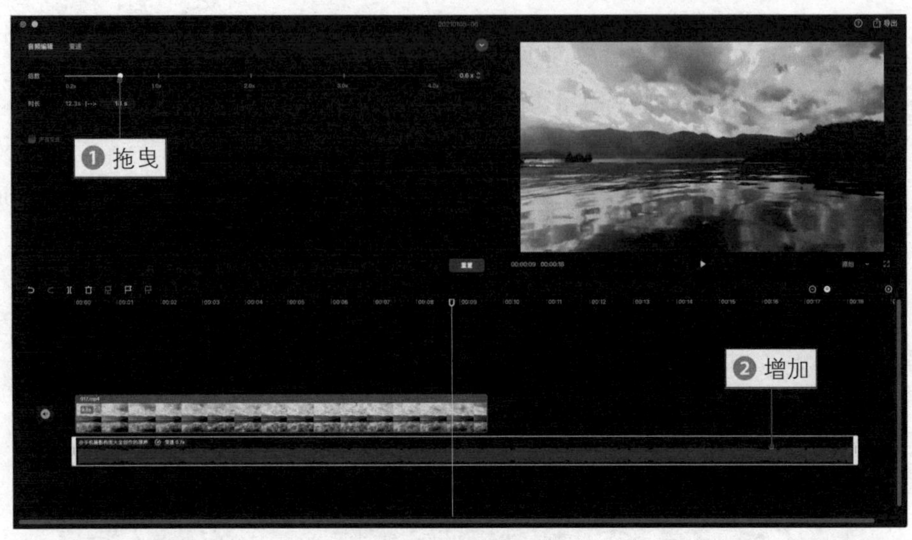

图 2-53　**增加音频时长**

步骤 04 ❶ 向右拖曳“倍速”滑块；❷ 即可缩短音频时长，如图 2-54 所示。

图 2-54　**缩短音频时长**

★专家指点★

如果用户想制作一些有趣的短视频作品，如使用不同播放速率的背景音乐，来体现视频剧情的紧凑或舒慢，此时就需要对音频进行变速处理。

步骤 05 执行操作后，即可设置音乐的变速倍速，播放预览视频，如图 2-55 所示。

图 2-55　**预览视频效果**

018　对音频进行变声处理

扫码看效果　扫码看教程

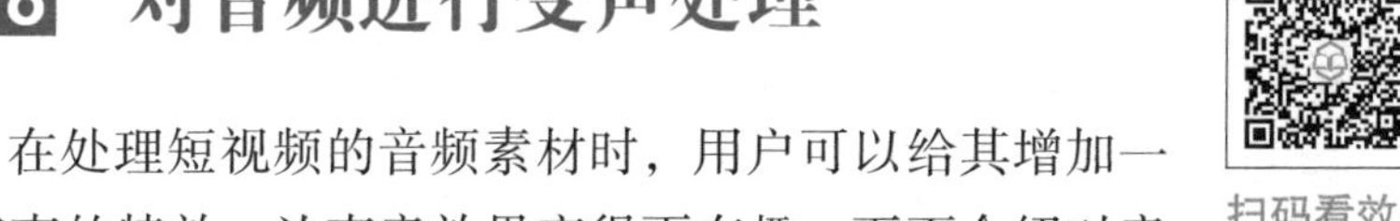

在处理短视频的音频素材时，用户可以给其增加一些变声的特效，让声音效果变得更有趣。下面介绍对音频进行变速处理的具体操作方法。

步骤 01 ❶ 在剪映中导入视频素材；❷ 并将其添加到视频轨道中，如图 2-56 所示。

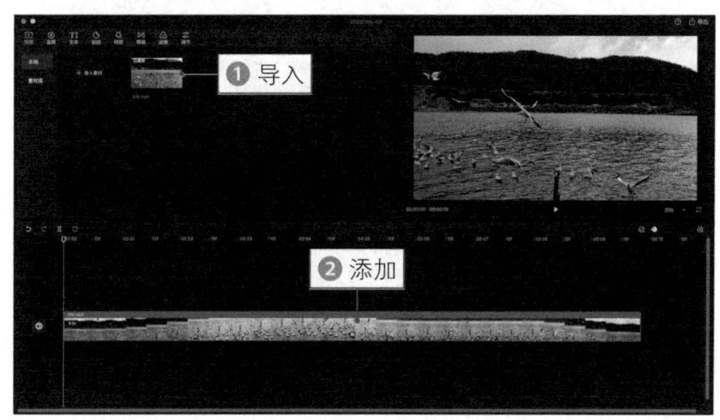

图 2-56　**将素材添加到视频轨道**

步骤 02 ❶ 选择视频轨道；❷ 在“视频编辑”功能区中设置“变声”为“萝莉”，如图 2–57 所示。

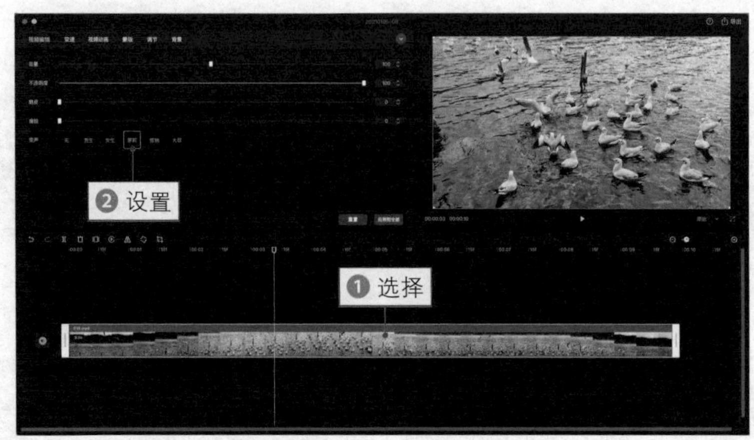

图 2–57　设置“变声”选项

步骤 03 执行操作后，即可改变视频中的人声效果，播放预览视频，如图 2–58 所示。

图 2–58　预览视频效果

019　对音频进行变调处理

扫码看效果　扫码看教程

使用剪映的“声音变调”功能可以实现不同声音的效果，如奇怪的快速说话声、男女声音的调整互换等。下面介绍对音频进行变调处理的具体操作方法。

步骤 01 在剪映中打开一个包含语音的视频草稿素材，如图 2-59 所示。

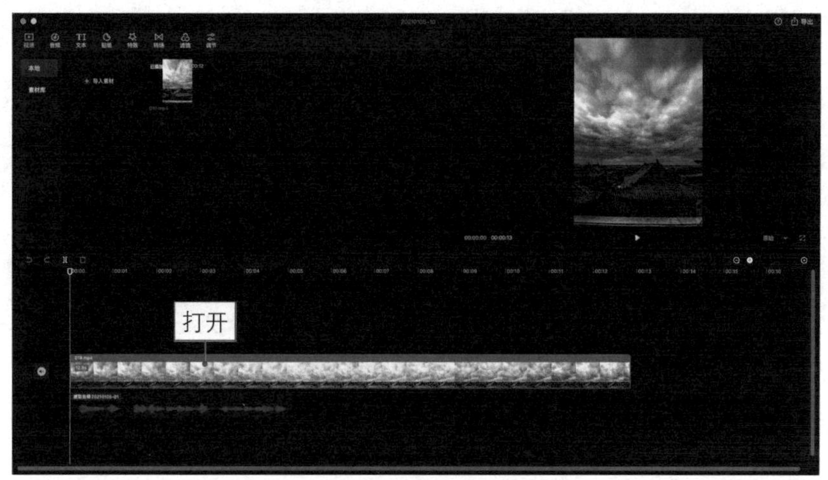

图 2-59　**打开视频草稿素材**

步骤 02 ❶ 选择音频轨道；❷ 在“变速”功能区中适当设置“倍速”参数，如图 2-60 所示。

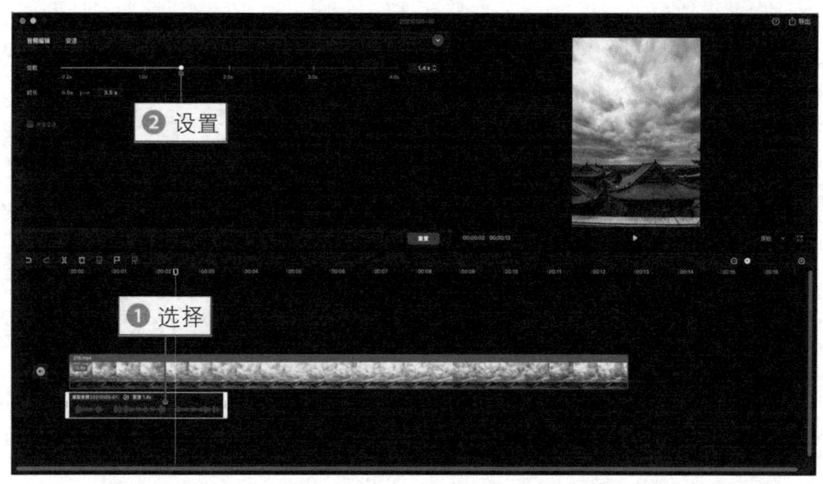

图 2-60　**设置“倍速”参数**

步骤 03 在“变速”功能区中选中“声音变调”复选框，如图 2-61 所示。

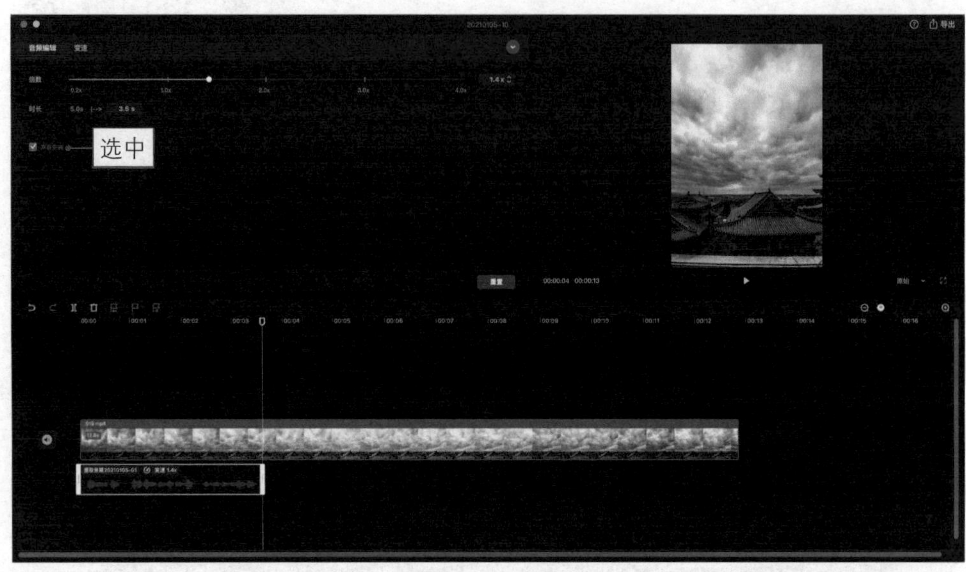

图 2-61 **选中“声音变调”复选框**

步骤 04 执行操作后，即可制作出一种尖锐的快进声音语调效果，播放预览视频，如图 2-62 所示。

图 2-62 **预览视频效果**

春分

春分者，陰陽相半也

第 3 章

添加字幕：让视频看起来更有专业范

020 在视频中添加文字内容

扫码看效果

扫码看教程

在剪映中可以输入和设置精彩纷呈的字幕效果，用户可以设置文字的字体、颜色、描边、边框、阴影和排列方式等属性，制作出不同样式的文字效果。下面介绍在视频中添加文字内容的具体操作方法。

步骤 01 ❶ 在剪映中导入视频素材并将其添加到视频轨道中；❷ 单击“文本”按钮，如图 3–1 所示。

图 3–1　**单击“文本”按钮**

步骤 02 ❶ 在“新建文本”选项卡中单击“默认文本”中的添加按钮；❷ 添加一个文本轨道，如图 3–2 所示。

图 3–2　**添加文本轨道**

步骤 03 ❶ 选择文本轨道；❷ 在“文字编辑”功能区的文本框中输入相应文字；❸ 选择合适的预设样式，如图 3–3 所示。

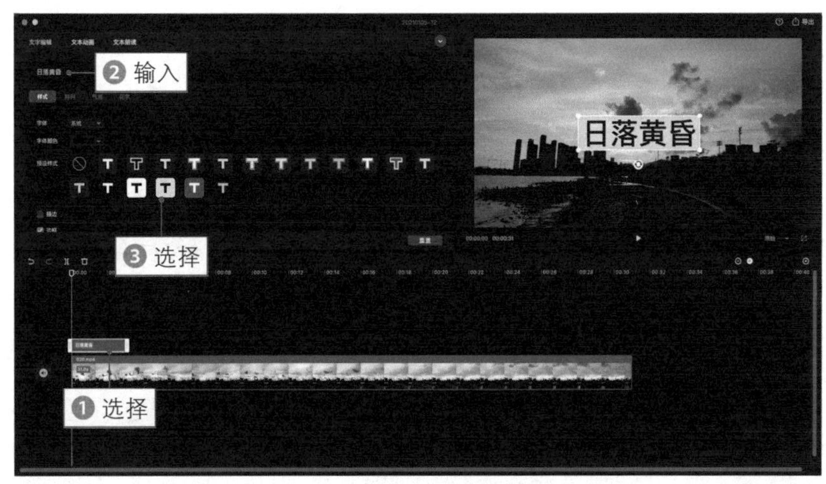

图 3–3　**选择合适的预设样式**

步骤 04 ❶ 在“样式”选项区中选中“描边”复选框；❷ 设置相应的“描边颜色”和“描边粗细”选项，调整文字的描边效果，如图 3–4 所示。

图 3–4　**调整文字的描边效果**

步骤 05 在“样式”选项区中适当调整“边框”的“不透明度”参数，如图 3–5 所示。

图 3–5　**调整“边框”的“不透明度”参数**

步骤 06 在“样式”选项区中选中“阴影”复选框，保持默认设置即可，如图 3-6 所示。

图 3-6 选中“阴影”复选框

步骤 07 ❶ 切换至“排列”选项卡，❷ 设置“字间距”为 2，如图 3-7 所示。

图 3-7 设置“字间距”选项

步骤 08 播放预览视频，查看设置的主题文字效果，如图 3-8 所示。

图 3-8 预览视频效果

021　在视频中添加花字效果

扫码看效果

扫码看教程

剪映中内置了很多花字模板，可以帮助用户一键制作出各种精彩的艺术字效果，下面介绍具体的操作方法。

步骤 01 ❶ 在剪映中导入视频素材并将其添加到视频轨道中；❷ 单击“文本”按钮，如图 3-9 所示。

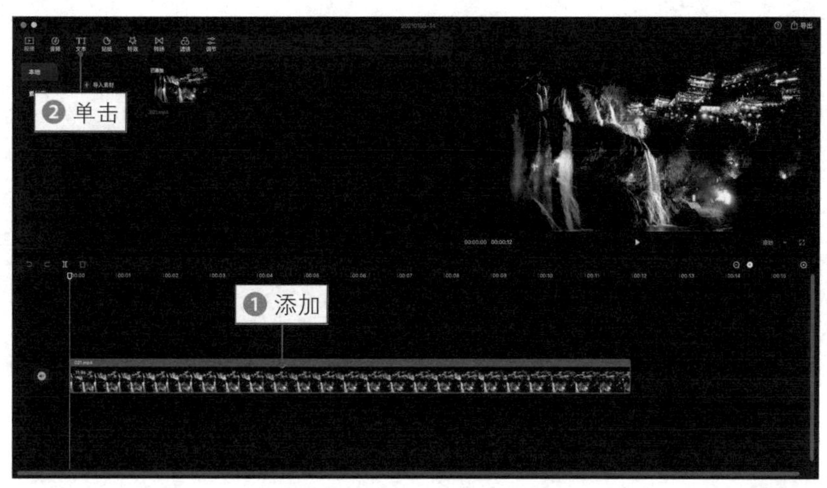

图 3-9　**单击“文本”按钮**

步骤 02 ❶ 在“新建文本”选项卡中单击相应花字模板中的添加按钮 ；❷ 添加一个文本轨道，如图 3-10 所示。

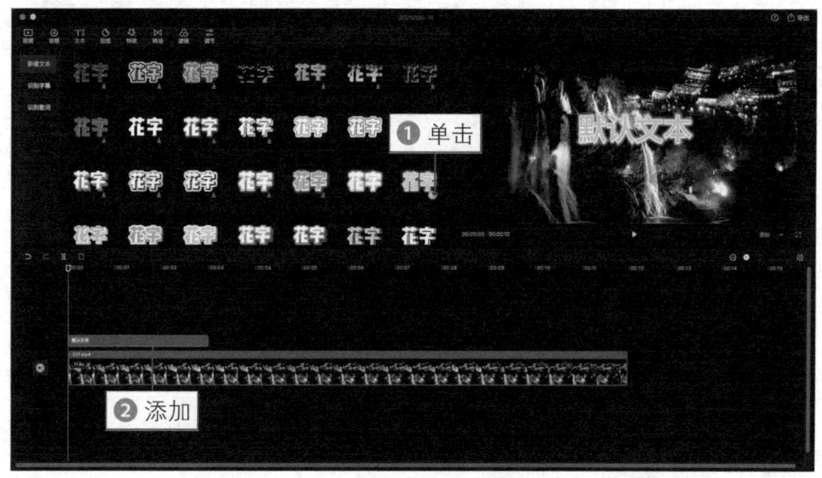

图 3-10　**添加文本轨道**

步骤 03 ❶ 选择文本轨道；❷ 在“文字编辑”功能区的文本框中输入相应文字，如图 3-11 所示。

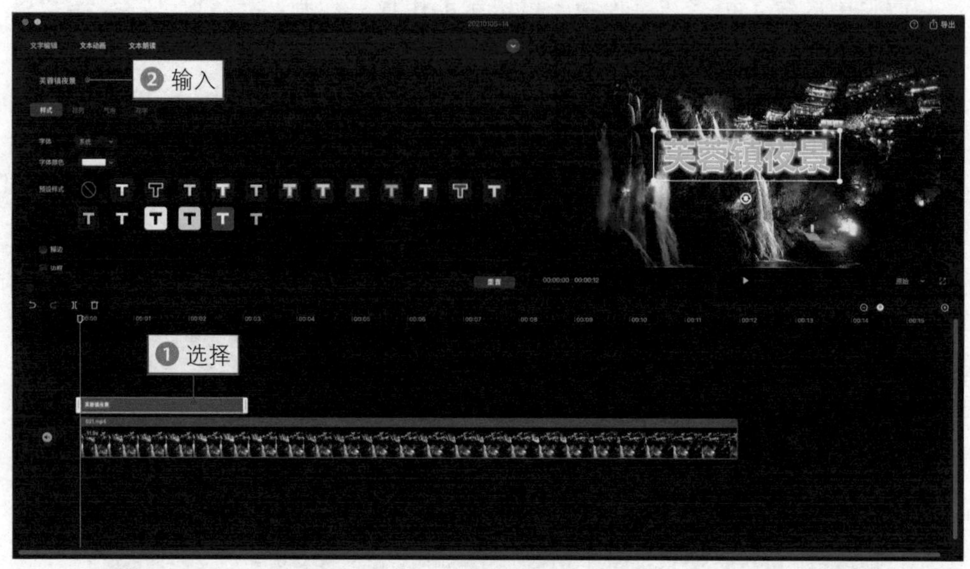

图 3-11　输入相应文字

步骤 04 ❶ 在“文字编辑”功能区中切换至“花字”选项卡；❷ 用户可以在此选择其他的花字模板，如图 3-12 所示。

图 3-12　选择其他的花字模板

★专家指点★

字幕可以增强视频主题的表达能力，让观众更容易理解和记忆，从而吸引更多受众。

步骤 05 播放预览视频，查看制作的花字效果，如图 3-13 所示。

图 3-13　**预览视频效果**

022 在视频中添加气泡文字

扫码看效果 扫码看教程

剪映中提供了丰富的气泡文字模板，能够帮助用户快速制作出精美的视频文字效果，下面介绍具体的操作方法。

步骤 01 ❶ 在剪映中导入视频素材并将其添加到视频轨道中；❷ 单击“文本”按钮，如图 3–14 所示。

图 3–14 **单击“文本”按钮**

步骤 02 ❶ 在“新建文本”选项卡中单击“默认文本”中的添加按钮；❷ 添加一个文本轨道，如图 3–15 所示。

图 3–15 **添加文本轨道**

★专家指点★

在给视频添加字幕内容时，不仅要注意文字的准确性，还需要适当减少文字的数量，让观众获得更好的阅读体验。否则如果短视频中的文字太多，观众可能把视频都看完了，却还没有看清楚其中的文字内容。

步骤 03 在“文字编辑”功能区中的文本框中输入相应文字，如图 3–16 所示。

图 3–16　**输入相应文字**

步骤 04 ❶ 切换至“气泡”选项卡；❷ 选择相应的气泡模板；❸ 对文字的版式进行适当调整，如图 3–17 所示。

图 3–17　**调整文字版式**

步骤 05 ❶ 在预览窗口中拖曳气泡文字，适当调整其位置；❷ 调整文本轨道的时长与视频一致，如图 3–18 所示。

图 3–18　**调整文本轨道的时长**

步骤 06 播放预览视频，查看制作的气泡文字效果，如图 3-19 所示。

图 3-19 **预览视频效果**

023 一键识别视频中的字幕

扫码看效果

扫码看教程

剪映的识别字幕功能准确率非常高，能够帮助用户快速识别并添加与视频时间对应的字幕内容，提升视频的创作效率，下面介绍具体的操作方法。

步骤 01 ❶ 在剪映中导入视频素材并将其添加到视频轨道中；❷ 单击“文本”按钮，如图 3–20 所示。

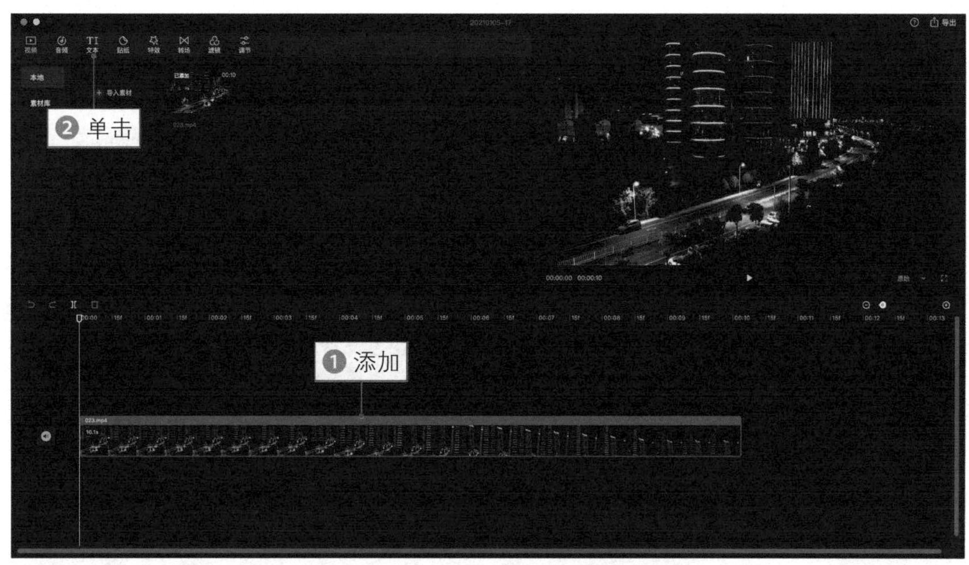

图 3–20　**单击“文本”按钮**

步骤 02 ❶ 切换至“识别字幕”选项卡；❷ 单击“开始识别”按钮；❸ 即可自动添加对应的文本轨道，如图 3–21 所示。

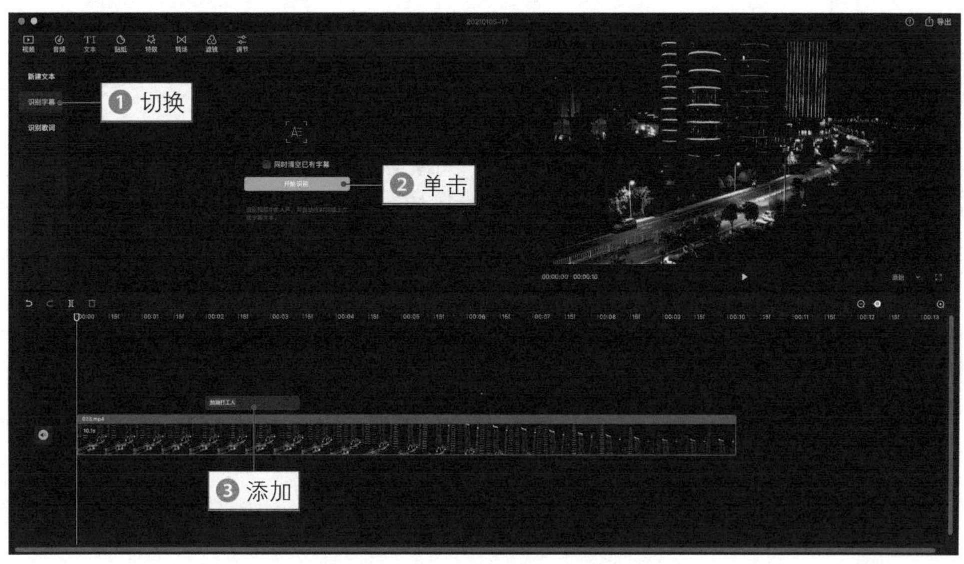

图 3–21　**添加文本轨道**

★专家指点★

如果视频草稿中本身存在字幕轨道，在“识别字幕”选项卡中可以选中“同时清空已有字幕”复选框，快速清除原来的字幕轨道。

步骤 03 ❶ 选择文本轨道；❷ 在预览窗口中适当调整文字的大小和位置，如图 3–22 所示。

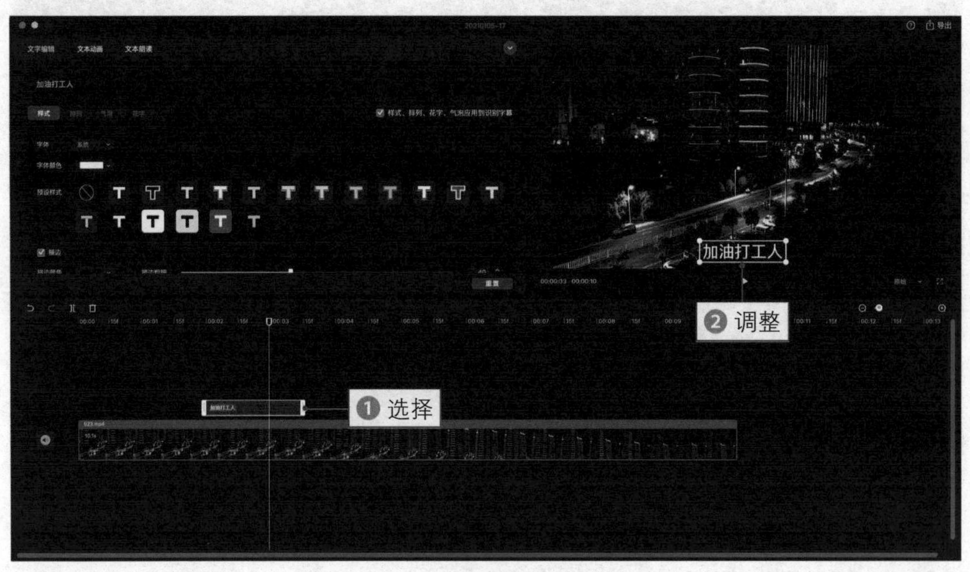

图 3–22　**调整文字的大小和位置**

步骤 04 在“样式”选项区中选择相应的预设样式，修改文字效果，如图 3–23 所示。

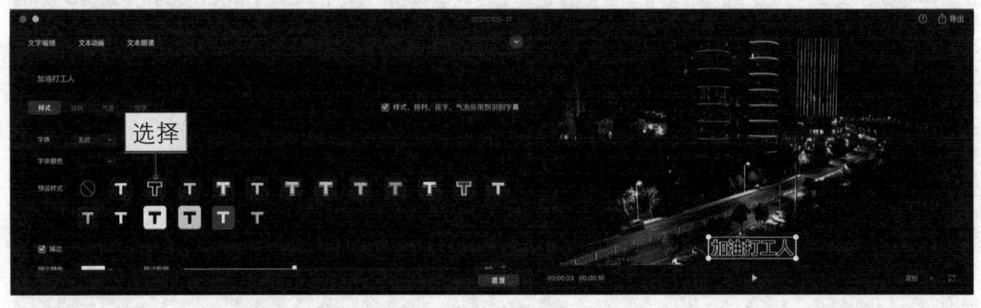

图 3–23　**修改文字效果**

步骤 05 播放预览视频，查看制作的视频字幕效果，如图 3–24 所示。

图 3-24　**预览视频效果**

024 快速识别音频中的歌词

扫码看效果

扫码看教程

除了识别短视频字幕外，剪映还能够自动识别短视频中的歌词内容，可以非常方便地为背景音乐添加动态歌词效果，下面介绍具体的操作方法。

步骤 01 ❶ 在剪映中导入视频素材并将其添加到视频轨道中；❷ 在音频轨道中添加一首合适的背景音乐，如图 3-25 所示。

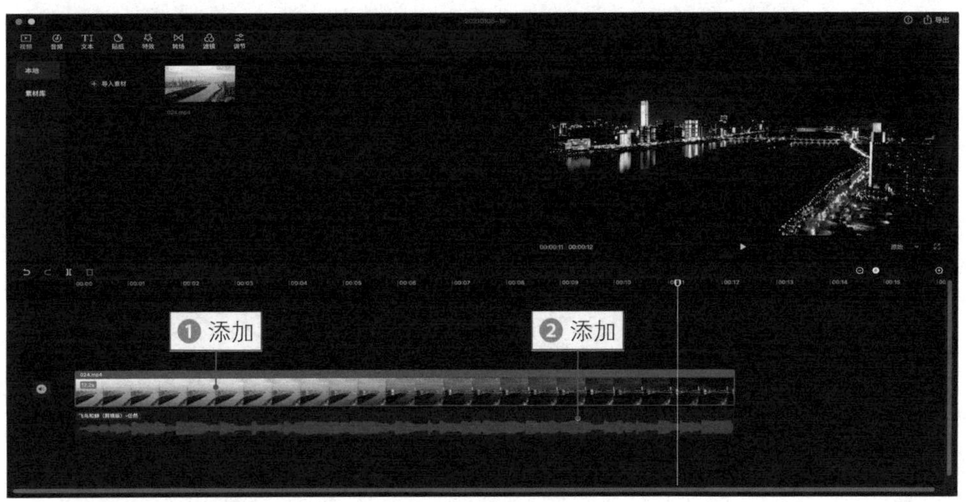

图 3-25　**添加背景音乐**

步骤 02 ❶ 单击“文本”按钮；❷ 切换至“识别歌词”选项卡；❸ 单击“开始识别”按钮；❹ 显示“正在识别歌词”提示框，如图 3-26 所示。

步骤 03 稍等片刻，即可自动生成对应的歌词字幕，如图 3-27 所示。

图 3–26　显示提示框

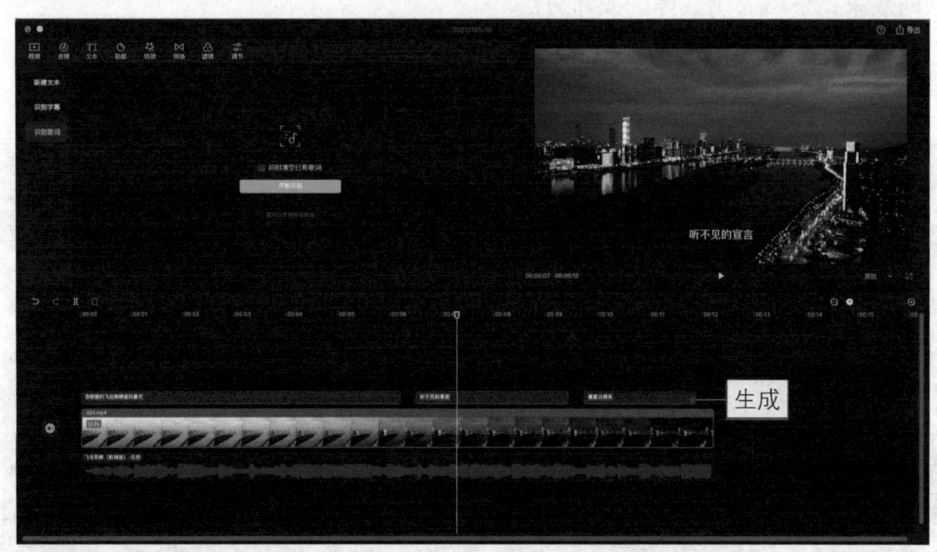

图 3–27　自动生成对应的歌词字幕

025　设置视频中的文字动画

扫码看效果

扫码看教程

在剪映中为视频添加文字后，用户还可以给文字添加入场动画、出场动画和循环动画效果，让文字更具动态感，下面介绍具体的操作方法。

步骤 01 以上一个实例的效果为例，❶ 选择第 1 段文字内容；❷ 单击“文本动画”按钮，如图 3–28 所示。

图 3–28　**单击“文本动画”按钮**

步骤 02 ❶ 切换至“入场动画”选项卡；❷ 选择“打字机Ⅱ”选项；❸ 将“动画时长”设置为最长，如图 3–29 所示。

图 3–29　**设置“入场动画”效果**

步骤 03 ❶ 选择第 2 段文字内容；❷ 切换至“循环动画”选项卡；❸ 选择“逐字放大”选项；❹ 适当设置“动画快慢”参数，如图 3–30 所示。

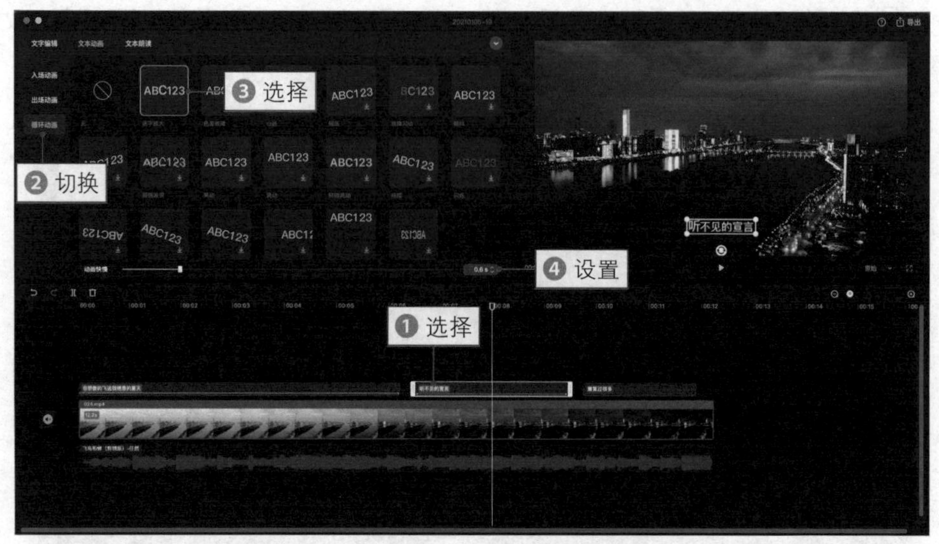

图 3-30　**设置“循环动画”效果**

★专家指点★

循环动画无须设置动画时长，只要添加这种类型的动画效果，就会自动应用到所选的全部片段中。同时，用户可以通过调整循环动画的快慢，来改变动画播放效果。

步骤 04 ❶ 选择第 3 段文字内容；❷ 切换至“出场动画”选项卡；❸ 选择“旋转飞出”选项；❹ 将“动画时长”设置为最长，如图 3-31 所示。

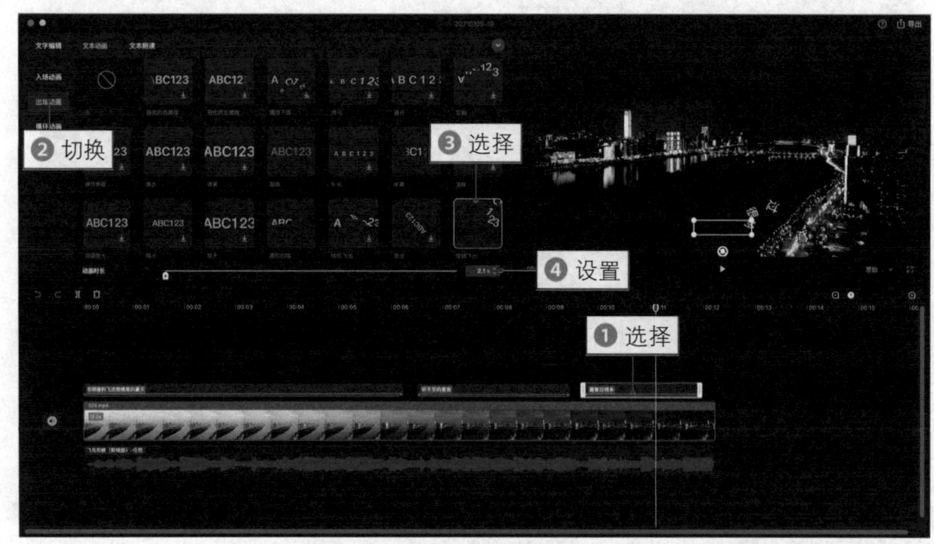

图 3-31　**设置“出场动画”效果**

步骤 05 播放预览视频，查看设置的文本动画效果，如图 3-32 所示。

图 3-32　**预览视频效果**

★专家指点★

如果用户要对同一段文字设置多种不同类型的文本动画效果，则需要注意观察文本轨道的时长，所设置的动画效果总时长不能超过这个时间。

026 自动朗读将文字转换为语音

扫码看效果

扫码看教程

剪映的“文本朗读”功能能够自动将视频中的文字内容转换为语音，提升观众的观看体验。下面介绍将文字转换为语音的操作方法。

步骤 01 ❶ 在剪映中导入视频素材并将其添加到视频轨道中；❷ 在时间线的起始位置处添加一个文本轨道，如图 3-33 所示。

步骤 02 在“文字编辑”功能区中 ❶ 输入相应的文字内容；❷ 选择合适的预设样式；❸ 在预览窗口中适当调整文字的大小和位置，如图 3-34 所示。

步骤 03 复制并粘贴做好的文字效果，❶ 修改其中的内容；❷ 并适当调整文字的持续时长，如图 3-35 所示。

步骤 04 ❶ 选择第 1 段文字；❷ 切换至“文本朗读”选项卡；❸ 选择“小姐姐”选项；❹ 单击“开始朗读”按钮，如图 3-36 所示。

图 3-33　**添加一个文本轨道**

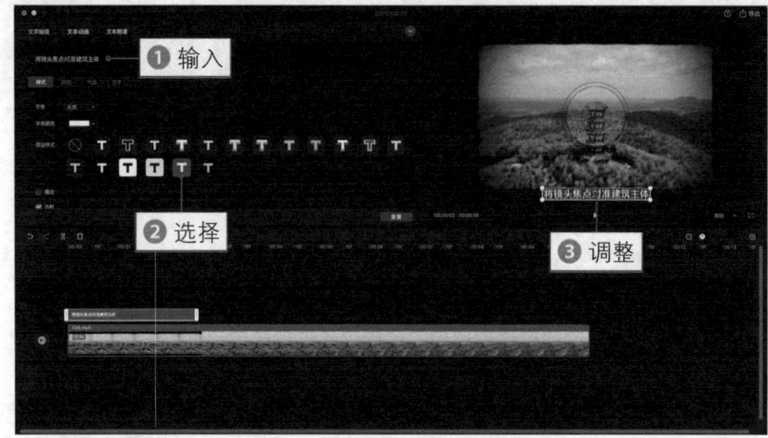

图 3-34　**调整文字的大小和位置**

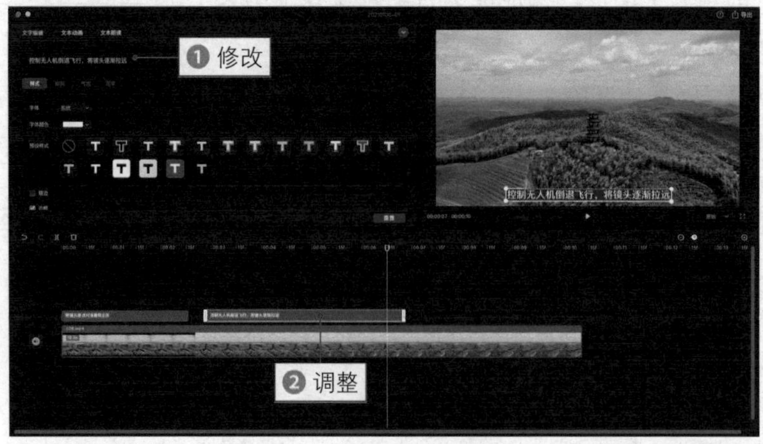

图 3-35　**调整文字的持续时长**

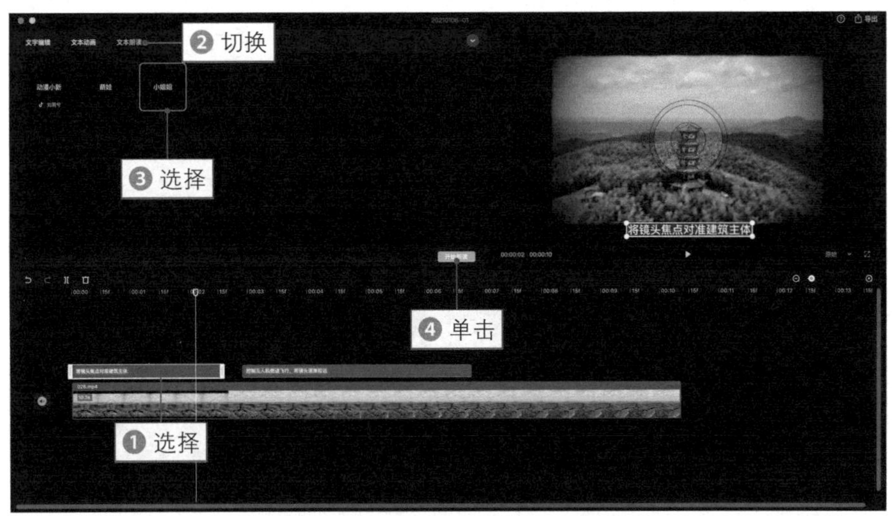

图 3-36　**单击“开始朗读”按钮**

★专家指点★

在制作教程类或 Vlog 短视频时，“文本朗读”功能非常实用，可以帮助用户快速做出具有文字配音的视频效果。

步骤 05 稍等片刻，即可将文字转换为语音，并自动生成与文字内容同步的音频轨道，如图 3-37 所示。

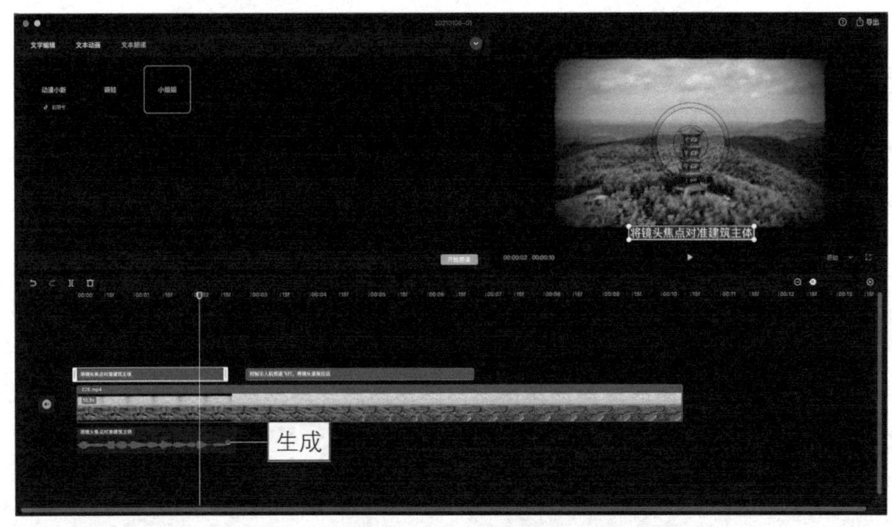

图 3-37　**生成与文字内容同步的音频轨道**

步骤 06 使用同样的操作方法，将第 2 段文字转换为语音，如图 3-38 所示。

图 3-38 **将第 2 段文字转换为语音**

★专家指点★

选择生成的文字语音后，用户还可以在“音频编辑”功能区中调整音量、淡入时长、淡出时长、变声和变速等选项，打造出更具个性化的配音效果。

步骤 07 播放预览视频，查看制作的文字配音效果，如图 3-39 所示。

图 3-39 **预览视频效果**

027 添加精彩有趣的贴纸效果

扫码看效果　扫码看教程

剪映能够直接给短视频添加字幕贴纸效果，让短视频画面更加精彩、有趣，更吸引大家的目光，下面介绍具体的操作方法。

步骤 01 ❶ 在剪映中导入视频素材并将其添加到视频轨道中；❷ 单击"贴纸"按钮，如图 3–40 所示。

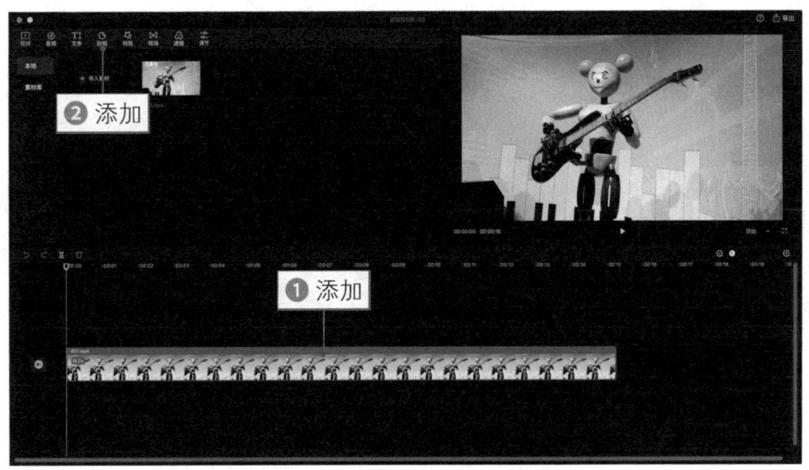

图 3–40　**单击"贴纸"按钮**

步骤 02 ❶ 在"贴纸"功能区中切换至"玩法"选项卡；❷ 选择相应的贴纸并单击添加按钮⊕；❸ 在时间线窗口中添加一个贴纸轨道，如图 3–41 所示。

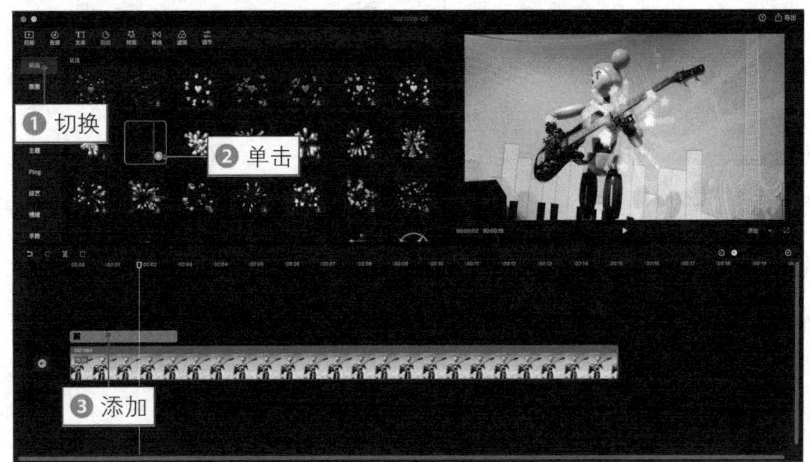

图 3–41　**添加一个贴纸轨道**

步骤 03 ❶ 将时间轴拖曳至第 1 个贴纸效果的结尾处；❷ 在“贴纸”功能区中切换至“主题”选项卡；❸ 选择相应的贴纸并单击添加按钮；❹ 在时间线窗口中添加一个相应的贴纸轨道，如图 3-42 所示。

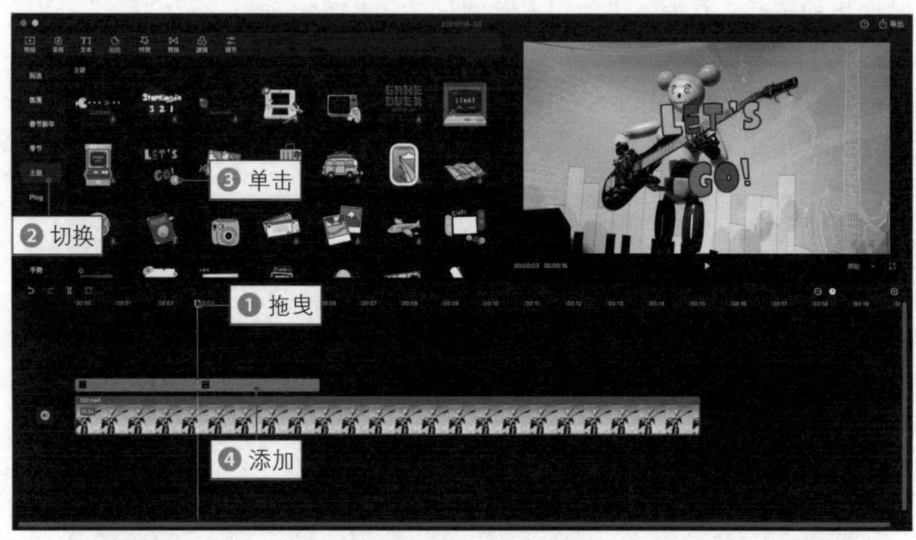

图 3-42　添加主题贴纸效果

步骤 04 ❶ 在时间线窗口中选择第 2 个贴纸效果；❷ 在“贴纸动画”功能区中切换至“入场动画”选项卡；❸ 选择“向下滑动”选项；❹ 在预览窗口中适当调整贴纸的位置，如图 3-43 所示。

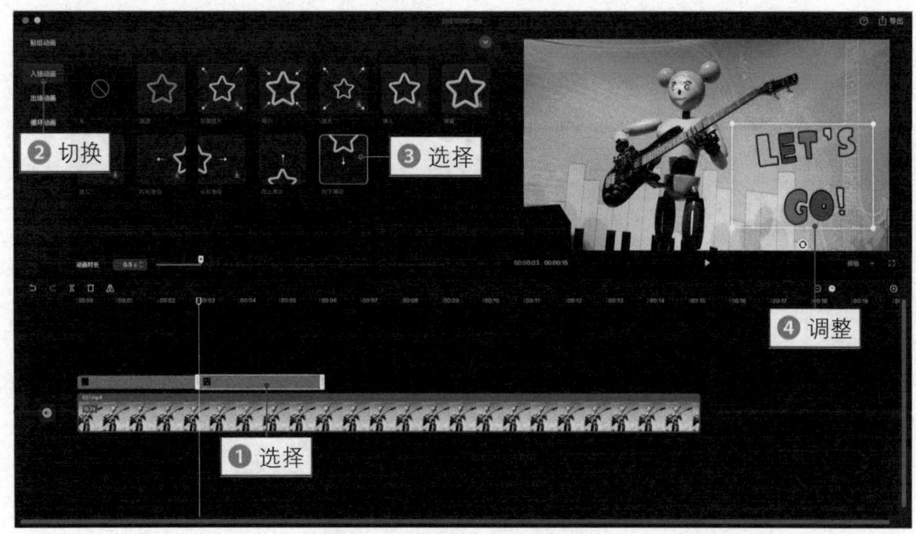

图 3-43　调整贴纸的位置

步骤 05　❶ 将时间轴拖曳至第 2 个贴纸效果的结尾处；❷ 在“贴纸”功能区中切换至“音乐”选项卡；❸ 选择相应的贴纸并单击添加按钮；❹ 在时间线窗口中添加一个相应的贴纸轨道，如图 3-44 所示。

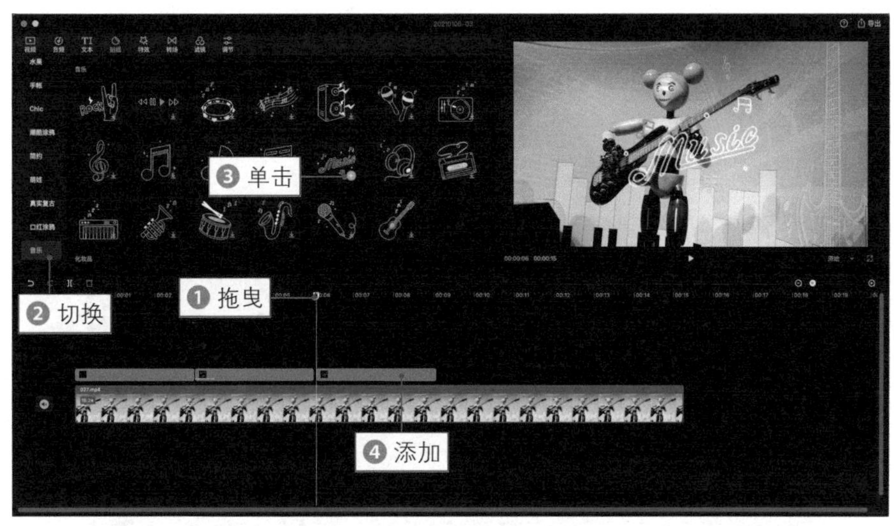

图 3-44　**添加音乐贴纸效果**

步骤 06　在时间线窗口中选择第 3 个贴纸效果，❶ 适当调整其时长；❷ 在“贴纸动画”功能区中切换至“循环动画”选项卡；❸ 选择“闪烁”选项；❹ 在预览窗口中适当调整贴纸的大小和位置，如图 3-45 所示。

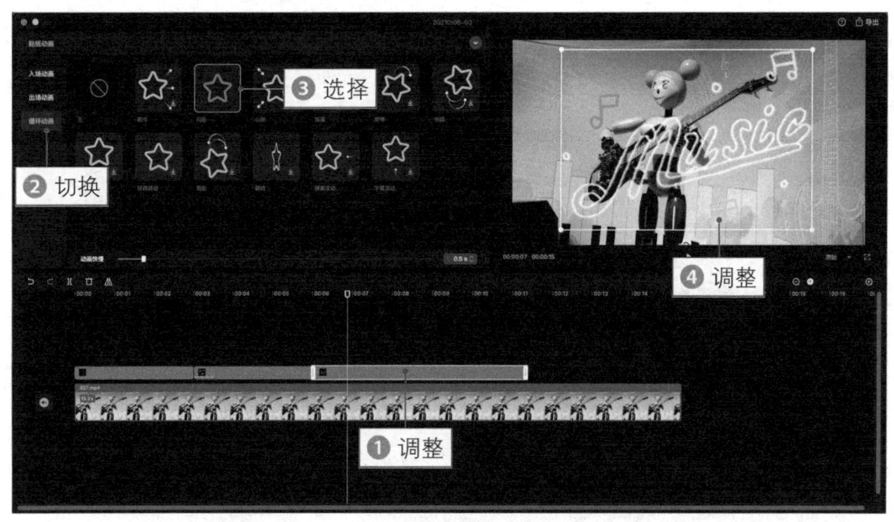

图 3-45　**调整贴纸的大小和位置**

★专家指点★

使用剪映的“贴纸”功能，不需要用户掌握很高超的后期剪辑操作技巧，只需要用户具备丰富的想象力，同时加上巧妙的贴纸组合，以及对各种贴纸的大小、位置和动画效果等进行适当调整，即可瞬间给普通的视频增添更多生机。

步骤 07 ❶ 将时间轴拖曳至第 3 个贴纸效果的结尾处；❷ 在“贴纸”功能区中切换至“综艺”选项卡；❸ 选择相应的贴纸并单击添加按钮；❹ 在时间线窗口中添加一个相应的贴纸轨道，如图 3-46 所示。

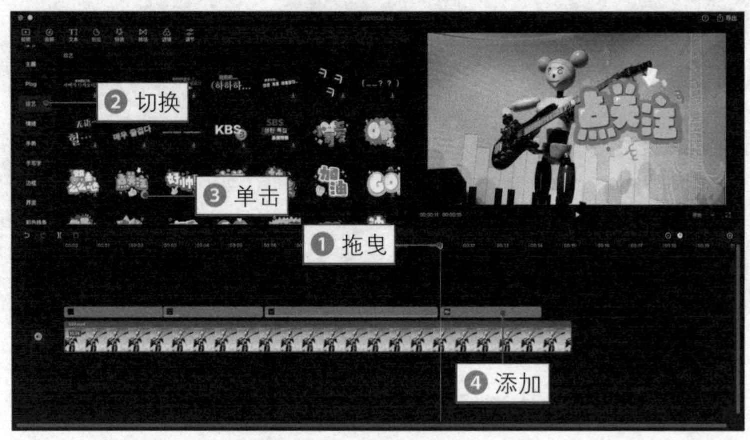

图 3-46　**添加综艺贴纸效果**

步骤 08 在时间线窗口中选择第 4 个贴纸效果，❶ 适当调整其时长；❷ 在“贴纸动画”功能区中切换至“出场动画”选项卡；❸ 选择“缩小”选项；❹ 适当设置“动画时长”参数；❺ 在预览窗口中适当调整贴纸的大小和位置，如图 3-47 所示。

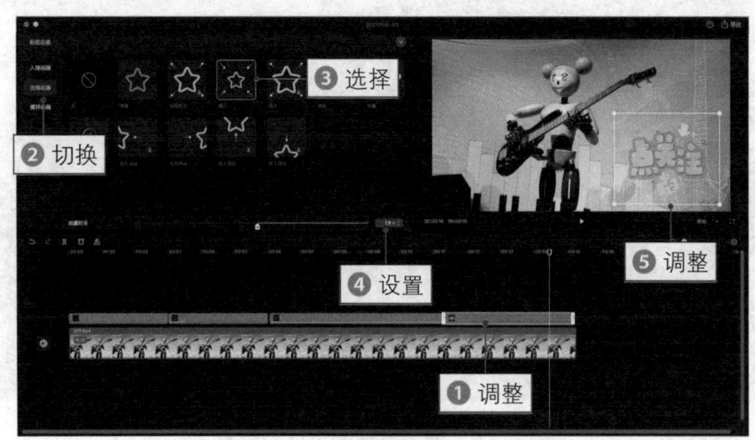

图 3-47　**调整贴纸的大小和位置**

步骤 09 播放预览视频，查看制作的贴纸动画效果，如图 3–48 所示。

图 3–48　**预览视频效果**

028　制作浪漫的文字消散效果

扫码看效果

扫码看教程

本实例主要利用剪映的文本动画和混合模式合成功能，同时结合粒子视频素材，制作出浪漫的片头文字消散效果，具体操作方法如下。

步骤 01 ❶ 在剪映中导入视频素材并将其添加到视频轨道中；❷ 在时间线的起始位置处添加一个文本轨道；❸ 输入相应的文字内容，如图 3–49 所示。

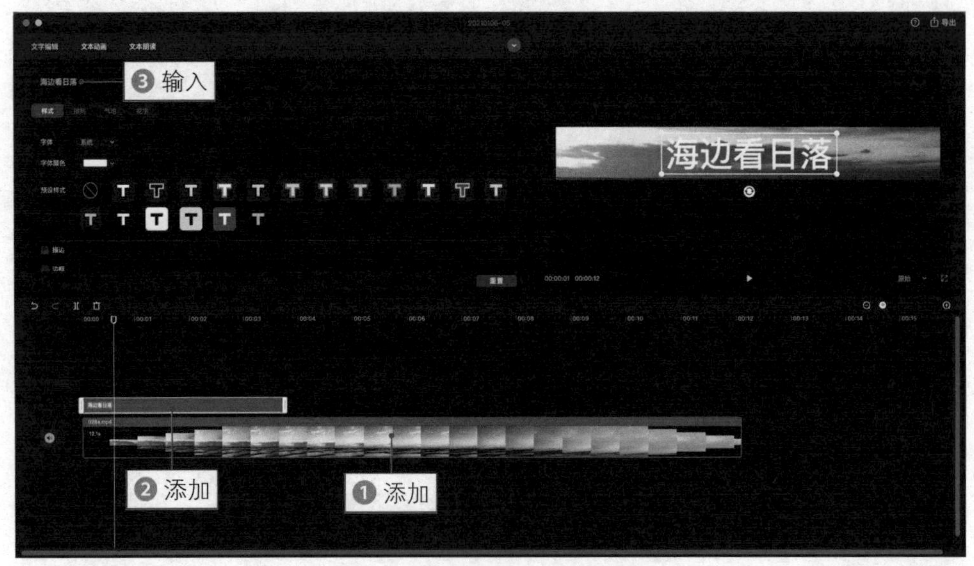

图 3–49　**输入相应的文字内容**

步骤 02 在“文字编辑”功能区中；❶ 切换至“花字”选项卡；❷ 选择相应的花字模板，如图 3–50 所示。

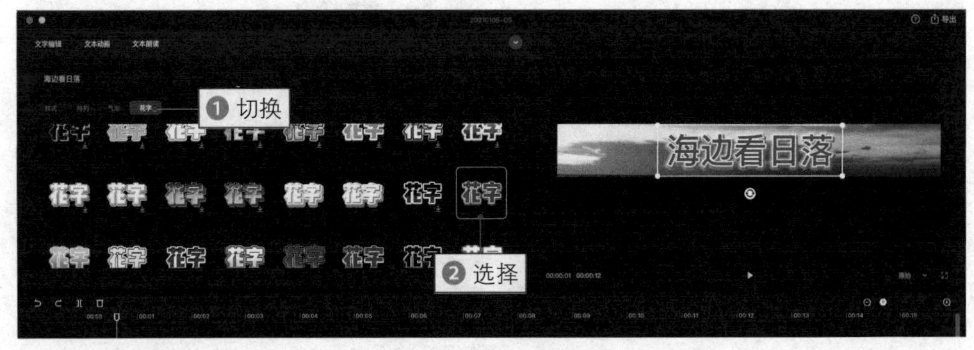

图 3–50　**选择相应的花字模板**

步骤 03 ❶ 切换至“文本动画”功能区中的“入场动画”选项卡；❷ 选择“放大”选项；❸ 适当调整“动画时长”参数，如图 3–51 所示。

步骤 04 ❶ 切换至“出场动画”选项卡；❷ 选择“打字机Ⅱ”选项；❸ 适当调整“动画时长”参数，如图 3–52 所示。

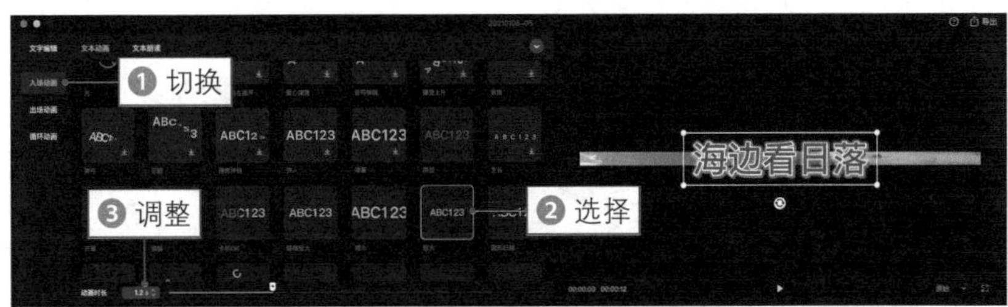

图 3–51　**设置“入场动画”效果**

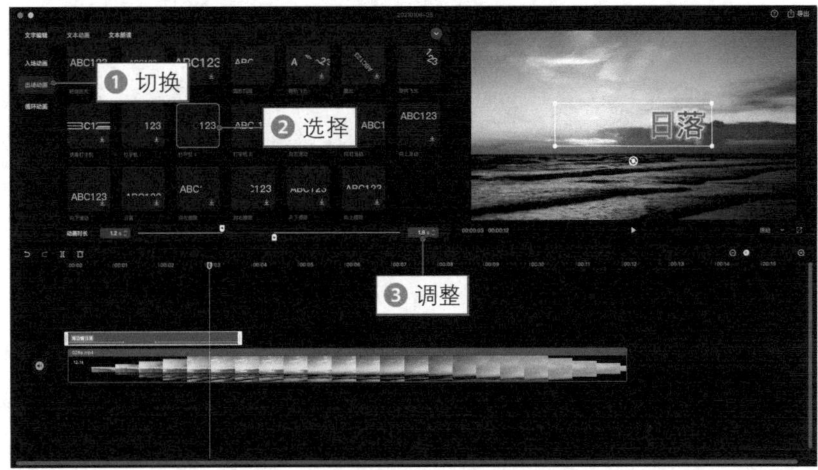

图 3–52　**设置“出场动画”效果**

步骤 05　返回主界面的“视频”功能区，❶ 选择粒子视频素材；❷ 将其拖曳至画中画轨道中的相应位置，如图 3–53 所示。

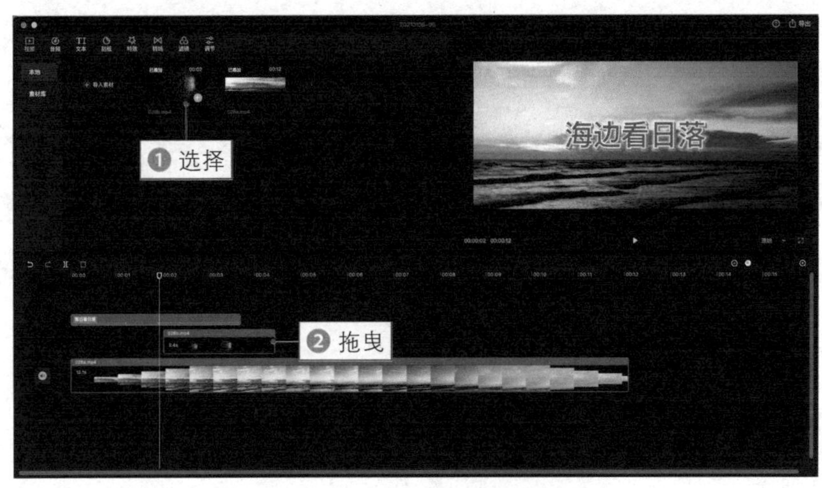

图 3–53　**拖曳粒子视频素材**

步骤 06 选择画中画轨道，❶ 适当调整其持续时长；❷ 切换至“混合模式”功能区；❸ 选择“滤色”选项，合成视频画面，如图 3-54 所示。

图 3-54 合成视频画面

步骤 07 播放预览视频，查看文字消散效果，如图 3-55 所示。

图 3-55 预览视频效果

029　制作古风烟雾文字效果

扫码看效果　扫码看教程

本实例主要利用剪映的画中画合成功能，同时结合文本动画和烟雾视频素材，制作出唯美的竖排古风文字特效，具体操作方法如下。

步骤 01 ❶ 在剪映中导入视频素材并将其添加到视频轨道中；❷ 在时间线的起始位置处添加一个文本轨道，如图 3-56 所示。

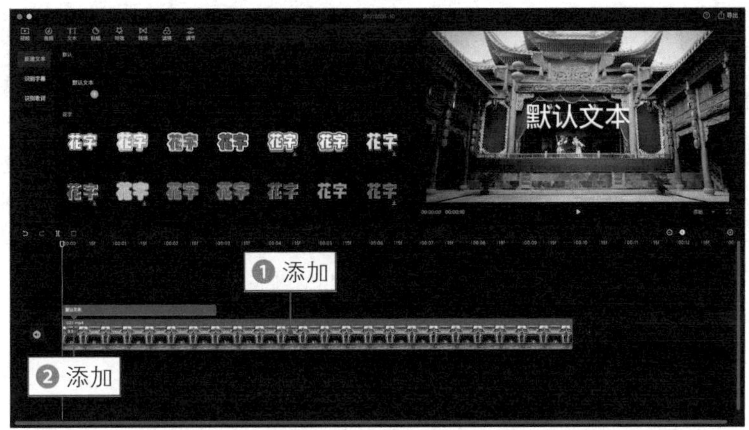

图 3-56　**添加一个文本轨道**

步骤 02 ❶ 选择文本轨道；❷ 在"文字编辑"功能区中输入相应文字；❸ 设置"排列"方式为▥（垂直顶对齐）；❹ 适当调整文字的大小和位置，如图 3-57 所示。

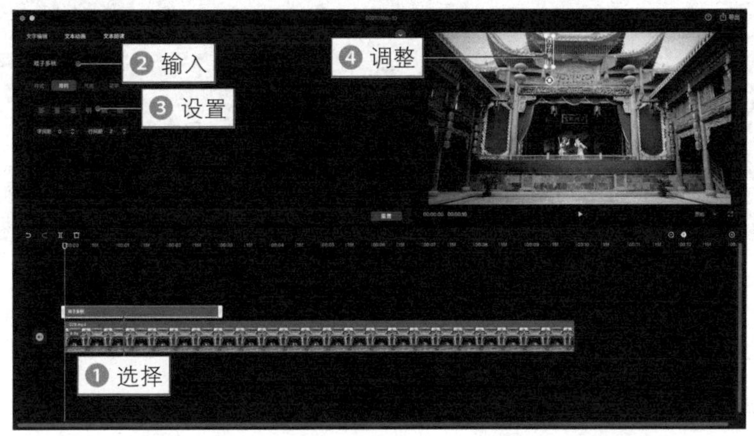

图 3-57　**调整文字的大小和位置**

步骤 03 ❶ 切换至“花字”选项卡；❷ 选择相应的花字模板；❸ 并将文本轨道的长度调整为与视频一致，如图 3–58 所示。

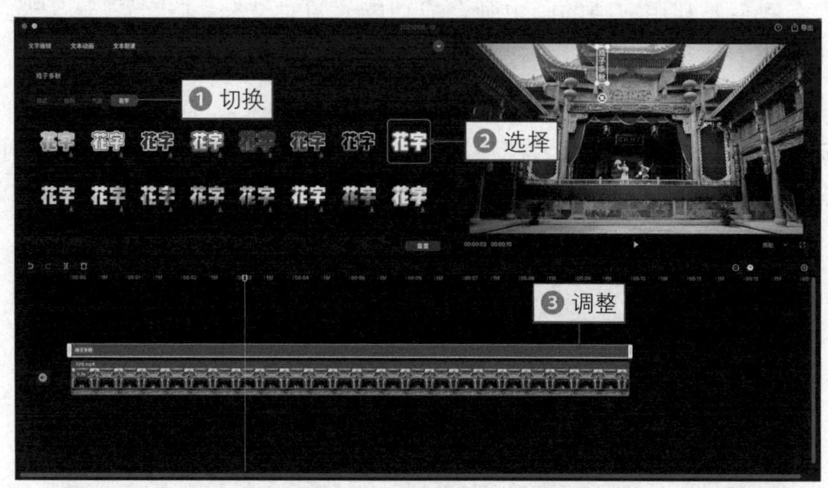

图 3–58 调整文本轨道的长度

步骤 04 ❶ 切换至“文本动画”功能区中的“入场动画”选项卡；❷ 选择“打字机Ⅱ”选项；❸ 适当调整“动画时长”参数，如图 3–59 所示。

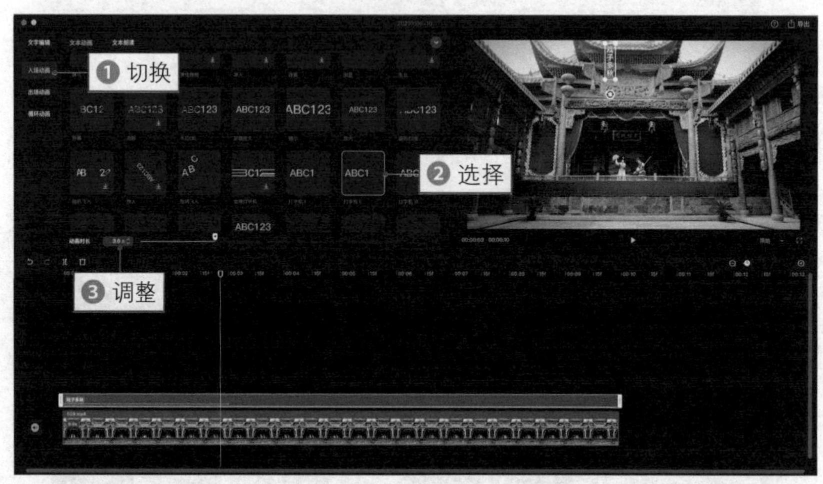

图 3–59 设置“入场动画”效果

★专家指点★

剪映的“打字机Ⅱ”文本动画效果非常好用，可以在视频中模拟出逐字出现的真实打字效果，具有强调文字内容的作用。

步骤 05 ❶ 切换至“出场动画”选项卡；❷ 选择“渐隐”选项，如图 3-60 所示。

图 3-60　**设置“出场动画”效果**

★专家指点★

在剪映中为文字添加“渐隐”出场动画效果后，文字会逐渐变成透明状，呈现出慢慢“消失”的效果。

步骤 06 复制并粘贴制作好的文本效果，❶ 在“文字编辑”功能区中修改文本内容；❷ 在时间线窗口中适当调整复制的文本轨道的位置和持续时间；❸ 在预览窗口中调整文字的位置，如图 3-61 所示。

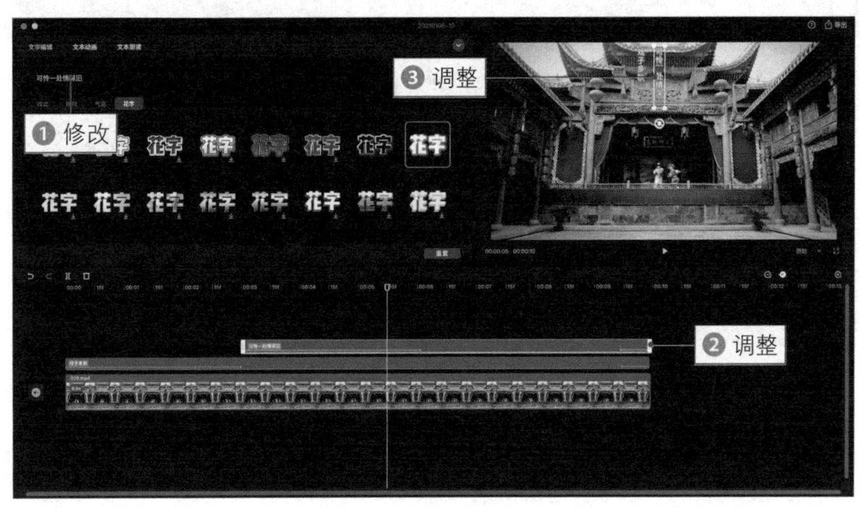

图 3-61　**调整文字的位置**

步骤 07 使用同样的操作方法，❶ 再次复制并粘贴文本轨道；❷ 修改文字内容；❸ 调整其位置，如图 3-62 所示。

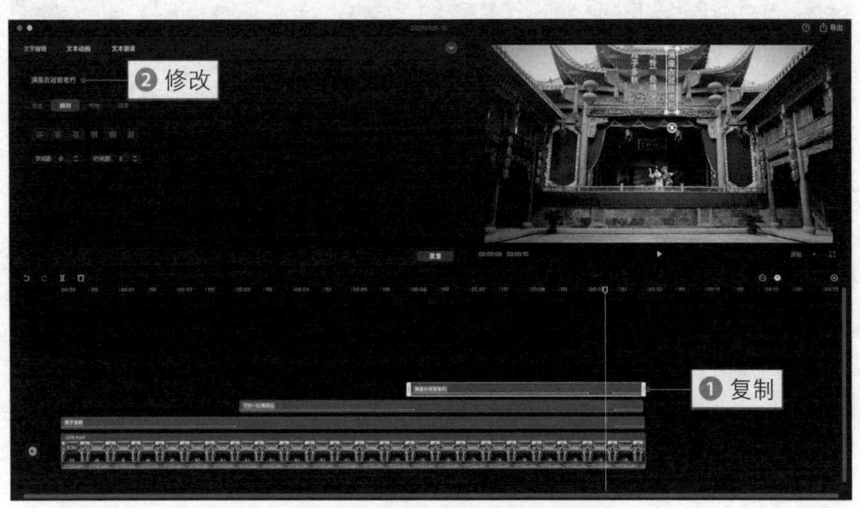

图 3-62 **再次复制并修改和调整文本**

步骤 08 进入“视频”功能区，❶ 选择烟雾视频素材；❷ 将其拖曳至画中画轨道中，如图 3-63 所示。

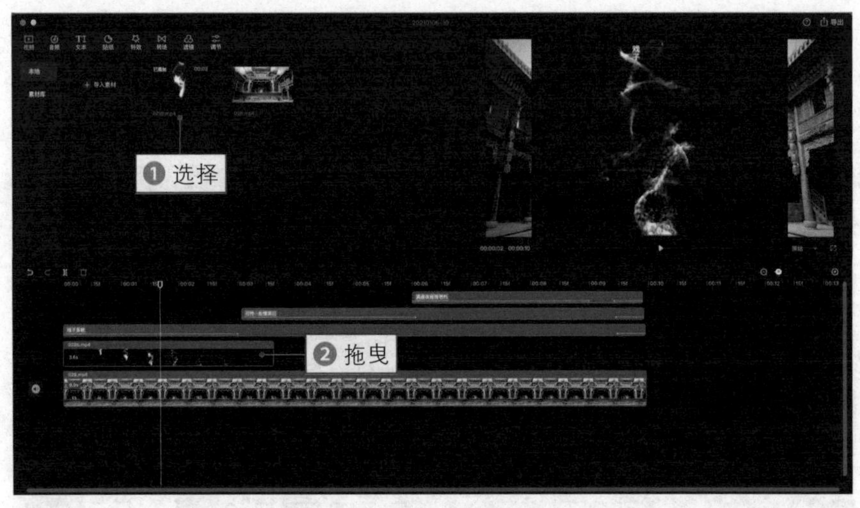

图 3-63 **拖曳烟雾视频素材**

★专家指点★

在剪映电脑版中，主轨道无法直接切换为画中画，视频轨道中至少要保留一段视频，才能将其他视频片段拖曳到画中画轨道中。

步骤 09 ❶ 选择画中画轨道；❷ 切换至“混合模式”功能区；❸ 选择“滤色”选项，合成视频画面，如图 3-64 所示。

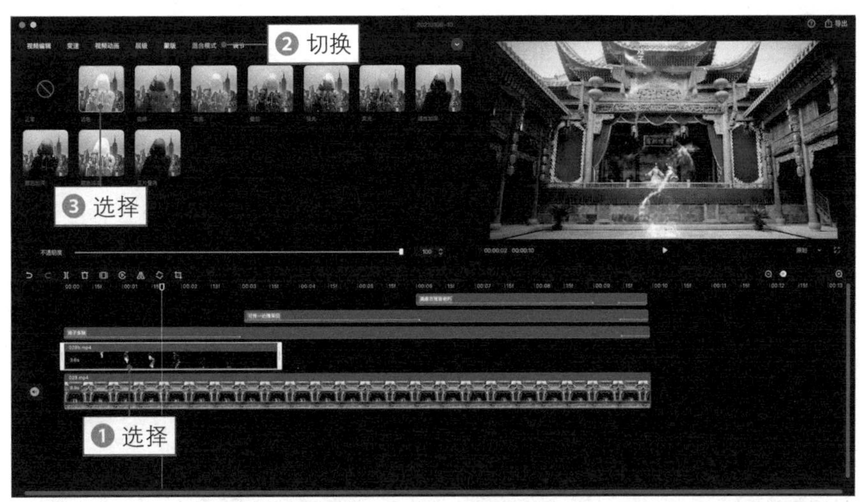

图 3-64　**合成视频画面**

步骤 10 ❶ 切换至“视频编辑”功能区；❷ 在预览窗口中适当调整画中画素材的大小和位置，使其刚好覆盖第 1 段文字，如图 3-65 所示。

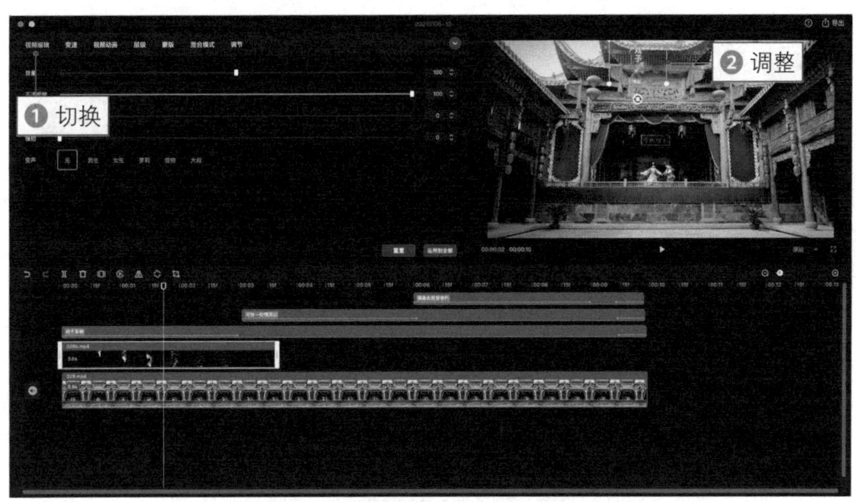

图 3-65　**调整画中画素材的大小和位置**

★专家指点★

使用剪映的“滤色”混合模式，可以让画中画轨道中的画面变得更亮，从而去掉深色的画面部分，并保留浅色的画面部分。

步骤 11 在时间线窗口中复制画中画轨道，❶ 适当调整其位置；❷ 在预览窗口中适当调整复制的画中画素材的大小和位置，使其刚好覆盖第 2 段文字，如图 3-66 所示。

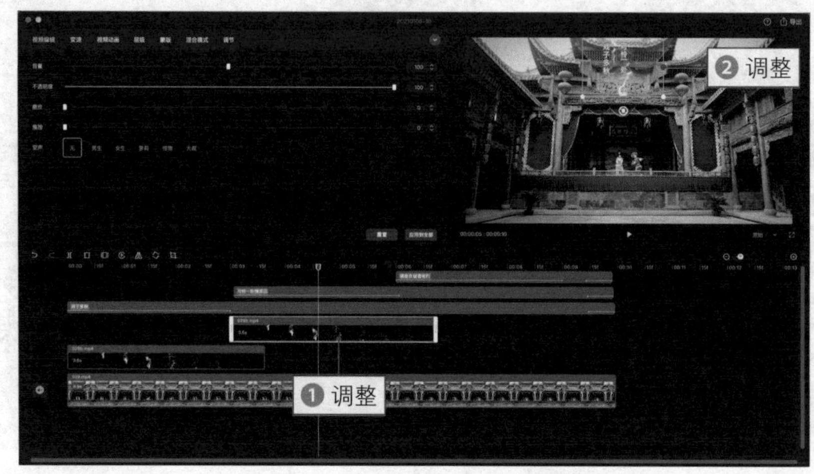

图 3-66 复制并调整画中画素材

步骤 12 使用同样的操作方法，❶ 再次复制和调整画中画轨道；❷ 并调整烟雾素材的位置，如图 3-67 所示。

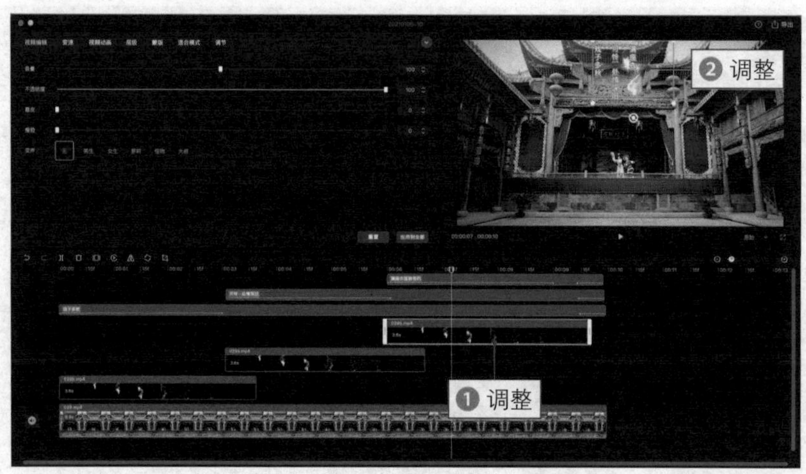

图 3-67 再次复制并调整画中画素材

★专家指点★

在剪辑视频时，一个视频轨道通常只能显示一个画面，两个视频轨道就能制作成两个画面同时显示的画中画特效。如果要制作多画面的画中画，需要用到多个视频轨道。

步骤 13 播放预览视频，查看制作的古风烟雾文字效果，如图 3–68 所示。

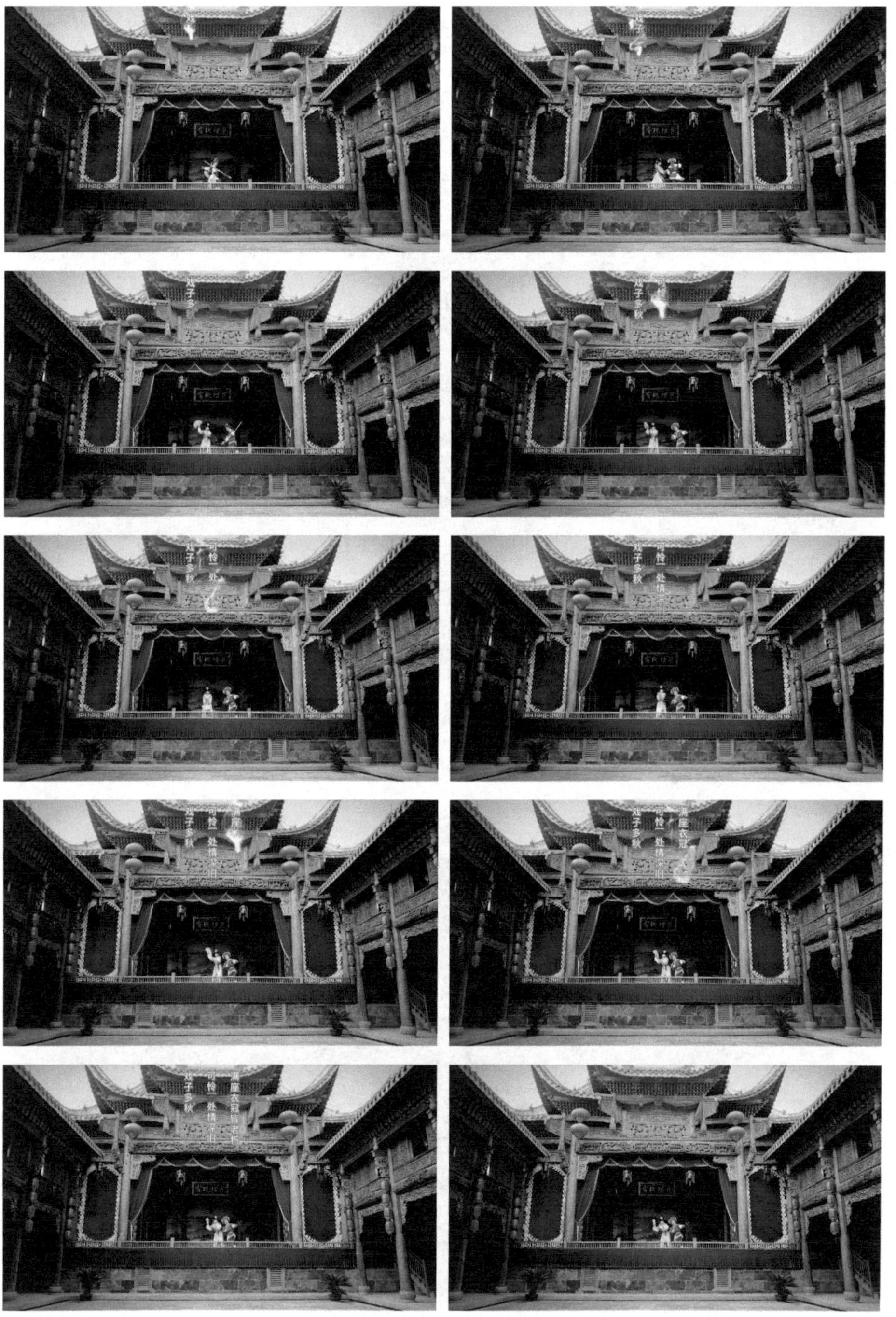

图 3–68　**预览视频效果**

030 制作卡拉OK文字效果

扫码看效果 扫码看教程

本实例主要利用剪映的歌词识别和文本动画功能，制作音乐 MV 中的卡拉 OK 文字效果，具体操作方法如下。

步骤 01 ❶ 在剪映中导入视频素材并将其添加到视频轨道中；❷ 在音频轨道中添加一首合适的背景音乐，如图 3-69 所示。

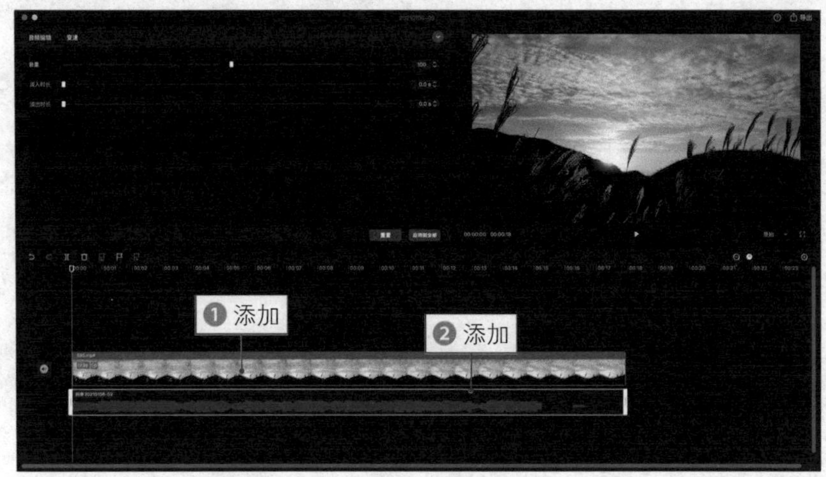

图 3-69 **添加背景音乐**

步骤 02 ❶ 单击“文本”按钮；❷ 切换至“识别歌词”选项卡；❸ 单击“开始识别”按钮，如图 3-70 所示。

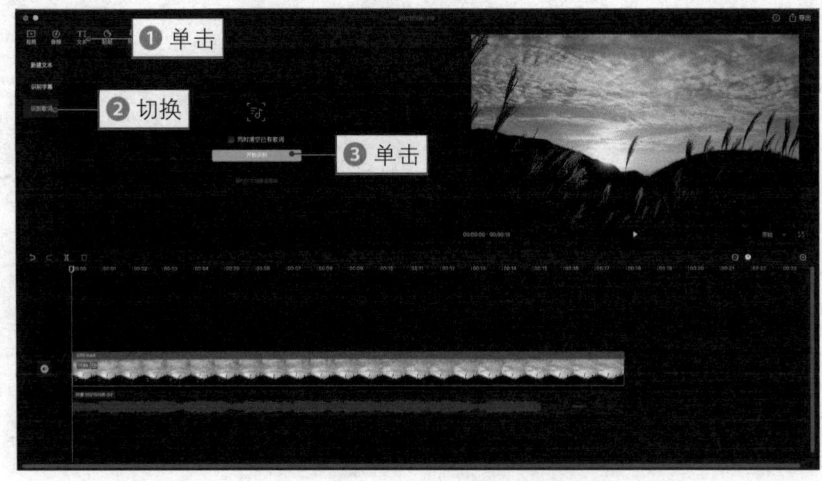

图 3-70 **单击“开始识别”按钮**

步骤 03 稍等片刻，即可自动生成对应的歌词字幕，如图 3–71 所示。

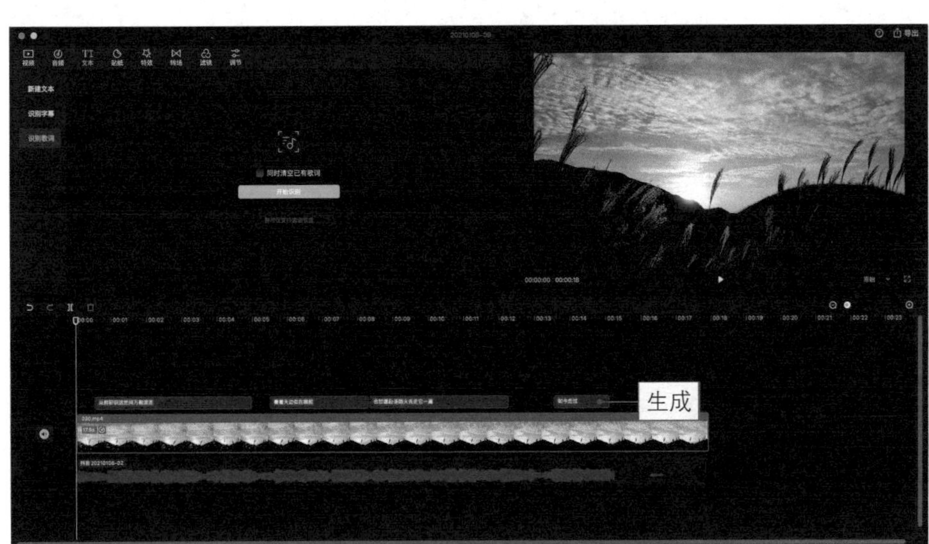

图 3–71 **自动生成对应的歌词字幕**

步骤 04 ❶ 选择相应文本轨道；❷ 切换至“文字编辑”功能区中的“气泡”选项卡；❸ 选择相应的气泡模板；❹ 适当调整文字的大小和位置，如图 3–72 所示。

图 3–72 **适当调整文字的大小和位置**

步骤 05 ❶ 切换至“文本动画”功能区中的“入场动画”选项卡；❷ 选择“卡拉 OK”选项；❸ 并将“动画时长”设置为最长，如图 3–73 所示。

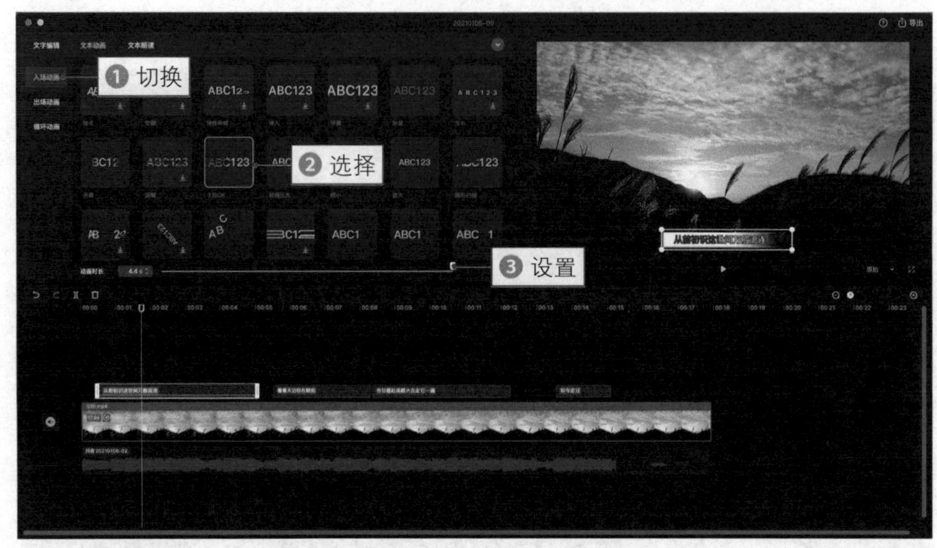

图 3–73　将“动画时长”设置为最长

步骤 06 使用同样的操作方法，为其他的歌词内容添加“卡拉 OK”文本动画效果，如图 3–74 所示。

图 3–74　添加“卡拉 OK”文本动画效果

★专家指点★

使用剪映的“卡拉 OK”文本动画，可以制作出像真实卡拉 OK 中一样的字幕动画效果，歌词字幕会根据音乐节奏一个字接着一个字慢慢变换颜色。

步骤 07 播放预览视频，查看制作的卡拉 OK 文字效果，如图 3–75 所示。

图 3–75　**预览视频效果**

第 4 章

调色效果：让你的视频画面不再单一

031　简单风光色调：画面效果更夺目

扫码看效果

扫码看教程

本实例主要运用剪映的"调节"功能，对原视频素材的色彩和影调进行适当调整，让画面效果变得更加夺目，具体操作方法如下。

步骤 01 ❶ 在剪映中导入视频素材；❷ 将其添加到视频轨道中，如图 4–1 所示。

图 4–1　**将素材添加到视频轨道**

步骤 02 ❶ 选择视频轨道；❷ 单击"调节"按钮，切换至该功能区，如图 4–2 所示。

图 4–2　**单击"调节"按钮**

步骤 03 ❶ 拖曳“亮度”滑块；❷ 将其参数设置为 5，如图 4–3 所示。

图 4–3　**设置“亮度”参数**

步骤 04 ❶ 拖曳“对比度”滑块；❷ 将其参数设置为 15，如图 4–4 所示。

图 4–4　**设置“对比度”参数**

步骤 05 ❶ 拖曳“饱和度”滑块；❷ 将其参数设置为 26，如图 4–5 所示。

图 4–5　**设置“饱和度”参数**

步骤 06 ❶ 拖曳“锐化”滑块；❷ 将其参数设置为 15，如图 4–6 所示。

图 4–6　**设置“锐化”参数**

步骤 07 ❶ 拖曳“色温”滑块；❷ 将其参数设置为 -8，如图 4-7 所示。

图 4-7　**设置“色温”参数**

步骤 08 ❶ 拖曳“色调”滑块；❷ 将其参数设置为 -5，如图 4-8 所示。

图 4-8　**设置“色调”参数**

步骤 09 单击预览窗口中的“原始”按钮，❶ 在弹出的下拉列表中选择“9：16”选项；❷ 将视频画布调整为相应尺寸，如图 4-9 所示。

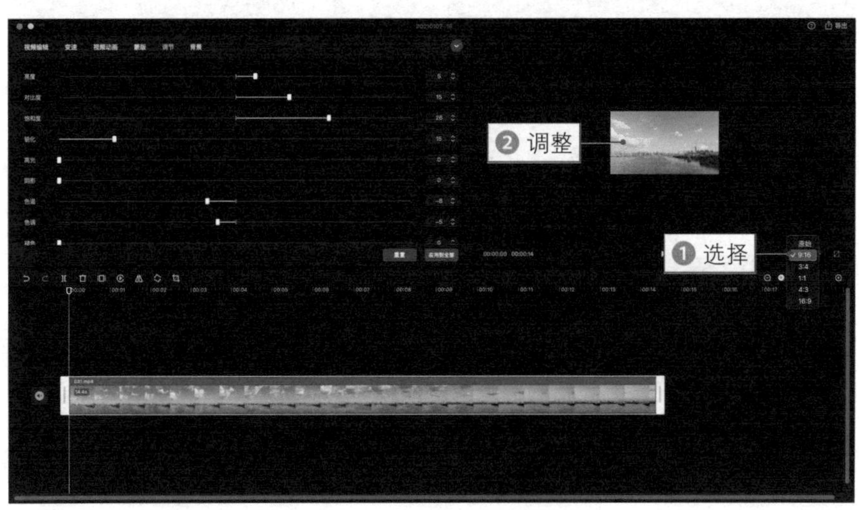

图 4-9　**调整画布尺寸**

步骤 10 在预览窗口中适当调整主轨道视频画面的位置，如图 4–10 所示。

图 4–10　调整主轨道视频的位置

步骤 11 在“视频”功能区中选择导入的视频素材，向下拖曳至画中画轨道中，如图 4–11 所示。

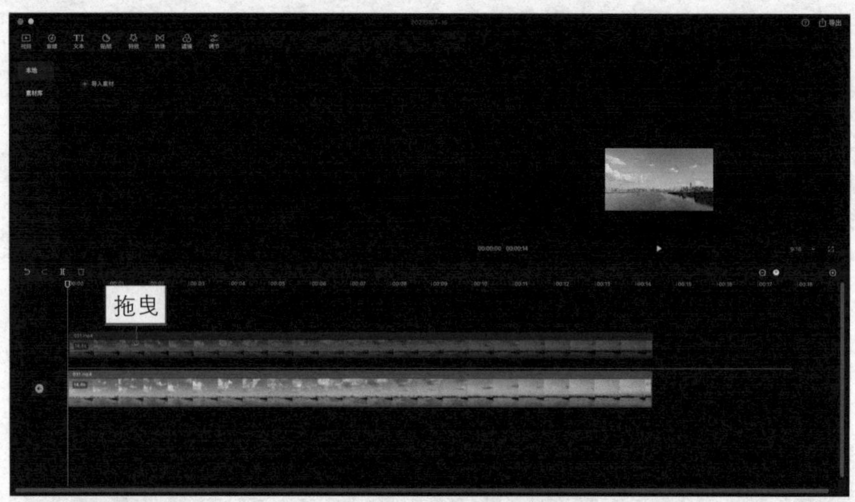

图 4–11　拖曳素材至画中画轨道中

步骤 12 选择画中画轨道，在预览窗口中适当调整视频画面的位置，如图 4–12 所示。

图 4–12　调整画中画轨道的视频画面位置

步骤 13 ❶ 单击“文本”按钮；❷ 在“新建文本”选项卡中单击“默认文本”中的添加按钮 ；❸ 添加一个文本轨道，如图 4-13 所示。

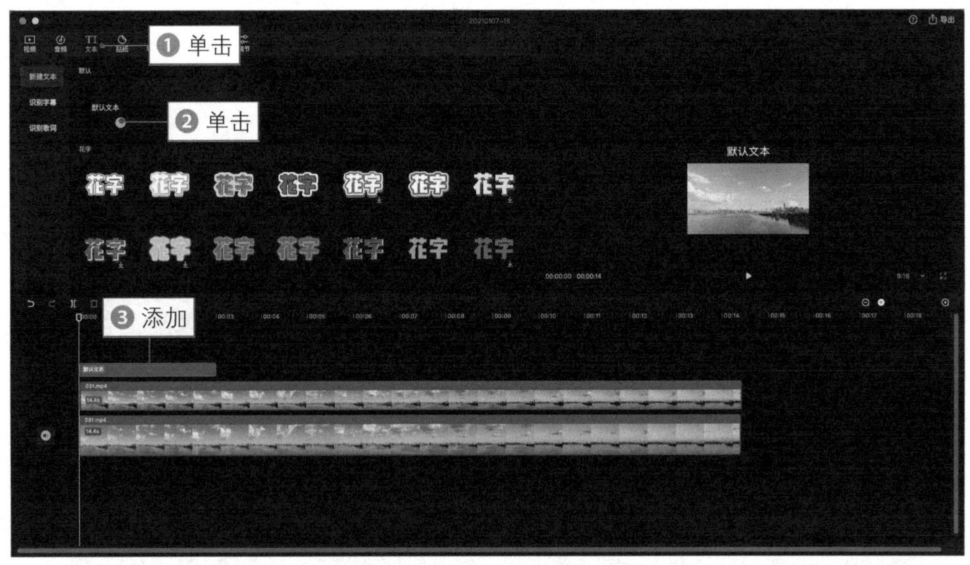

图 4-13　**添加一个文本轨道**

步骤 14 选择文本轨道，❶ 调整其持续时间与视频一致；❷ 在“文字编辑”功能区的文本框中输入相应文字；❸ 在预览窗口中适当调整文字的大小和位置，如图 4-14 所示。

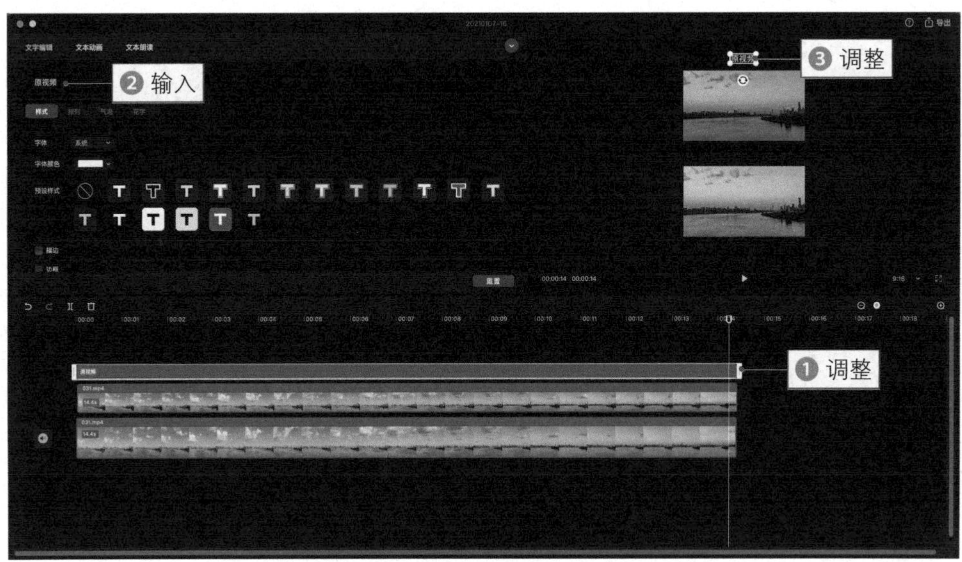

图 4-14　**调整文字的大小和位置**

★专家指点★

在撰写短视频文案时，内容要简短，突出重点，切忌过于复杂。短视频中的文字内容简单明了，观众会有一个比较舒适的视觉感受，阅读起来也更为方便。

步骤 15 ❶复制并粘贴文本轨道；❷在预览窗口中适当调整复制的文字位置，如图 4-15 所示。

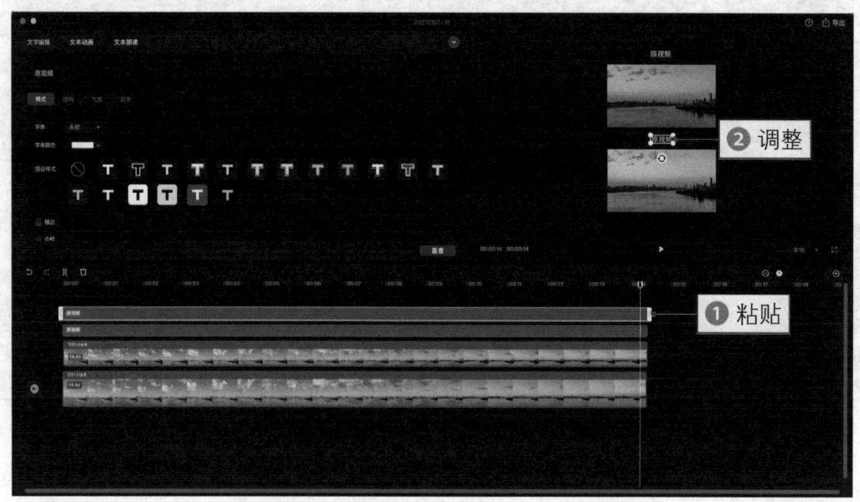

图 4-15　**调整复制的文字位置**

步骤 16 在"文字编辑"功能区的文本框中修改文字内容，如图 4-16 所示。

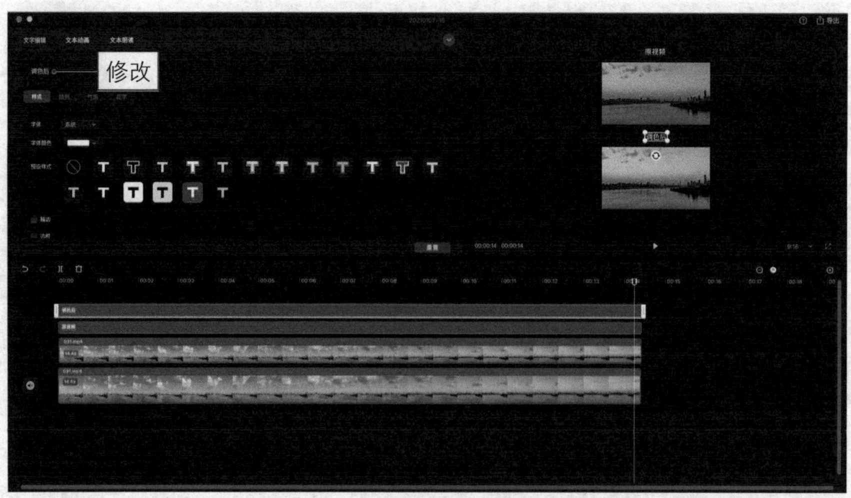

图 4-16　**修改文字内容**

★专家指点★

在制作调色类短视频时，采用原视频和调色后的视频效果进行对比，这是比较常用的展现手法，通过对比能够让观众对于调色效果一目了然。

步骤 17 播放预览视频，上方为原视频画面，下方为调色后的视频画面，通过上下对比，动态演示调色的效果，如图 4–17 所示。

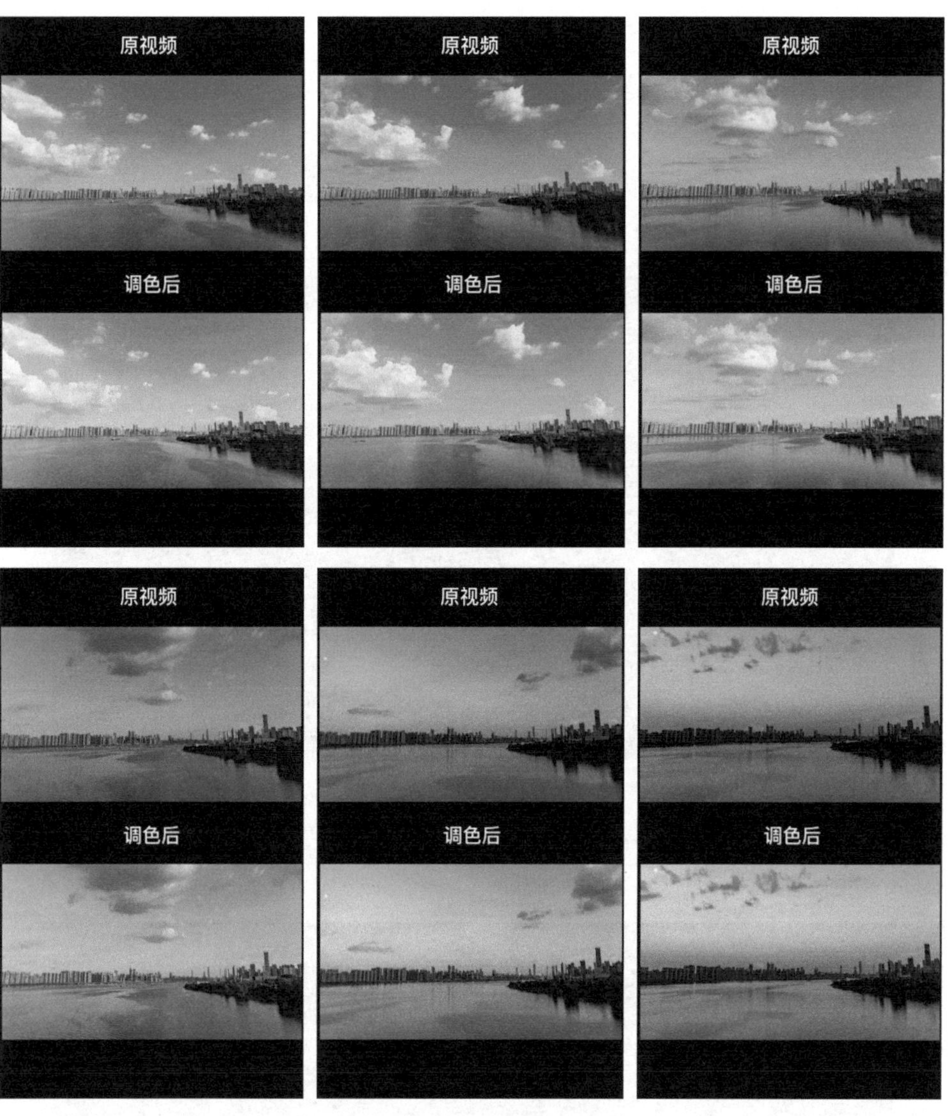

图 4–17　**预览视频效果**

032 小清新色调：调出青橙天空风格

本实例主要运用剪映的“春光乍泄”滤镜制作出小清新的青橙色调风格视频效果，具体操作方法如下。

扫码看效果 (1)

扫码看效果 (2)

扫码看教程

★专家指点★

青橙色调是网络上非常流行的一种色彩搭配方式，适合风光、建筑和街景等类型的视频题材。青橙色调主要以青蓝色和红橙色为主，能够让画面产生鲜明的色彩对比，同时还能获得和谐统一的视觉效果。

步骤 01 ❶ 在剪映中导入视频素材并将其添加到视频轨道中；❷ 拖曳时间轴至 5s 处；❸ 单击“分割”按钮，分割视频，如图 4–18 所示。

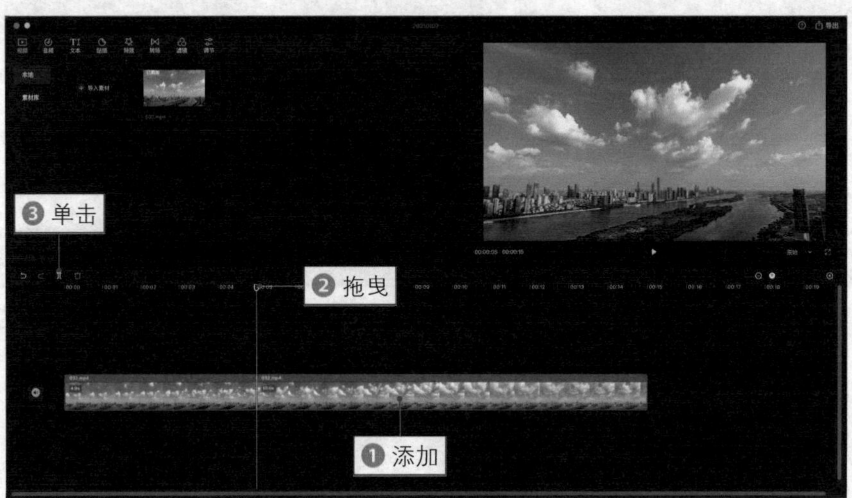

图 4–18　**单击“分割”按钮**

步骤 02 ❶ 选择分割出来的前半段视频；❷ 单击“删除”按钮，如图 4–19 所示。

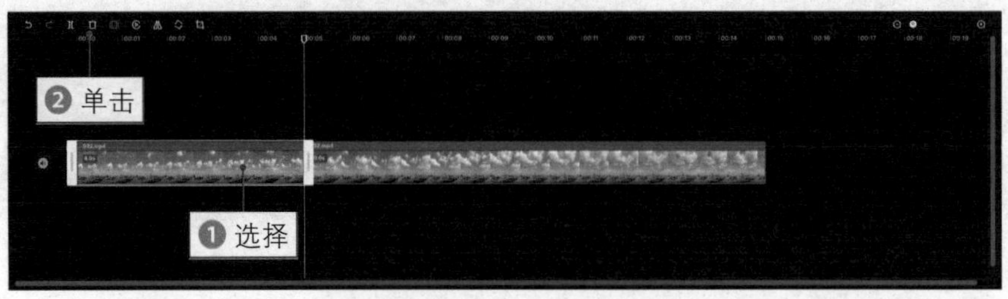

图 4–19　**单击“删除”按钮**

步骤 03 执行操作后，即可删除前半段视频，如图 4–20 所示。

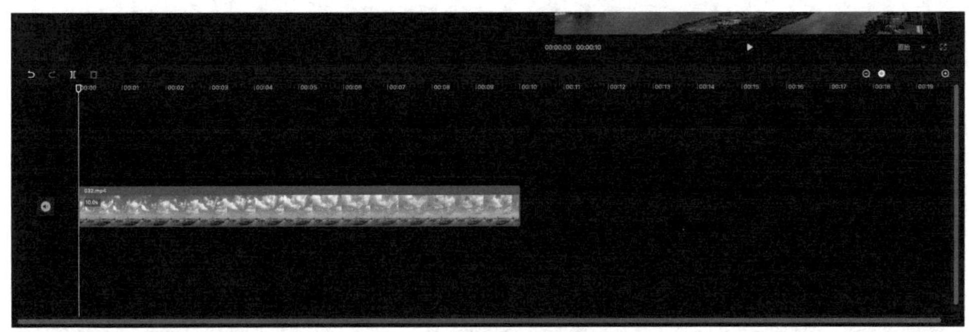

图 4–20　**删除前半段视频**

步骤 04 ❶ 单击“滤镜”按钮，切换至该功能区；❷ 在“电影”选项区中选择“春光乍泄”滤镜，如图 4–21 所示。

图 4–21　**选择“春光乍泄”滤镜**

步骤 05 单击添加按钮⊕，添加滤镜轨道，❶ 将时长调整为与视频一致；❷ 在“滤镜编辑”功能区中设置“滤镜强度”为 100，如图 4–22 所示。

★专家指点★

“春光乍泄”滤镜主要是模拟电影《春光乍泄》的色调风格，通过加强画面中的青色与橙色色调，进行对冲搭配，从而让视频画面产生非常明显的视觉反差与色彩对比。

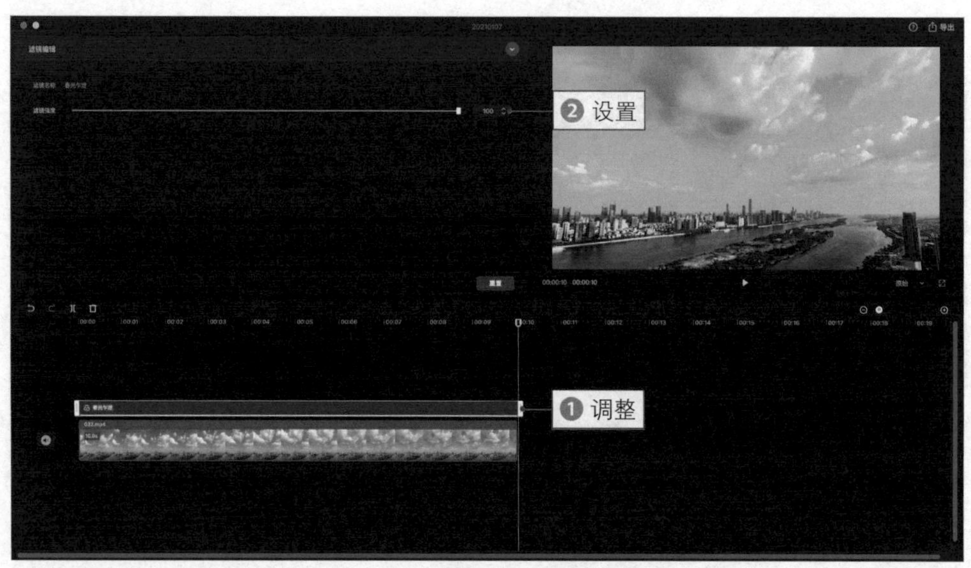

图 4–22 **设置“滤镜强度”参数**

步骤 06 ❶ 选择视频轨道；❷ 切换至“调节”功能区；❸ 设置“亮度”为 –6，降低画面的亮度，如图 4–23 所示。

图 4–23 **设置“亮度”参数**

步骤 07 设置“对比度”为 5，增强画面的明暗反差，如图 4–24 所示。

步骤 08 设置“饱和度”为 9，稍微增强画面的色彩浓度，如图 4–25 所示。

图 4-24　**设置“对比度”参数**

图 4-25　**设置“饱和度”参数**

步骤 09 设置“锐化”为 10，增强画面的清晰度，如图 4-26 所示。

图 4-26　**设置“锐化”参数**

步骤 10 设置“高光”为 80，增强高光部分的明度，如图 4-27 所示。

图 4-27　**设置“高光”参数**

步骤 11 设置“色温”为 8，增强画面的暖色调效果，如图 4-28 所示。

图 4-28　**设置“色温”参数**

步骤 12 设置“色调”为 -5，使画面偏绿色调，如图 4-29 所示。

图 4-29　**设置“色调”参数**

步骤 13 调整完毕，导出并保存效果视频，重新创建一个剪辑草稿，导入原视频和调整好的效果视频文件，如图 4-30 所示。

图 4-30　**导入原视频和调整好的效果视频文件**

步骤 14 ❶ 将原视频拖曳至视频轨道中；❷ 在 5s 处将其分割；❸ 选择后半段视频；❹ 单击“删除”按钮，如图 4-31 所示。

步骤 15 ❶ 在“视频”功能区中选择效果视频文件；❷ 将其拖曳至视频轨道中，放在原视频的后面，如图 4-32 所示。

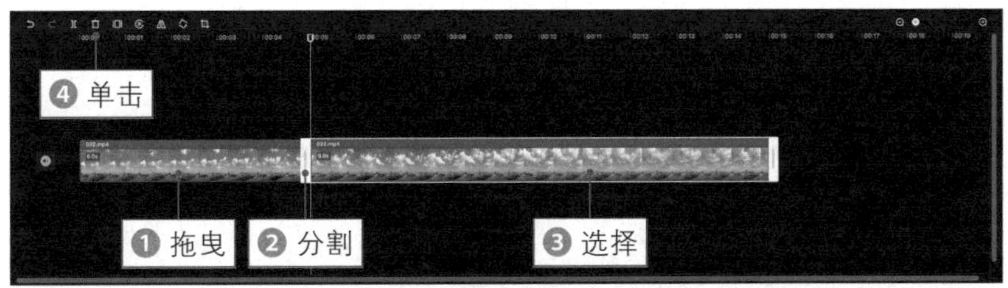

图 4–31　**单击“删除”按钮**

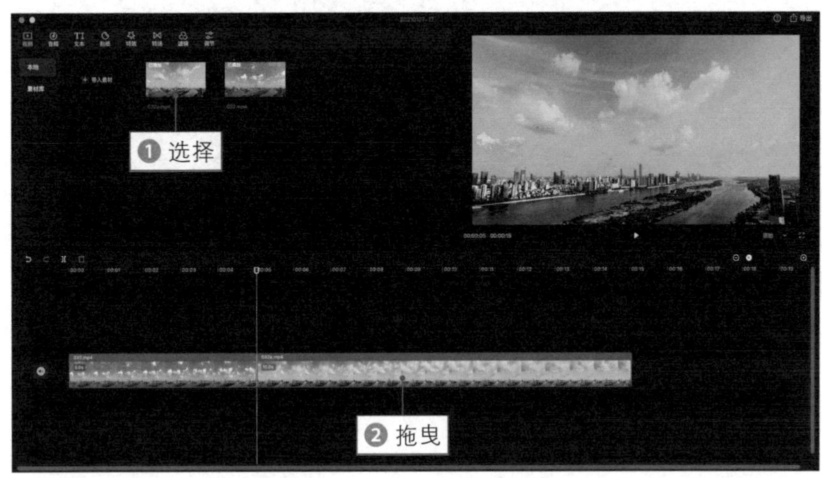

图 4–32　**拖曳效果视频文件**

步骤 16 ❶ 单击“转场”按钮，切换至该功能区；❷ 在“基础转场”选项卡中选择“向右擦除”选项，如图 4–33 所示。

图 4–33　**选择“向右擦除”选项**

步骤 17 单击添加按钮，❶ 添加“向右擦除”转场效果；❷ 在“转场编辑”功能区中将“转场时长”设置为最长，如图 4-34 所示。

图 4-34 **将“转场时长”设置为最长**

★专家指点★

在两个视频片段的连接处，添加“向右擦除”转场效果后，可以呈现出一种“扫屏”切换场景的画面效果。

步骤 18 播放预览视频，原视频经过“扫屏”切换后，转换为调色后的画面效果，对比非常明显，如图 4-35 所示。

图 4–35　**预览视频效果**

033　浓郁暖黄色调：将夏天变成秋天

本实例主要运用剪映的“月升王国”滤镜，将绿色的树叶变成黄色，同时使用“自然”特效制作出秋天落叶的画面效果，具体操作方法如下。

扫码看效果 (1)

扫码看效果 (2)

扫码看教程

步骤 01 ❶ 在剪映中导入视频素材并将其添加到视频轨道中；❷ 单击“滤镜”按钮，切换至该功能区；❸ 在“电影”选项卡中选择“月升王国”滤镜，如图 4–36 所示。

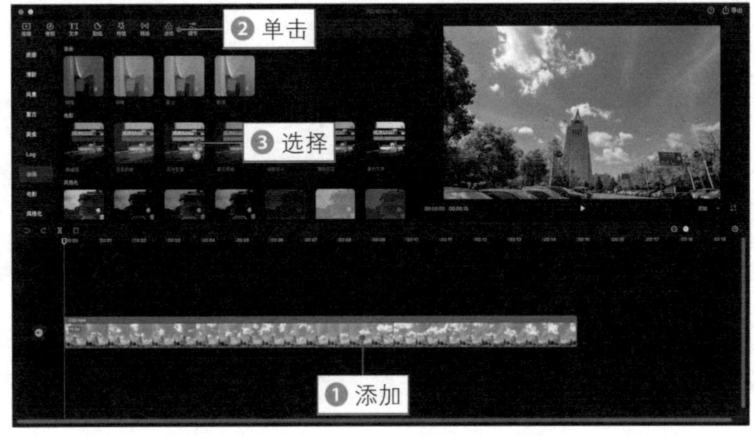

图 4–36　**选择“月升王国”滤镜**

步骤 02 单击添加按钮，添加“月升王国”滤镜轨道，将时长调整为与视频一致，如图 4–37 所示。

图 4–37 **调整滤镜轨道的时长**

★专家指点★

“月升王国”滤镜主要是模拟电影《月升王国》的色调风格，画面主要以绝美的暖黄色为主色调，打造出油画般浓郁的配色风格，效果别具一格。

步骤 03 ❶ 选择视频轨道，❷ 切换至“调节”功能区，如图 4–38 所示。

图 4–38 **切换至“调节”功能区**

步骤 04 适当调整各参数，增强画面的暖色调效果，如图 4–39 所示。

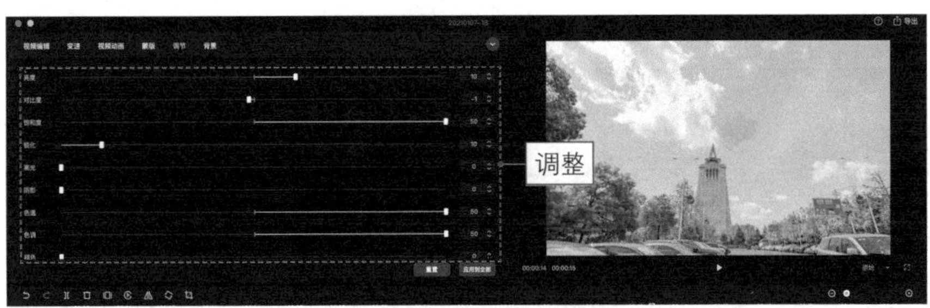

图 4–39　**调整各参数**

步骤 05 ❶ 切换至“特效”功能区；❷ 单击“自然”按钮，如图 4–40 所示。

图 4–40　**单击“自然”按钮**

步骤 06 ❶ 单击“落叶”特效中的添加按钮 ；❷ 添加一个特效轨道，并将时长调整为与视频同长，如图 4–41 所示。

图 4–41　**添加并调整特效轨道**

步骤 07 调整完毕，导出并保存效果视频，重新创建一个剪辑草稿，导入原视频和调整好的效果视频文件，如图 4–42 所示。

图 4–42 导入原视频和调整好的效果视频文件

步骤 08 将原视频拖曳至视频轨道中，并对其进行适当剪辑，如图 4–43 所示。

图 4–43 剪辑原视频

步骤 09 ❶在“视频”功能区中选择效果视频文件；❷将其拖曳至视频轨道中，放置在原视频的后面，如图 4–44 所示。

图 4–44 拖曳效果视频文件

步骤 10 ❶ 单击"转场"按钮，切换至该功能区；❷ 在"基础转场"选项卡中单击"向左擦除"效果中的添加按钮 ；❸ 添加相应的转场效果，如图 4-45 所示。

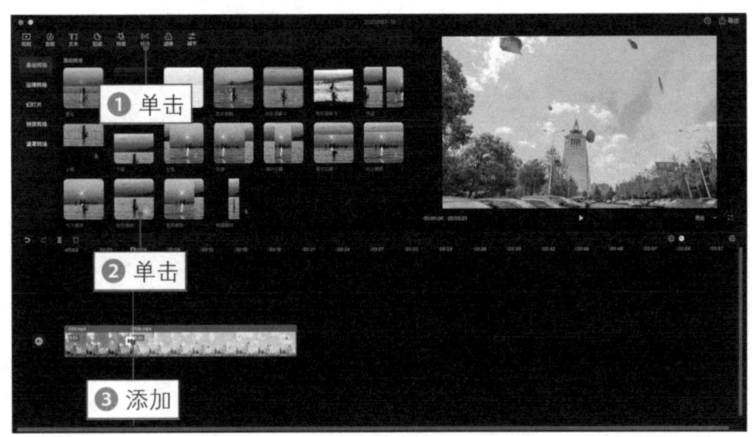

图 4-45　**添加相应的转场效果**

★专家指点★

转场可以在两个视频素材之间创建某种过渡效果，让素材之间的过渡更加生动、美丽，使视频片段之间的播放效果更加流畅。

步骤 11 ❶ 单击 ⋈ 按钮，选择转场效果；❷ 在"转场编辑"功能区中将"转场时长"设置为最长，如图 4-46 所示。

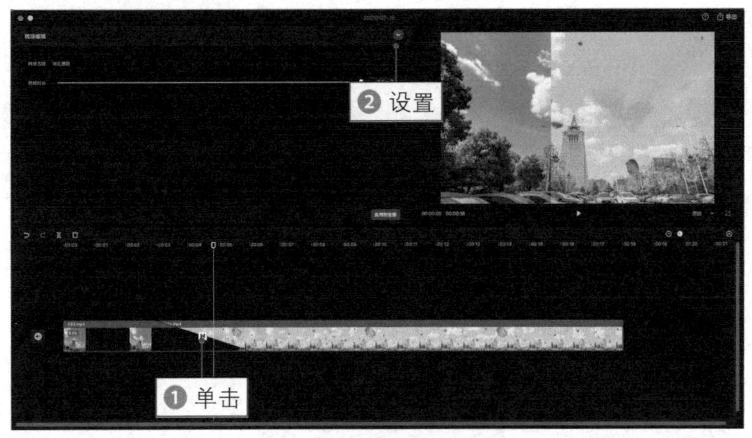

图 4-46　**将"转场时长"设置为最长**

步骤 12 单击预览窗口中的"原始"按钮，❶ 设置比例为 9 : 16；❷ 将视频画布调整为相应尺寸，如图 4-47 所示。

图 4–47　**调整视频画布尺寸**

步骤 13 播放预览视频，可以看到前一秒还是绿树成荫的景象，突然画风一转，整个画面就变成了秋风落叶的景象，如图 4–48 所示。

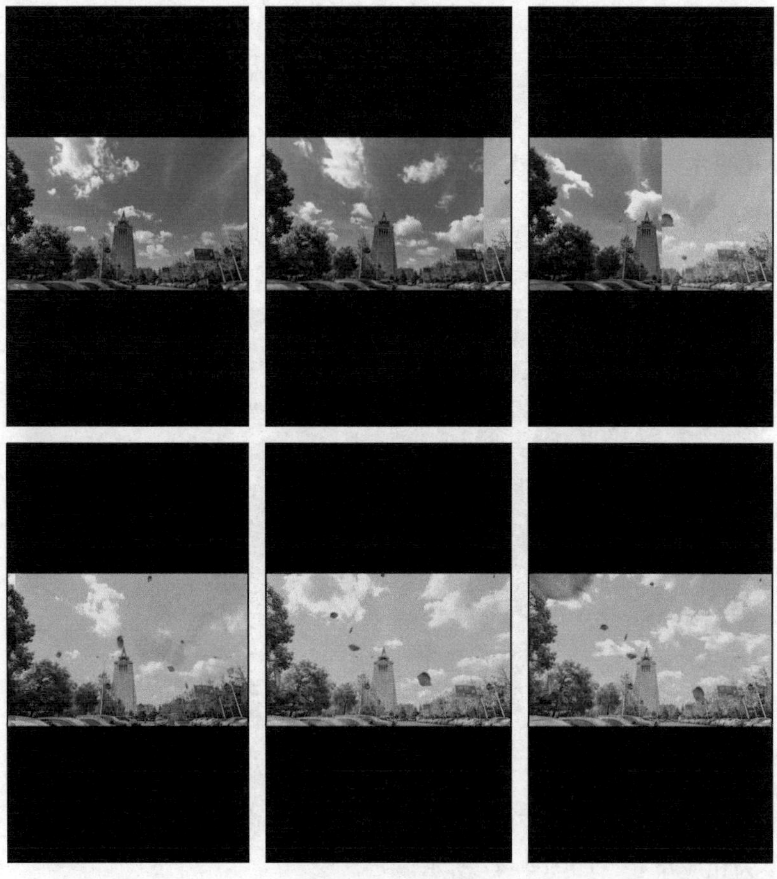

图 4–48　**预览视频效果**

034 橙红黑金色调：让画面更具风格化

本实例主要运用剪映的“黑金”滤镜，制作出浓郁的橙红色调风格的夜景视频效果，具体操作方法如下。

扫码看效果　扫码看教程

★专家指点★

“黑金”滤镜主要是通过将红色与黄色的色相向橙红偏移，来保留画面中的“红橙黄”这 3 种颜色的饱和度，同时降低其他色彩的饱和度，最终让整个视频画面中只存在两种颜色——黑色和金色，让视频画面显得更有质感。

步骤 01 ❶ 在剪映中导入视频素材；❷ 将其添加到视频轨道中，如图 4–49 所示。

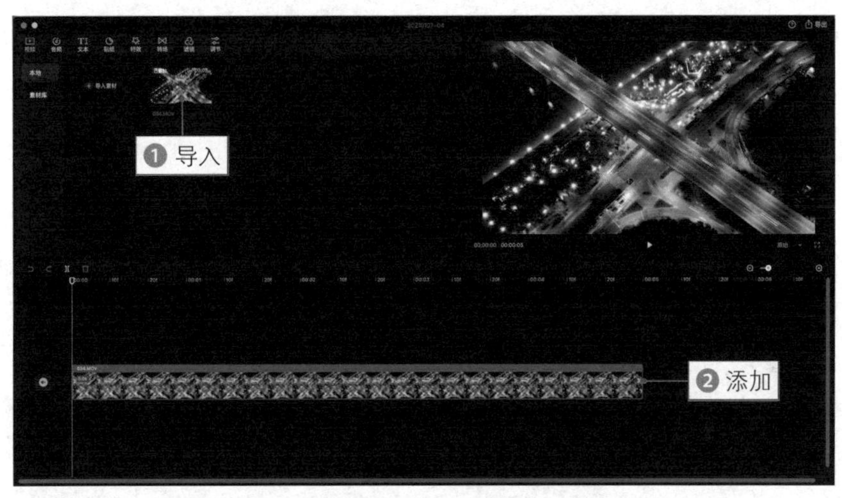

图 4–49　**将素材添加到视频轨道**

步骤 02 ❶ 单击“滤镜”按钮，切换至该功能区；❷ 单击“风格化”按钮，切换至该选项卡，如图 4–50 所示。

★专家指点★

“风格化”滤镜是一种模拟真实艺术创作手法的视频调色方式，主要通过将画面中的像素进行置换，同时查找并增加画面的对比度，来生成类似于绘画般的视频画面效果。

例如，“风格化”滤镜组中的“蒸汽波”滤镜是一种诞生于网络的艺术视觉风格，最初出现在电子音乐领域，这种滤镜的色彩非常迷幻，调色也比较夸张，整体画面效果偏冷色调，非常适合渲染情绪。

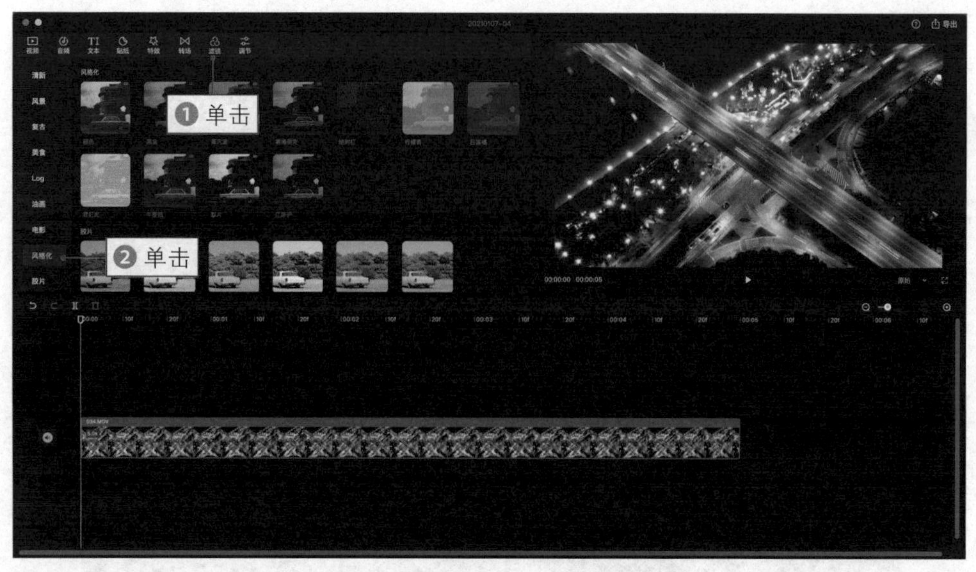

图 4–50　**切换至“风格化”选项卡**

步骤 03 ❶ 单击“黑金”滤镜中的添加按钮 ；❷ 添加一个“黑金”滤镜轨道，如图 4–51 所示。

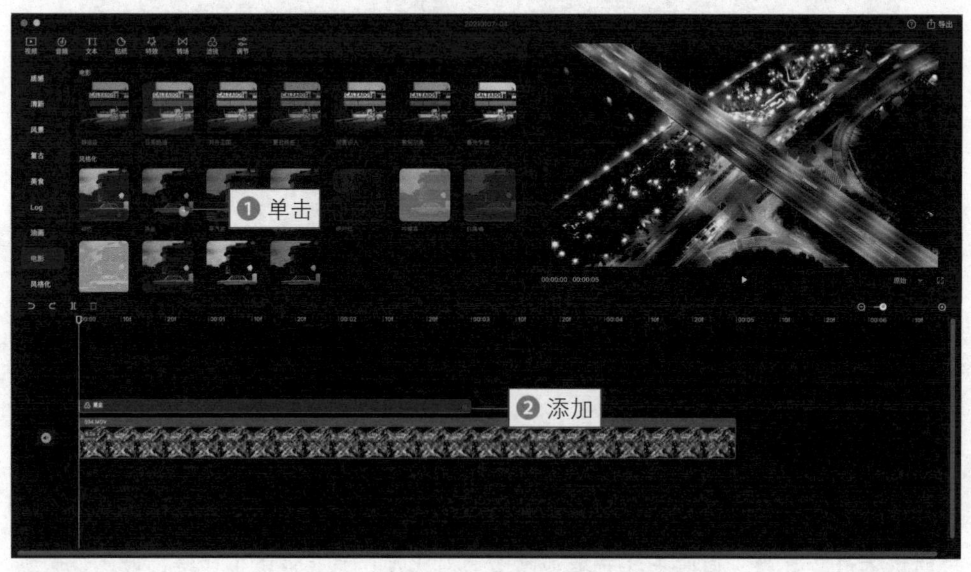

图 4–51　**添加“黑金”滤镜轨道**

步骤 04 选择“黑金”滤镜轨道，❶ 将时长调整为与视频同长；❷ 在“滤镜编辑”功能区中设置“滤镜强度”为 85，如图 4–52 所示。

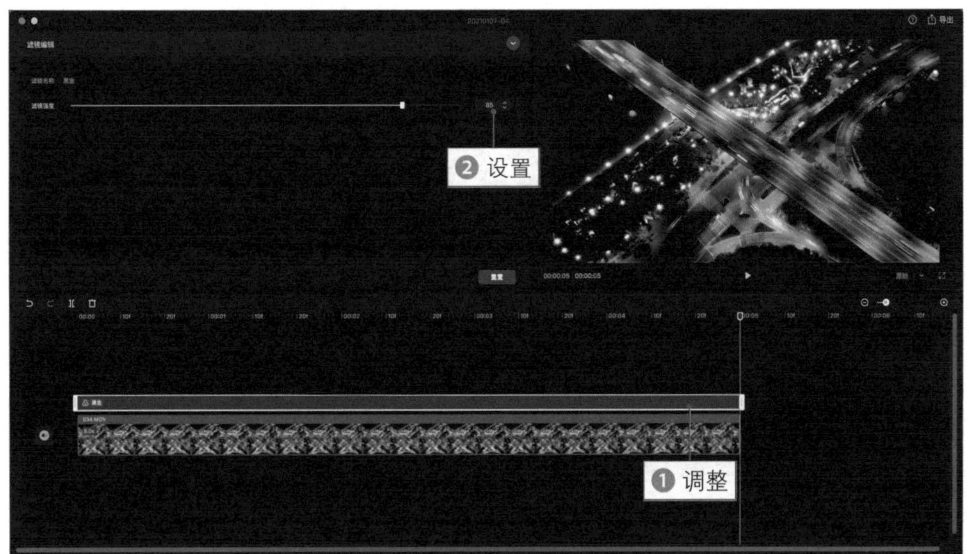

图 4-52　**设置“滤镜强度”参数**

步骤 05　在时间线窗口中选择视频轨道，如图 4-53 所示。

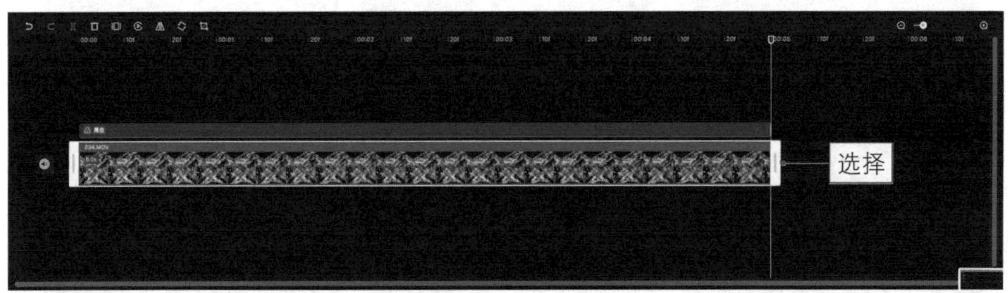

图 4-53　**选择视频轨道**

步骤 06　❶ 切换至“调节”功能区；❷ 适当调整各项参数，如图 4-54 所示。

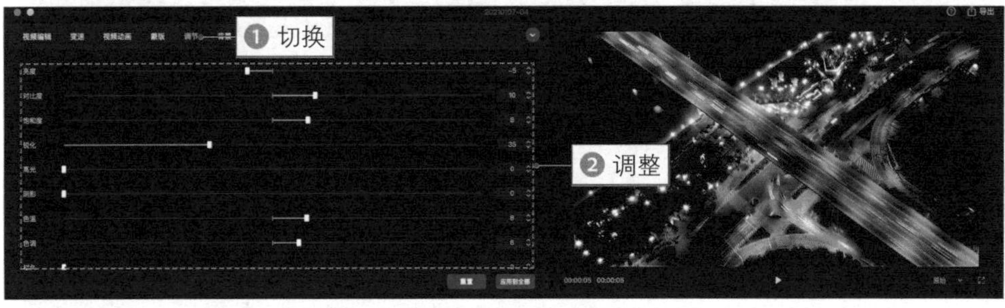

图 4-54　**调整参数**

步骤 07　单击预览窗口中的“原始”按钮，❶ 在弹出的下拉列表中选择“9：16”选项；❷ 将视频画布调整为相应尺寸，如图 4-55 所示。

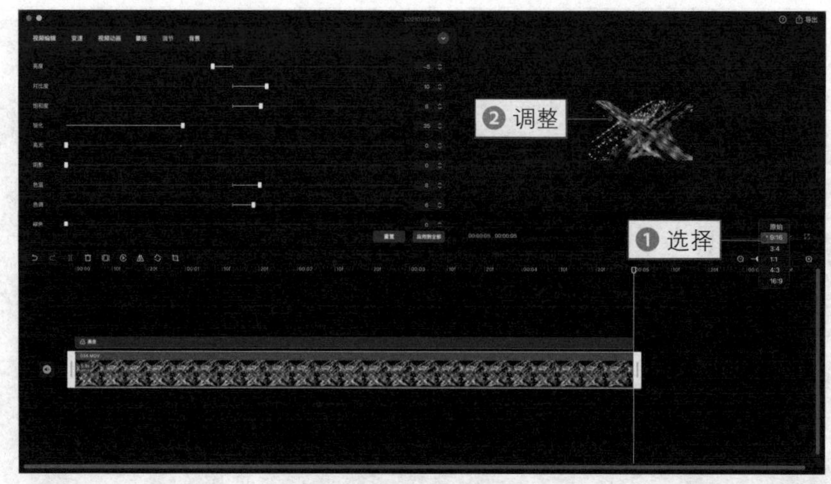

图 4-55　调整视频画布尺寸

步骤 08 播放预览视频，查看制作的橙红黑金色调画面效果，如图 4-56 所示。

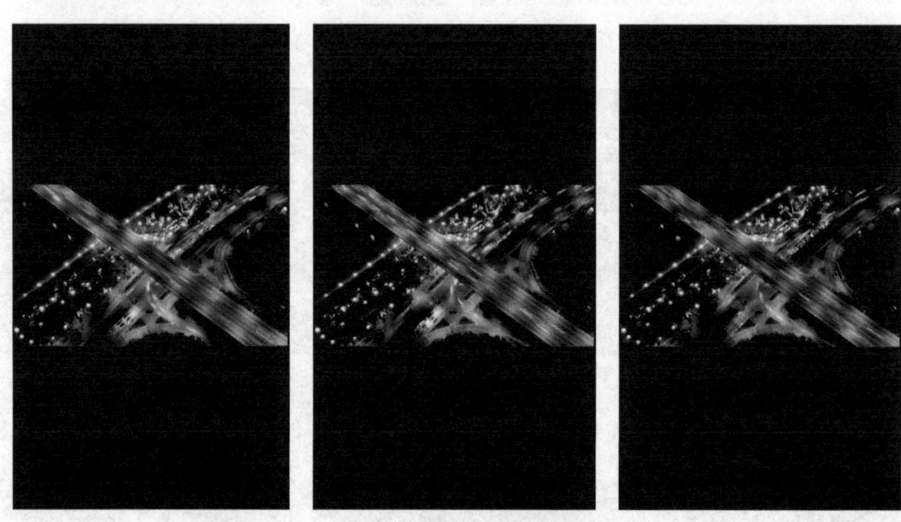

图 4-56　预览视频效果

035　赛博朋克色调：展现桥梁彩色灯光

赛博朋克风格是现在网上非常流行的色调，画面以青色和洋红色为主，也就是说这两种色调的搭配是画面的整体主基调。下面介绍调出赛博朋克色调风格的操作方法。

扫码看效果 (1)

扫码看效果 (2)

扫码看教程

步骤 01 ❶ 在剪映中导入视频素材；❷ 将其添加到视频轨道中，如图 4–57 所示。

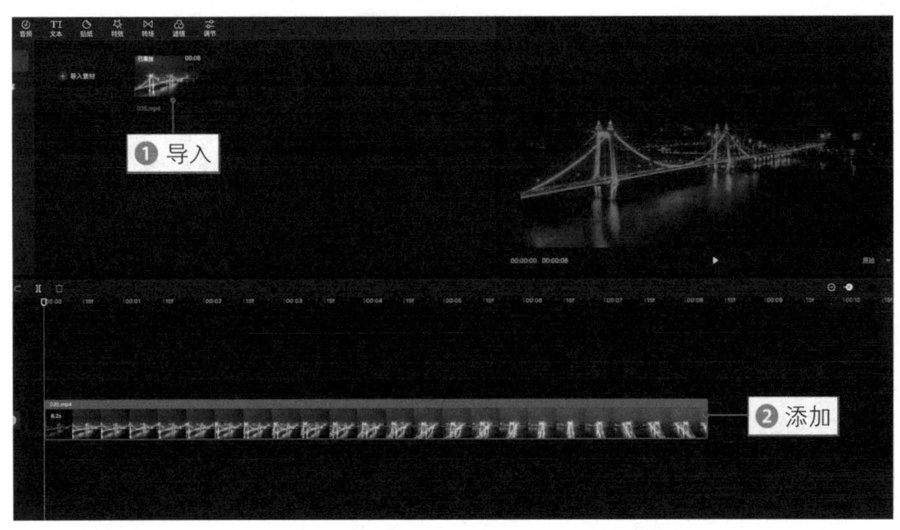

图 4–57　**将素材添加到视频轨道**

步骤 02 ❶ 在“滤镜”功能区中切换至“风格化”选项卡；❷ 单击“赛博朋克”滤镜中的添加按钮⊕，如图 4–58 所示。

图 4–58　**单击添加按钮**

步骤 03 执行操作后，即可添加一个“赛博朋克”滤镜轨道，如图 4–59 所示。

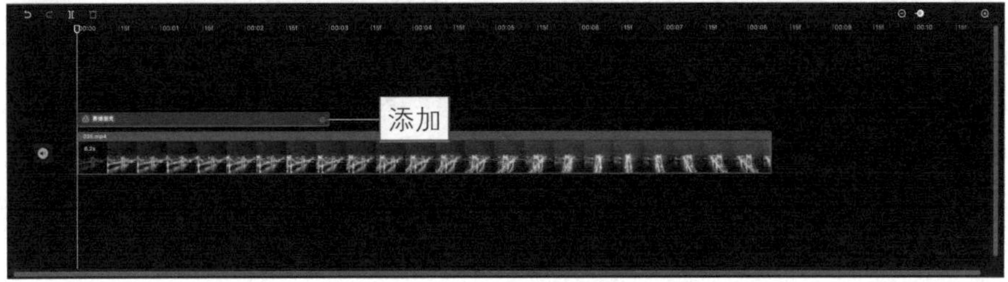

图 4–59　**添加“赛博朋克”滤镜轨道**

步骤 04 选择“赛博朋克”滤镜轨道，❶ 将其时长调整为与视频同长；❷ 在“滤镜编辑”功能区中设置“滤镜强度”为 100，如图 4-60 所示。

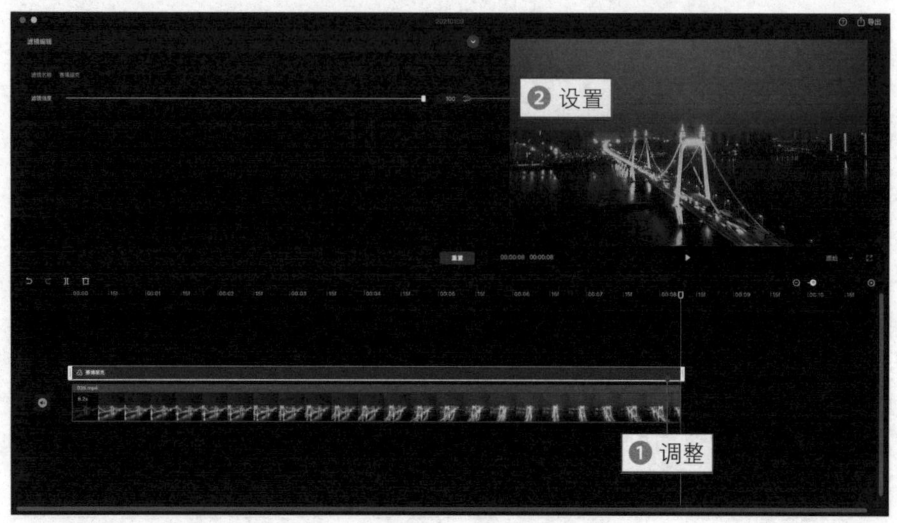

图 4-60 **设置“滤镜强度”参数**

步骤 05 在时间线窗口中；❶ 选择视频轨道；❷ 切换至“调节”功能区；❸ 适当调整各项参数，如图 4-61 所示。

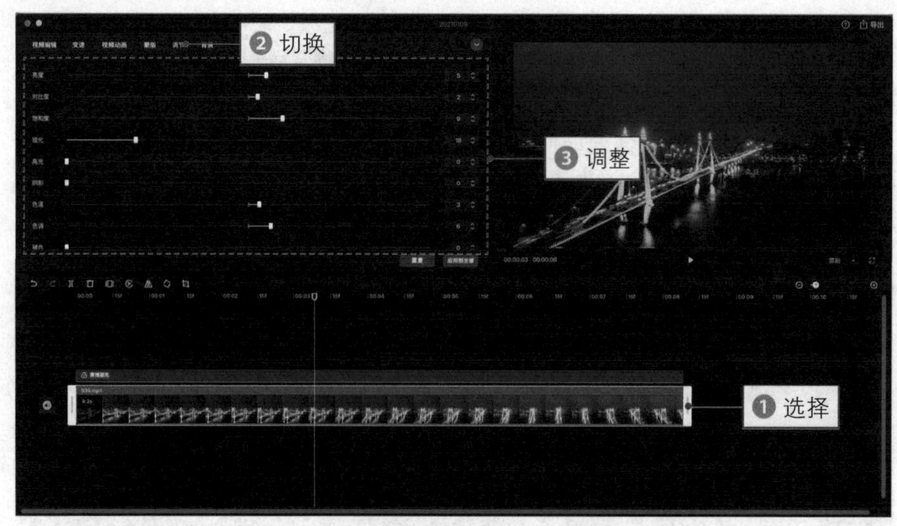

图 4-61 **调整参数**

步骤 06 调整完毕，导出并保存效果视频，重新创建一个剪辑草稿，❶ 导入原视频和调整好的效果视频文件；❷ 将效果视频拖曳至主视频轨道中，如图 4-62 所示。

图 4–62　**将效果视频拖曳至主视频轨道中**

★专家指点★

对于未编辑完成的视频素材，剪映电脑版会自动将其保存到剪辑草稿箱中，下次在其中选择该剪辑草稿即可继续进行编辑。

步骤 07 单击预览窗口中的“原始”按钮，❶ 在弹出的下拉列表中选择“9∶16”选项；❷ 将视频画布调整为相应尺寸，如图 4–63 所示。

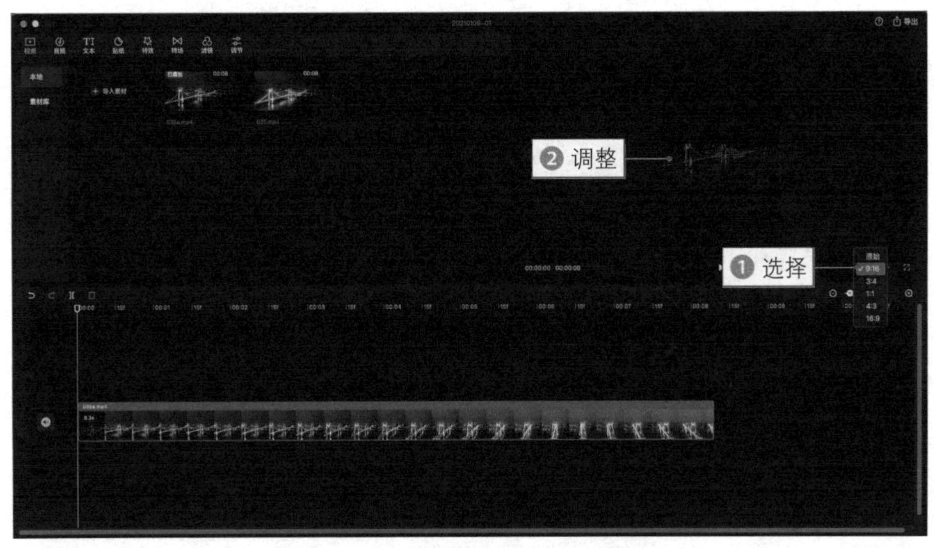

图 4–63　**调整视频画布尺寸**

步骤 08 在预览窗口中适当调整主轨道中的视频画面位置，如图 4–64 所示。

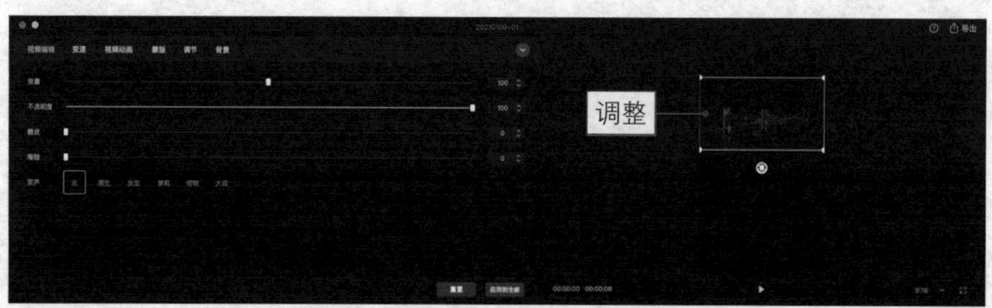

图 4–64　调整主轨道的视频位置

步骤 09 在“视频”功能区中选择原视频素材，向下拖曳至画中画轨道中，如图 4–65 所示。

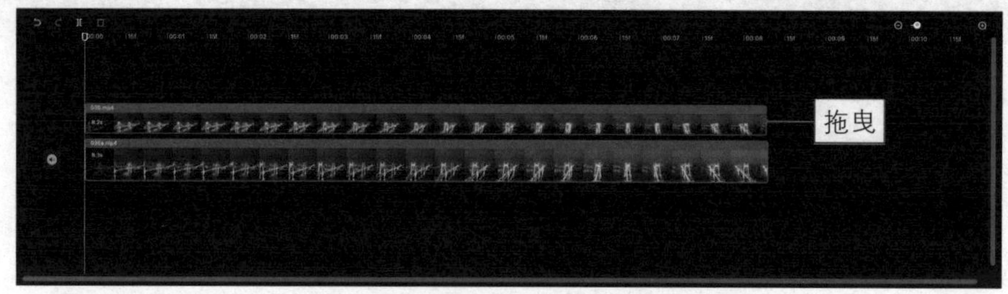

图 4–65　拖曳素材至画中画轨道中

步骤 10 ❶ 选择画中画轨道；❷ 在预览窗口中适当调整视频画面的位置；❸ 在“视频编辑”功能区中设置“音量”为 0，如图 4–66 所示。

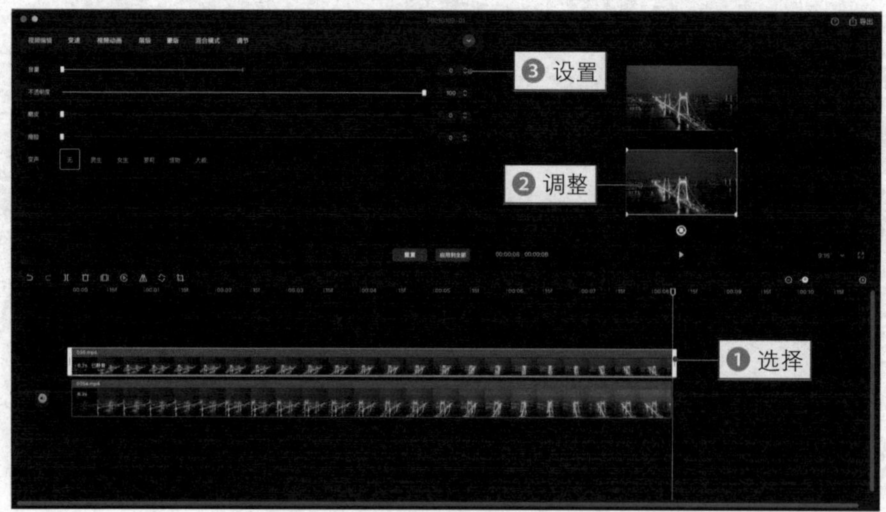

图 4–66　调整画中画视频的画面位置和音量

步骤 11 播放预览视频，查看制作的赛博朋克色调画面效果，如图 4-67 所示。

图 4-67　**预览视频效果**

036　唯美鲜亮色调：突出清新的油菜花

本实例运用剪映的“鲜亮”滤镜，制作出唯美清新的油菜花视频色调效果，具体操作方法如下。

扫码看效果

扫码看教程

步骤 01 在剪映中导入视频素材并将其添加到视频轨道中，将视频时长剪辑为 3s 左右，如图 4-68 所示。

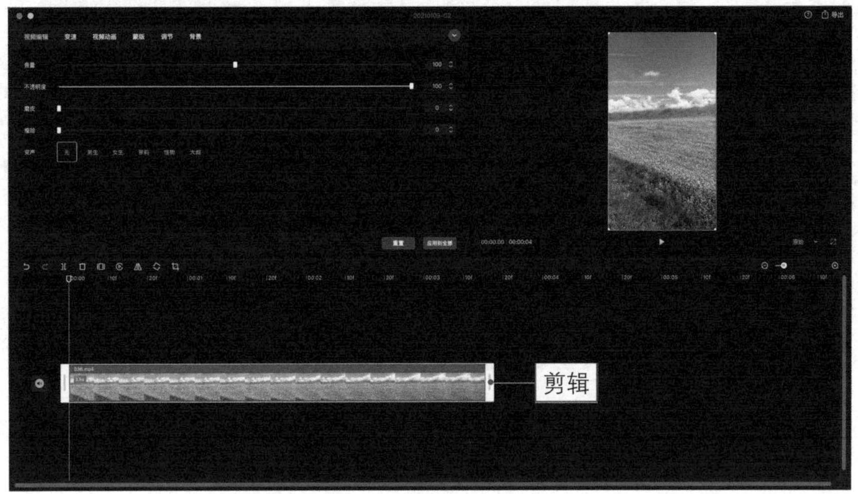

图 4-68　**将视频时长剪辑为 3s 左右**

步骤 02 ❶ 在“视频”功能区中切换至“素材库”选项卡；❷ 选择黑场视频素材；❸ 将其添加到时间线的起始位置处，并将时长剪辑为 1.5s，如图 4–69 所示。

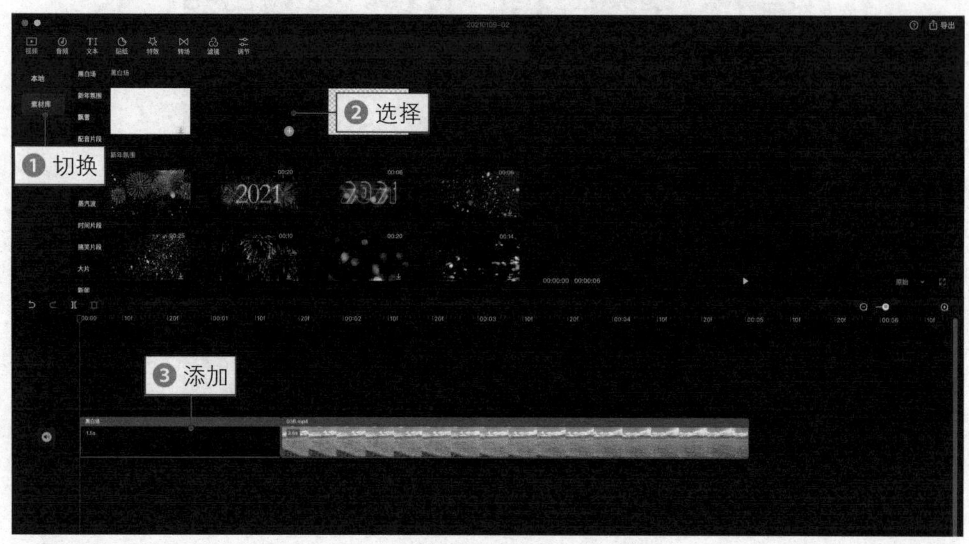

图 4–69　**添加并剪辑黑场视频素材**

步骤 03 ❶ 在“文本”功能区中切换至“新建文本”选项卡；❷ 单击相应花字模板中的添加按钮 ；❸ 添加一个文本轨道，如图 4–70 所示。

图 4–70　**添加一个文本轨道**

步骤 04 选择文本轨道，❶ 适当调整其时长；❷ 在“文字编辑”功能区中输入相应的文字内容；❸ 在预览窗口中适当调整文字的大小和位置，如图 4–71 所示。

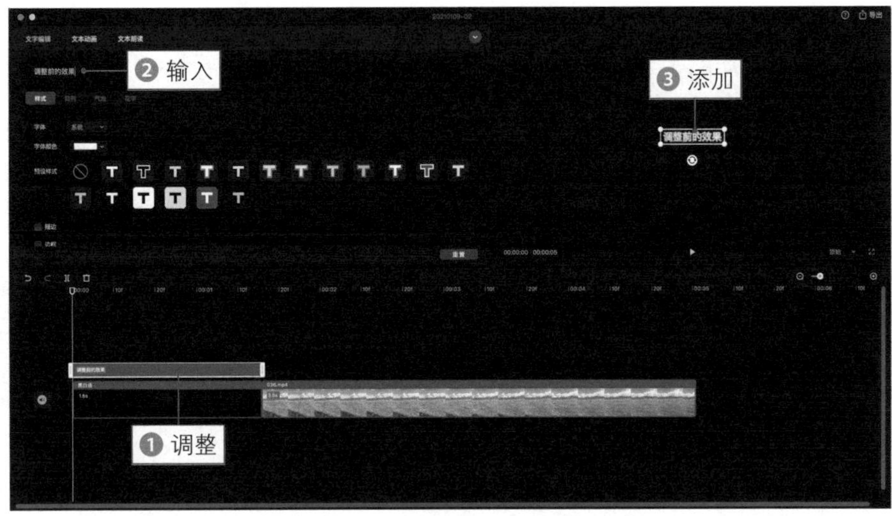

图 4–71　**调整文字的大小和位置**

★专家指点★

在撰写短视频文案时，如果能够在其中体现出观众的“痛点”，并给予解决方法，就能够快速引起观众的注意力，如本实例中的前后调整效果对比文案就是采用的这种方式。

步骤 05 ❶ 切换至“文本动画”功能区；❷ 在“入场动画”选项卡中选择“打字机Ⅲ”选项；❸ 将“动画时长”设置为最长，如图 4–72 所示。

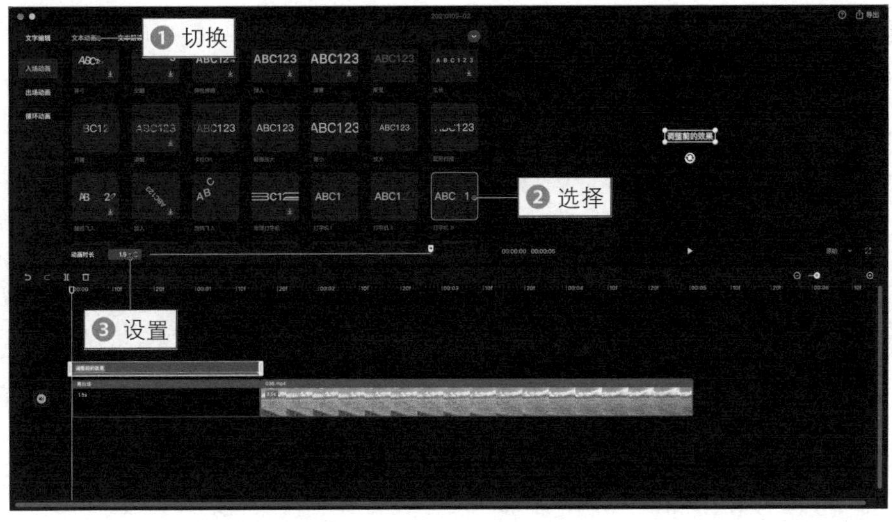

图 4–72　**设置文字的动画效果**

步骤 06 ❶ 切换至“文本朗读”功能区；❷ 选择“小姐姐”选项；❸ 单击“开始朗读”按钮，如图 4–73 所示。

图 4–73 **单击“开始朗读”按钮**

步骤 07 执行操作后，即可将文字内容转换为语音旁白，并生成对应的音频轨道，如图 4–74 所示。

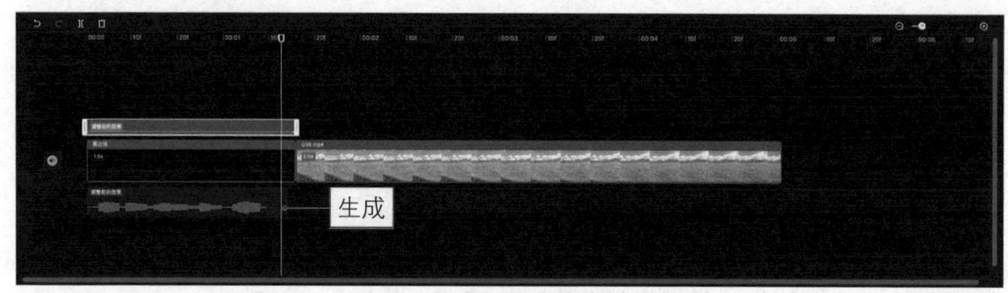

图 4–74 **生成音频轨道**

步骤 08 返回主界面，❶ 切换至“特效”功能区；❷ 在“基础”选项卡中选择“开幕Ⅱ”选项，如图 4–75 所示。

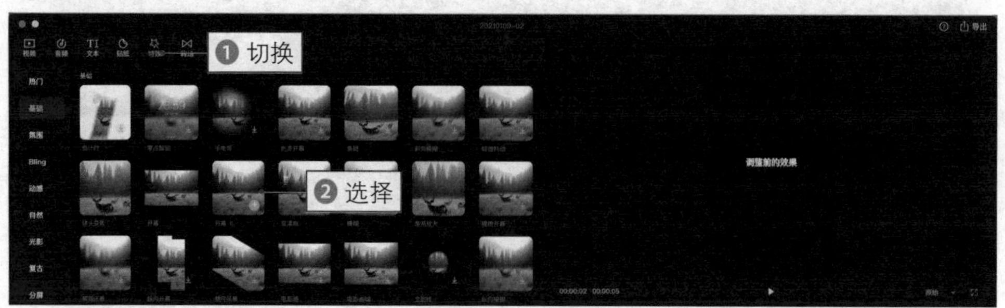

图 4–75 **选择“开幕Ⅱ”选项**

步骤 09 单击添加按钮⊕，添加一个“开幕Ⅱ”特效轨道，如图 4–76 所示。

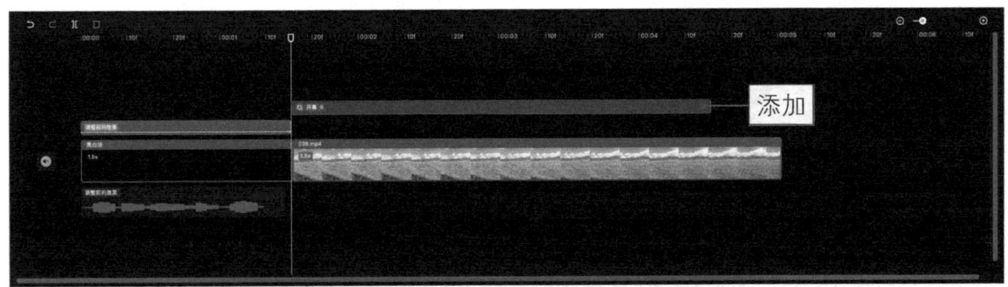

图 4-76　**添加一个"开幕Ⅱ"特效轨道**

步骤 10 选择"开幕Ⅱ"特效轨道，适当调整其时长，如图 4-77 所示。

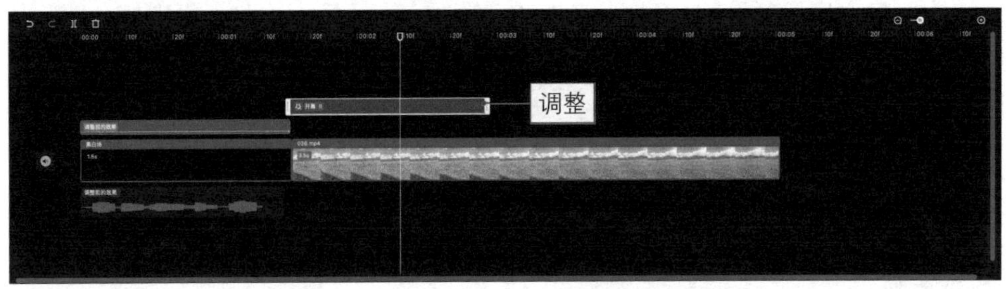

图 4-77　**调整"开幕Ⅱ"特效轨道的时长**

步骤 11 复制一个黑场视频片段，适当调整其位置，如图 4-78 所示。

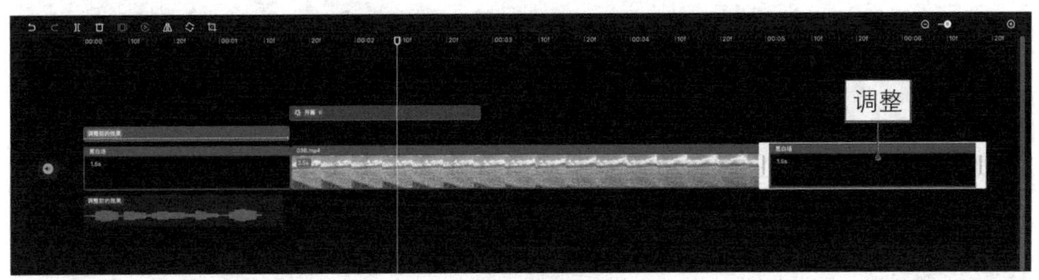

图 4-78　**复制并调整黑场视频片段的位置**

步骤 12 复制一个文字素材，❶ 适当调整其位置；❷ 在"文字编辑"功能区中修改文字内容，如图 4-79 所示。

步骤 13 ❶ 切换至"文本朗读"功能区；❷ 选择"小姐姐"选项；❸ 单击"开始朗读"按钮；❹ 生成对应的音频轨道，如图 4-80 所示。

能够更有效地吸引观众的注意力，让他们不会错过视频中的重要信息。

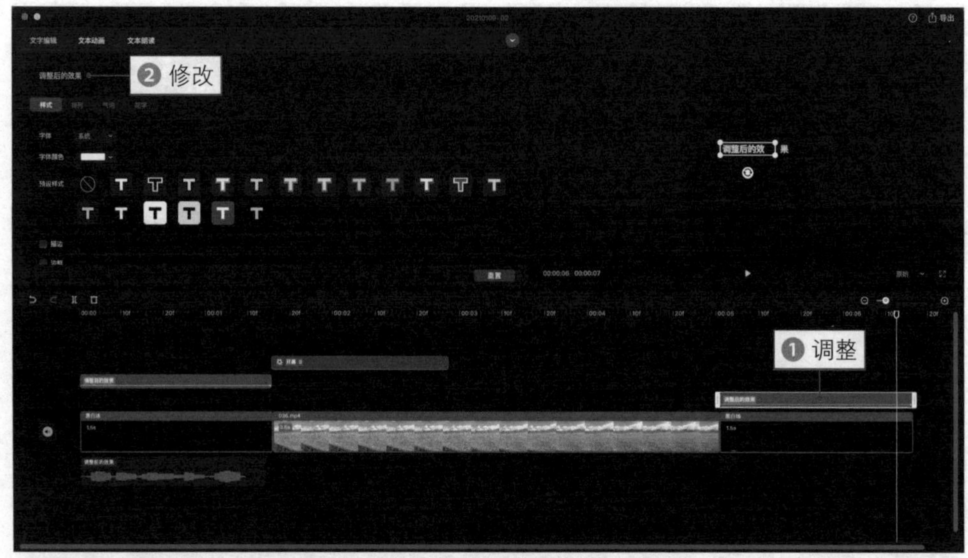

图 4-79 **复制并修改文字内容**

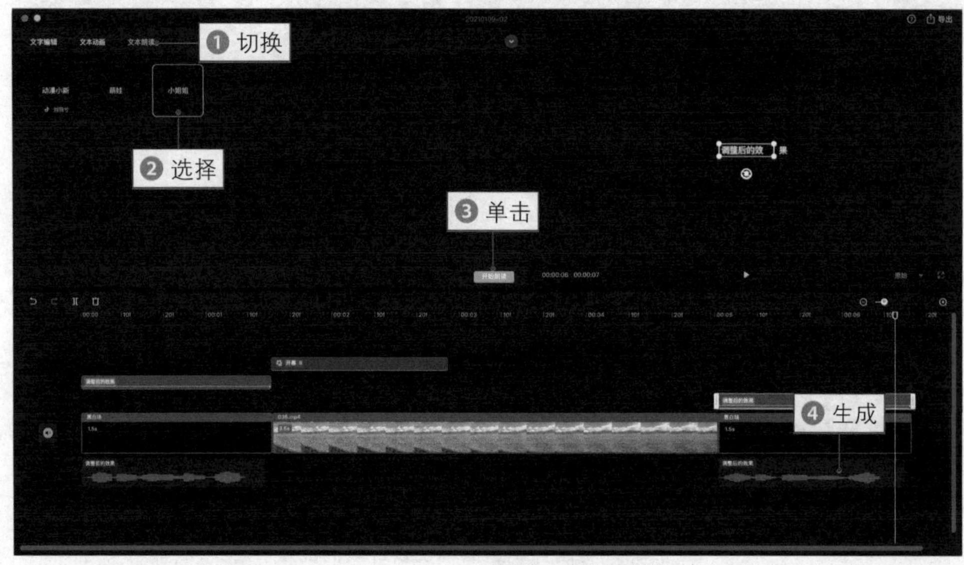

图 4-80 **将文字转换为语音**

★专家指点★

在短视频中，语音拥有比文字更好的信息表达能力。通过将文字转换为语音旁白，能够更有效地吸引观众的注意力，让他们不会错过视频中的重要信息。

步骤 14 ① 在“视频”功能区中选择导入的视频素材；② 将其添加到视频轨道的相应位置处，如图 4-81 所示。

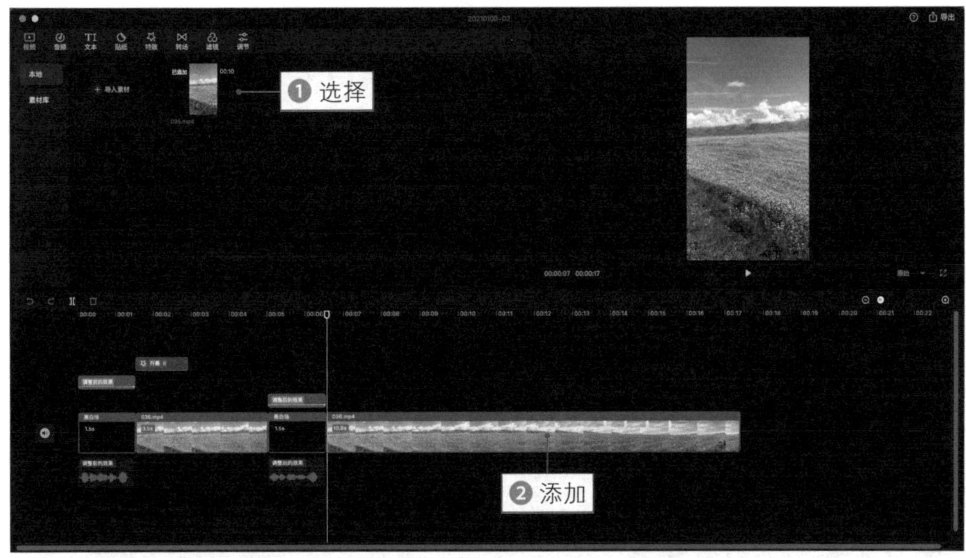

图 4–81　**添加视频素材至视频轨道**

步骤 15 ❶ 切换至“滤镜”功能区；❷ 在“清新”选项区中选择“鲜亮”选项，如图 4–82 所示。

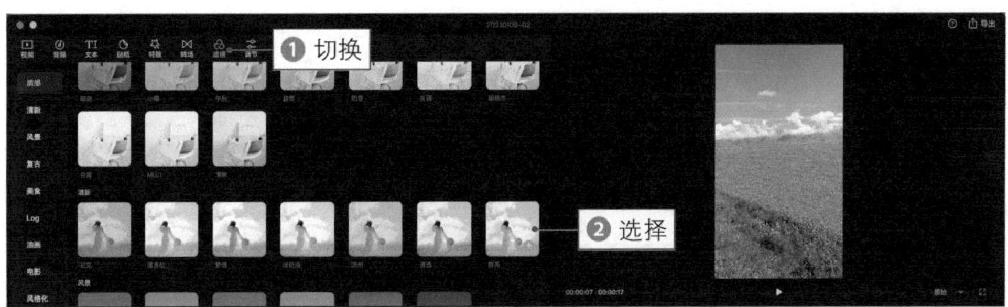

图 4–82　**选择“鲜亮”选项**

步骤 16 单击添加按钮，添加一个“鲜亮”滤镜轨道，如图 4–83 所示。

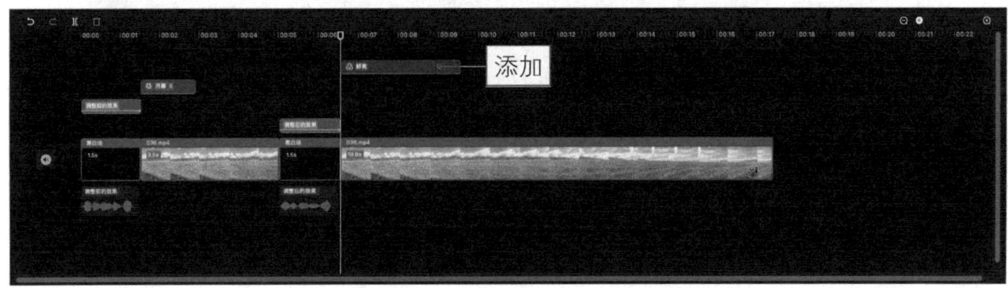

图 4–83　**添加一个“鲜亮”滤镜轨道**

步骤 17 选择“鲜亮”滤镜轨道，❶ 调整其时长与第 2 个视频片段一致；❷ 在“滤镜编辑”功能区中设置“滤镜强度”为 66，如图 4–84 所示。

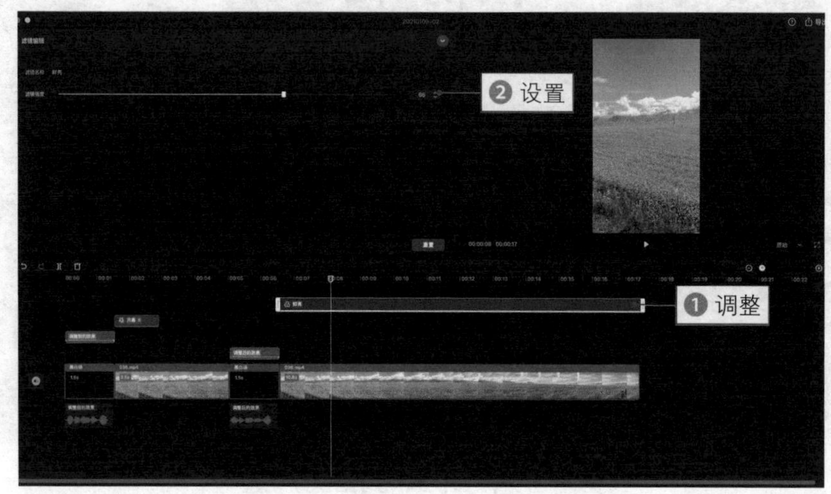

图 4–84 **设置“滤镜强度”参数**

★专家指点★

“鲜亮”滤镜可以调出鲜亮活泼的色彩对比效果，能够让视频的色彩更加鲜艳，画质更加清晰。

步骤 18 在时间线窗口中；❶ 选择第 2 个视频片段；❷ 切换至“调节”功能区；❸ 适当调整各参数，如图 4–85 所示。

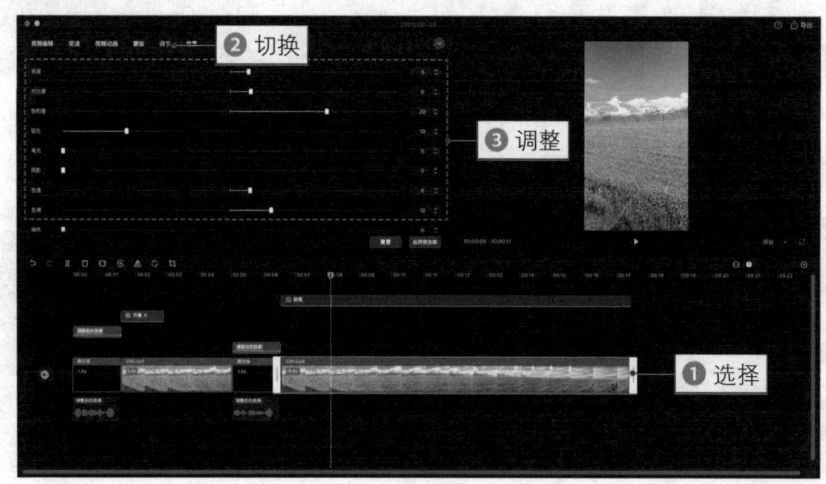

图 4–85 **调整各参数**

步骤 19 返回主界面，❶ 切换至"特效"功能区；❷ 在"基础"选项卡中单击"开幕"特效中的添加按钮 ；❸ 添加一个"开幕"特效轨道，如图 4-86 所示。

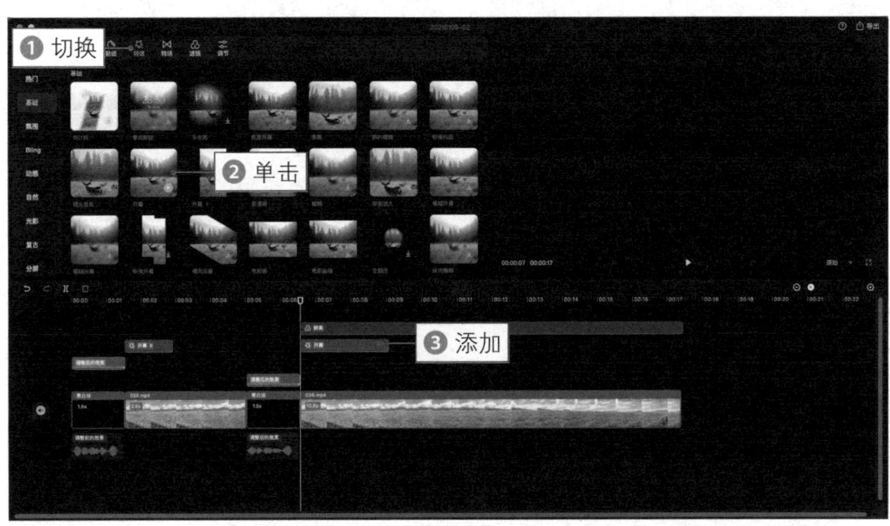

图 4-86 **添加"开幕"特效**

步骤 20 ❶ 切换至"音频"功能区；❷ 在"音乐"选项卡中选择合适的背景音乐，如图 4-87 所示。

图 4-87 **选择合适的背景音乐**

步骤 21 单击添加按钮 ，将其添加到音频轨道中，如图 4-88 所示。

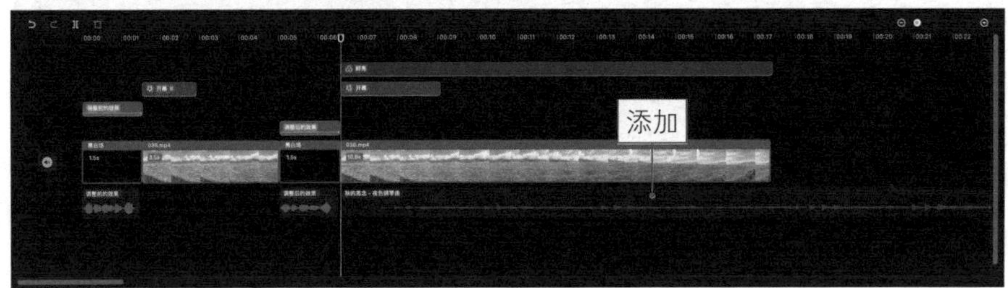

图 4-88 **添加背景音乐**

步骤 22 在时间线窗口中选择背景音乐，对其进行适当剪辑，如图 4-89 所示。

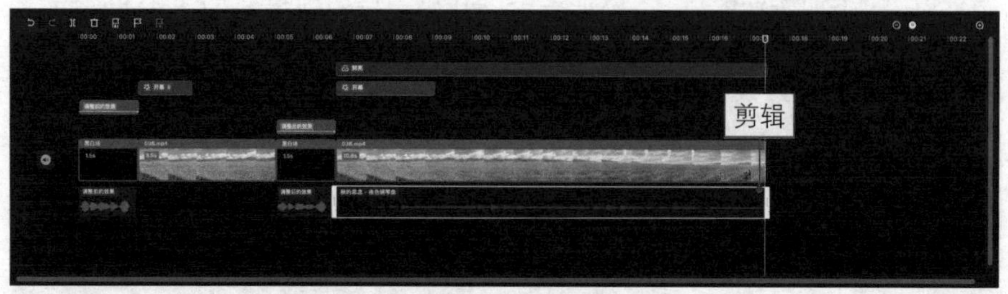

图 4-89　剪辑背景音乐

步骤 23 在“音频编辑”功能区中设置“音量”为 200，如图 4-90 所示。

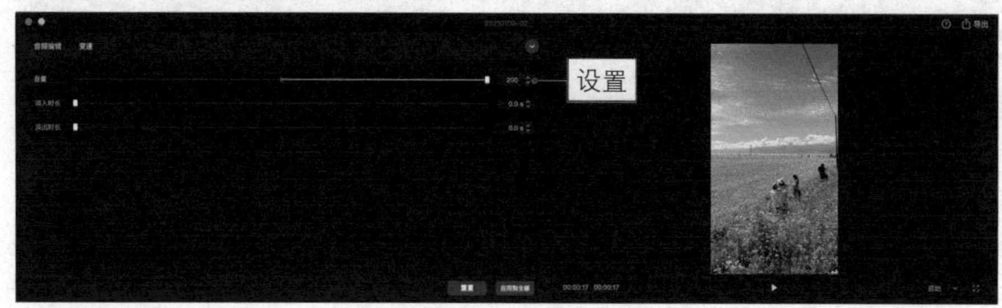

图 4-90　设置“音量”参数

步骤 24 在时间线窗口中单击“关闭原声”按钮，将视频的原声全部关闭，如图 4-91 所示。

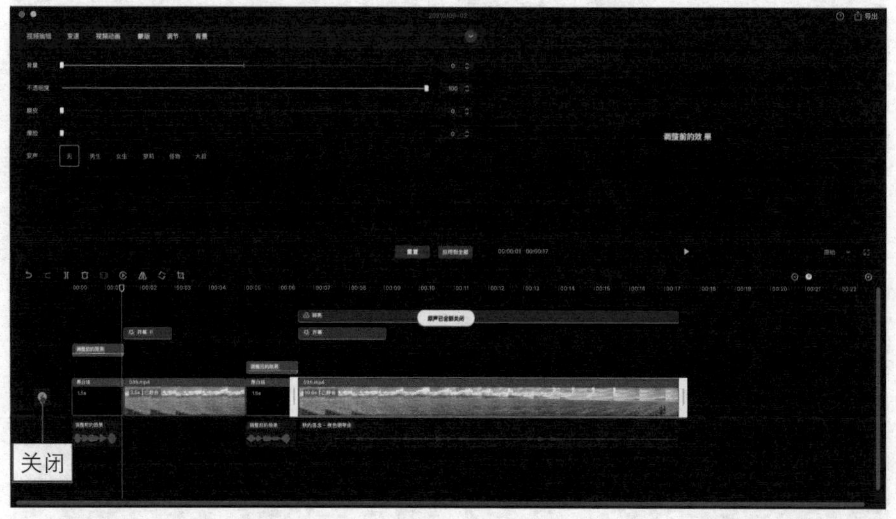

图 4-91　关闭视频的原声

步骤25 播放预览视频，查看制作的唯美油菜花色调画面效果，如图 4-92 所示。

图 4-92　预览视频效果

第5章

转场效果：瞬间让短视频秒变技术流

037　特效转场：制作扔衣服大变活人效果

扫码看效果　扫码看教程

本实例介绍的是一种比较酷炫的特效转场的制作方法，主要分为两步，首先要拍摄两段视频素材，然后通过剪映在视频的中间连接处添加“放射”转场效果和“毛刺”动感特效，下面介绍具体的操作方法。

步骤 01 ❶ 在剪映中导入两个视频素材；❷ 将其添加到视频轨道中，如图 5-1 所示。

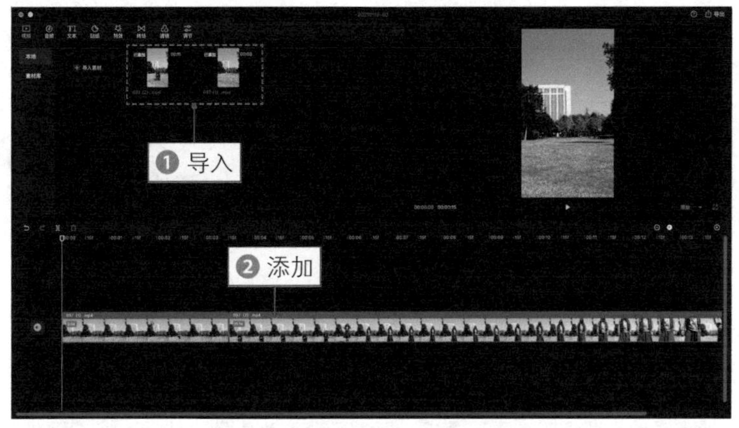

图 5-1　**将素材添加到视频轨道**

步骤 02 ❶ 将时间轴拖曳至第 1 个视频中衣服即将落地的位置处；❷ 将视频进行分割；❸ 选择分割出来的后半段视频；❹ 单击“删除”按钮，删除该片段，如图 5-2 所示。

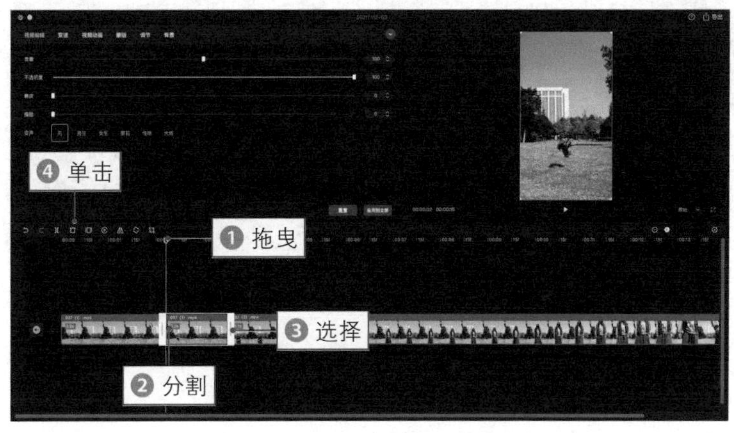

图 5-2　**单击“删除”按钮**

步骤 03 ❶将时间轴拖曳至第 2 个视频中人物跳起来的位置处；❷将视频进行分割；❸选择分割出来的前半段视频；❹单击“删除”按钮，删除该片段，如图 5-3 所示。

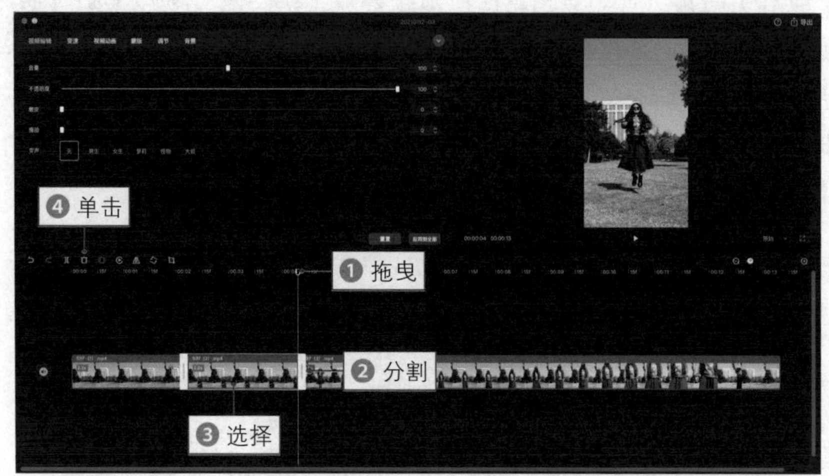

图 5-3　单击“删除”按钮

步骤 04 ❶选择人物跳跃的视频片段；❷拖曳右侧的白色滑块，适当调整其时长，如图 5-4 所示。

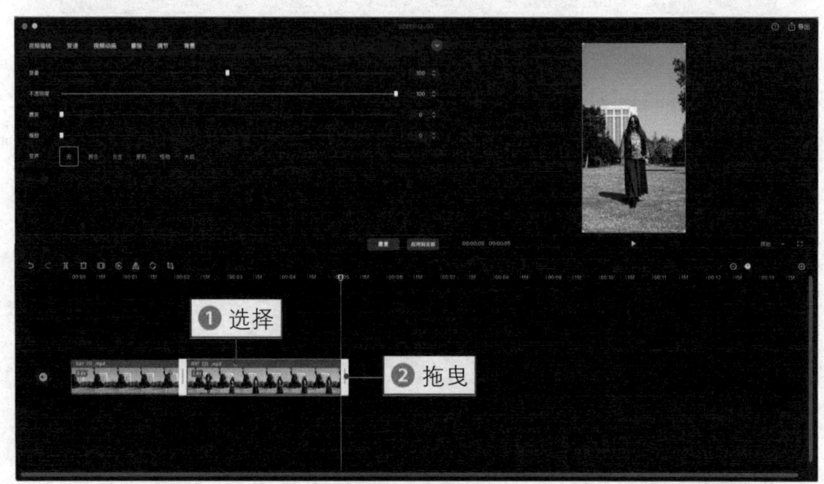

图 5-4　调整视频片段的时长

★专家指点★

在拍摄第 1 个视频素材时，需要使用三脚架固定手机，然后人物在镜头侧面扔出衣服。在拍摄第 2 个视频素材时，人物的跳跃位置要与衣服的落地位置相同。

步骤 05 ❶ 单击“变速”按钮，切换至该功能区；❷ 在“常规变速”选项卡中适当调整“倍速”参数；❸ 增加视频的播放时长，如图 5–5 所示。

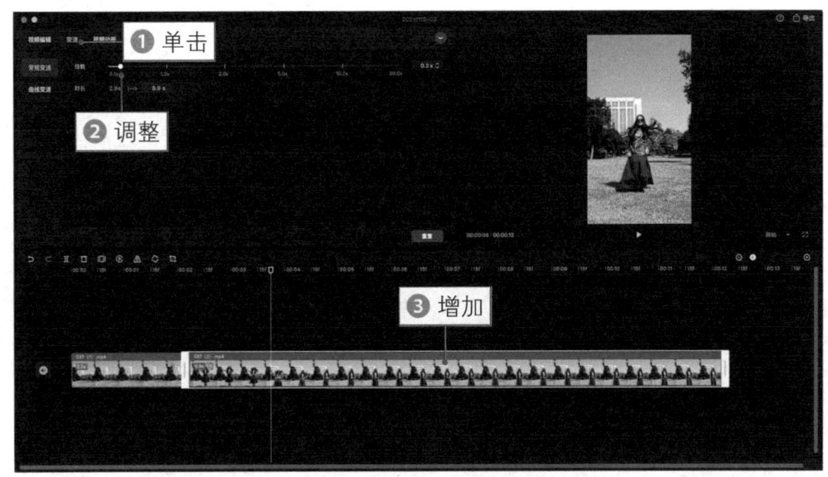

图 5–5　**增加视频的播放时长**

步骤 06 返回主界面，❶ 单击“滤镜”按钮，切换至该功能区；❷ 在“清新”选项卡中单击“鲜亮”滤镜中的添加按钮，如图 5–6 所示。

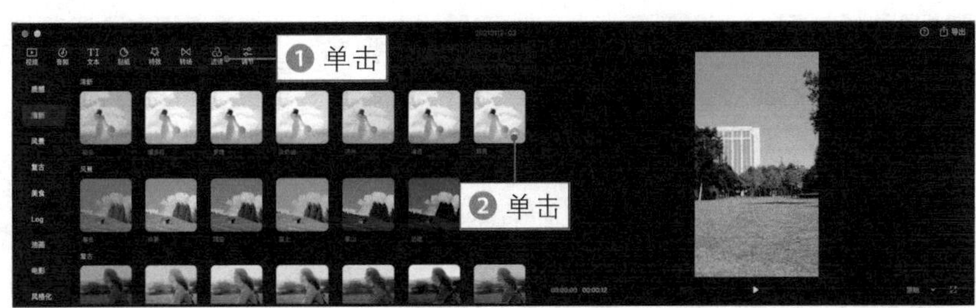

图 5–6　**单击“鲜亮”滤镜中的添加按钮**

步骤 07 执行操作后，即可添加“鲜亮”滤镜效果，并将滤镜轨道的时长调整为与视频一致，如图 5–7 所示。

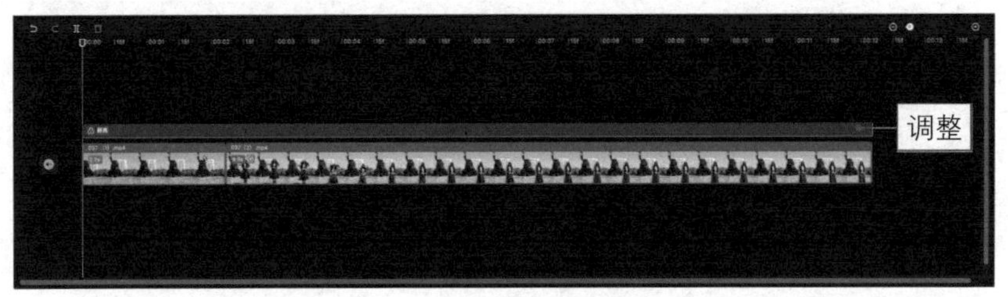

图 5–7　**调整滤镜轨道的时长**

步骤 08 ❶ 切换至“调节”功能区；❷ 单击“自定义调节”中的添加按钮 ；❸ 添加一个调节轨道，如图 5-8 所示。

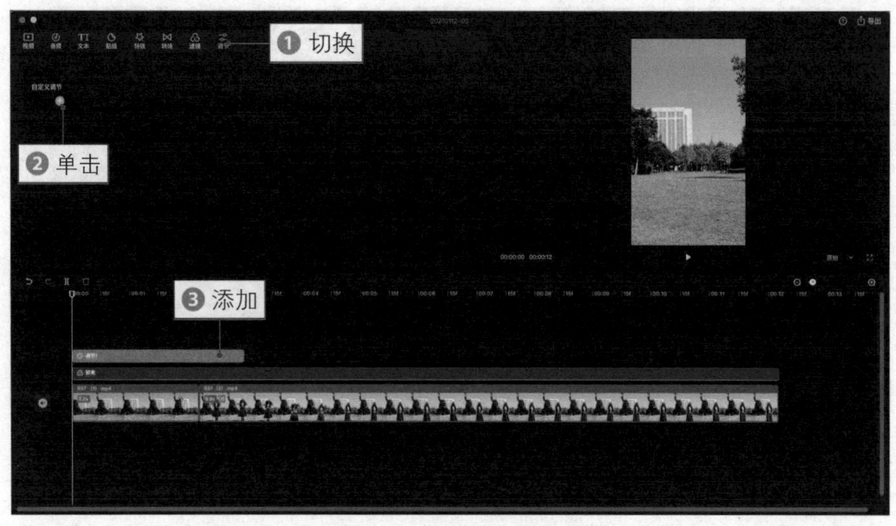

图 5-8　**添加一个调节轨道**

步骤 09 选择调节轨道，将其时长调整为与视频一致，如图 5-9 所示。

图 5-9　**调整调节轨道的时长**

步骤 10 在“调节编辑”功能区中适当调整各项参数，增强整体视频画面的色彩和层次感，如图 5-10 所示。

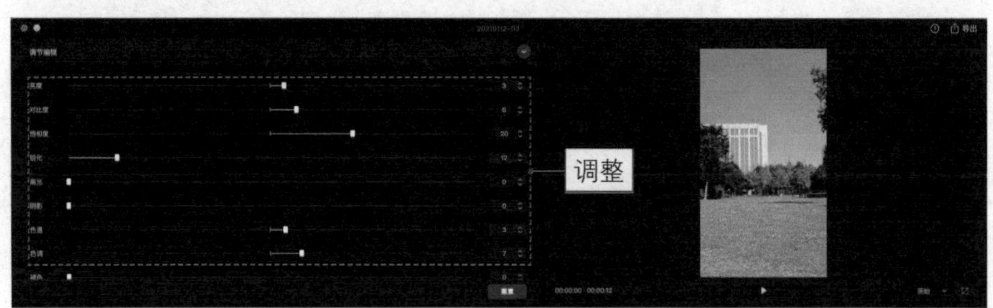

图 5-10　**调整各项参数**

步骤 11 ❶ 切换至“转场”功能区；❷ 切换至“特效转场”选项卡；❸ 单击“放射”转场中的添加按钮 ；❹ 添加一个“放射”转场效果，如图 5-11 所示。

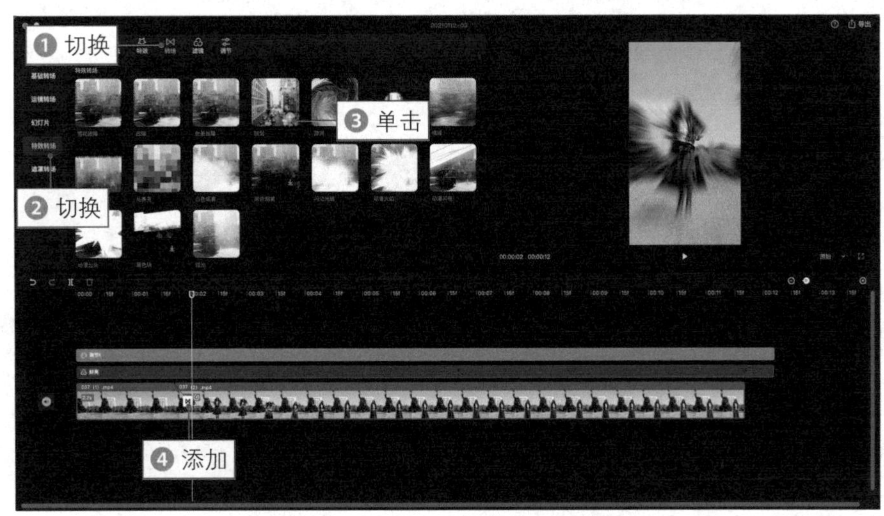

图 5-11　**添加“放射”转场效果**

步骤 12 ❶ 切换至“特效”功能区；❷ 切换至“动感”选项卡；❸ 单击“毛刺”特效中的添加按钮，如图 5-12 所示。

图 5-12　**单击“毛刺”特效中的添加按钮**

步骤 13 执行操作后，在转场处添加一个“毛刺”特效轨道，如图 5-13 所示。

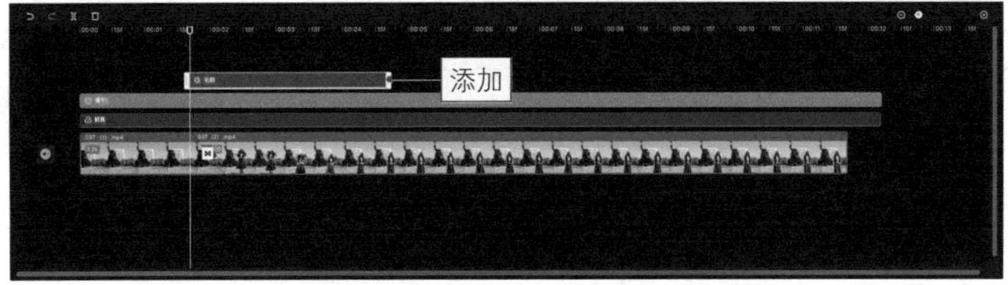

图 5-13　**添加“毛刺”特效轨道**

步骤 14 选择“毛刺”特效轨道，适当调整其时长，如图 5-14 所示。

图 5-14 调整特效轨道的时长

步骤 15 播放预览视频，查看制作的动感特效视频转场效果，在衣服即将落地的一刻从中跳出一个人来，制作出仿佛魔术般的神奇效果，如图 5-15 所示。

图 5-15 预览视频效果

038 无缝转场：运动切换大桥的光影变化

本实例介绍的是一种短视频无缝转场的制作方法，主要使用剪映的自定义曲线变速功能，在各个视频的连接处进行同样的加速处理，使视频片段间的过渡效果更加平滑，下面介绍具体的操作方法。

扫码看效果

扫码看教程

步骤 01 ❶ 在剪映中导入 3 个视频素材；❷ 将其添加到视频轨道中，如图 5–16 所示。

图 5–16　**将素材添加到视频轨道**

步骤 02 在时间线窗口中选择第 1 个视频片段，如图 5–17 所示。

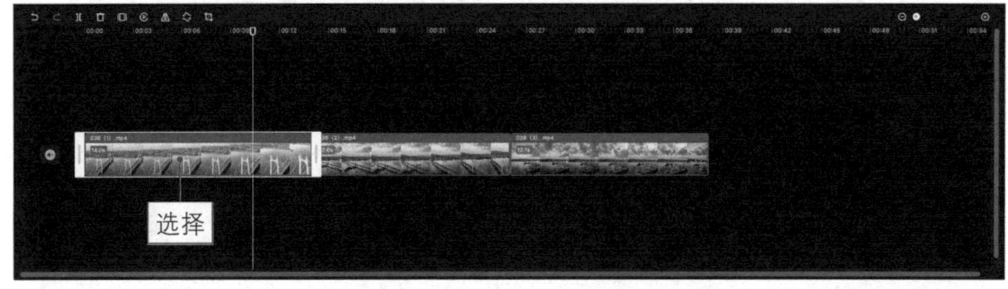

图 5–17　**选择第 1 个视频片段**

步骤 03 ❶ 切换至“变速”功能区；❷ 在“曲线变速”选项卡中选择“自定”选项，如图 5–18 所示。

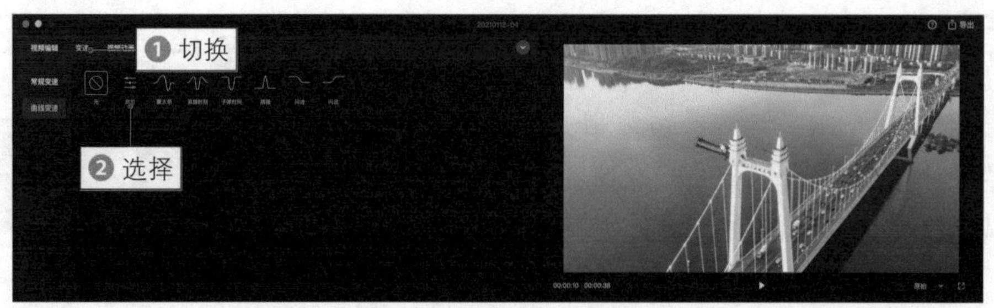

图 5-18　**选择“自定”选项**

步骤 04 执行操作后，即可显示自定变速控制条，将前面两个控制点的变速倍速调整为 6.0×，如图 5-19 所示。

图 5-19　**调整前面两个控制点的变速倍速**

步骤 05 用同样的操作方法，将后面两个控制点的变速倍速调整为 6.0×，如图 5-20 所示。

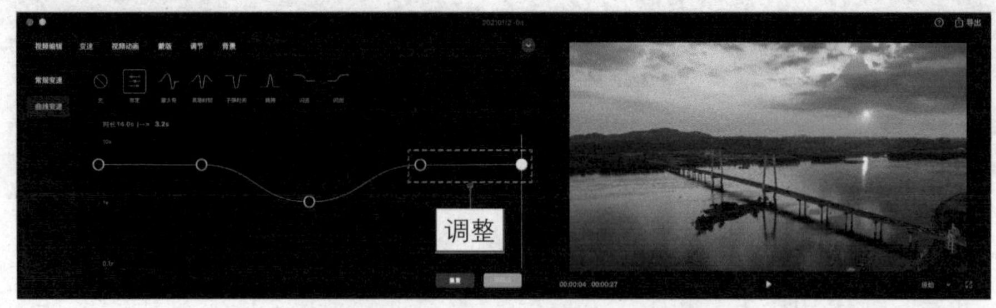

图 5-20　**调整后面两个控制点的变速倍速**

步骤 06 执行操作后，即可完成第 1 个视频片段的速度调整，如图 5-21 所示。

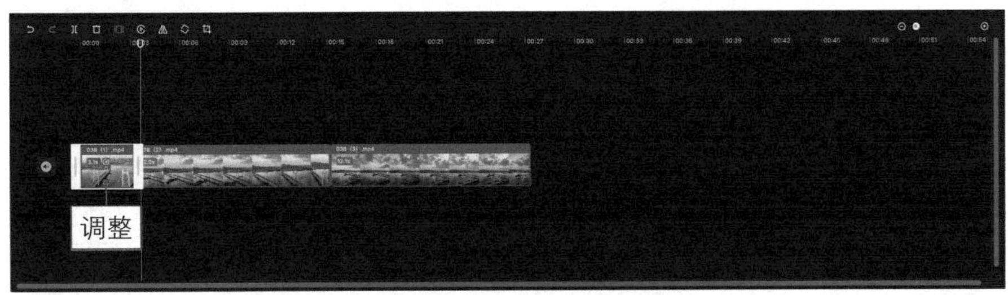

图 5-21　**调整第 1 个视频片段的速度**

步骤 07 ❶ 选择第 2 个视频片段；❷ 选择"自定"曲线变速选项；❸ 将前面两个控制点的变速倍速调整为 6.0×，如图 5-22 所示。

图 5-22　**调整前面两个控制点的变速倍速**

步骤 08 用同样的操作方法，将第 2 个视频片段的后面两个控制点的变速倍速调整为 6.0×，如图 5-23 所示。

图 5-23　**调整后面两个控制点的变速倍速**

步骤 09 执行操作后，即可完成第 2 个视频片段的速度调整，如图 5–24 所示。

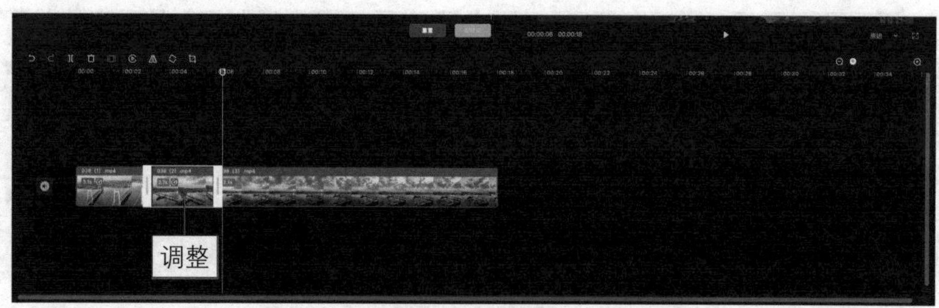

图 5–24 **调整第 2 个视频片段的速度**

步骤 10 ❶ 选择第 3 个视频片段；❷ 选择“自定”曲线变速选项；❸ 将前面两个控制点的变速倍速调整为 6.0×，如图 5–25 所示。

图 5–25 **调整前面两个控制点的变速倍速**

步骤 11 用同样的操作方法，将第 4 个控制点的变速倍速调整为 6.0×，如图 5–26 所示。

图 5–26 **调整第 4 个控制点的变速倍速**

步骤 12 执行操作后，即可完成第 3 个视频片段的速度调整，如图 5–27 所示。

图 5–27　调整第 3 个视频片段的速度

步骤 13 播放预览视频，查看制作的无缝转场效果，画面极具运动感，如图 5–28 所示。

图 5–28　预览视频效果

039 翻页转场：模拟翻书的场景切换效果

本实例介绍的是翻页转场的制作方法，主要使用剪映的线性蒙版和镜像翻转动画功能来实现，模拟出翻书般的视频场景切换效果，下面介绍具体的操作方法。

扫码看效果

扫码看教程

步骤 01 ❶ 在剪映中导入 6 个素材文件；❷ 将其添加到视频轨道中，如图 5-29 所示。

图 5-29 **将素材添加到视频轨道**

步骤 02 在视频轨道中选择第 2 个素材文件，将其拖曳至上方的画中画轨道的起始位置处，如图 5-30 所示。

图 5-30 **将素材拖曳至画中画轨道**

步骤 03 ❶ 切换至“蒙版”功能区；❷ 选择“线性”蒙版；❸ 在预览窗口中逆时针旋转蒙版，如图 5-31 所示。

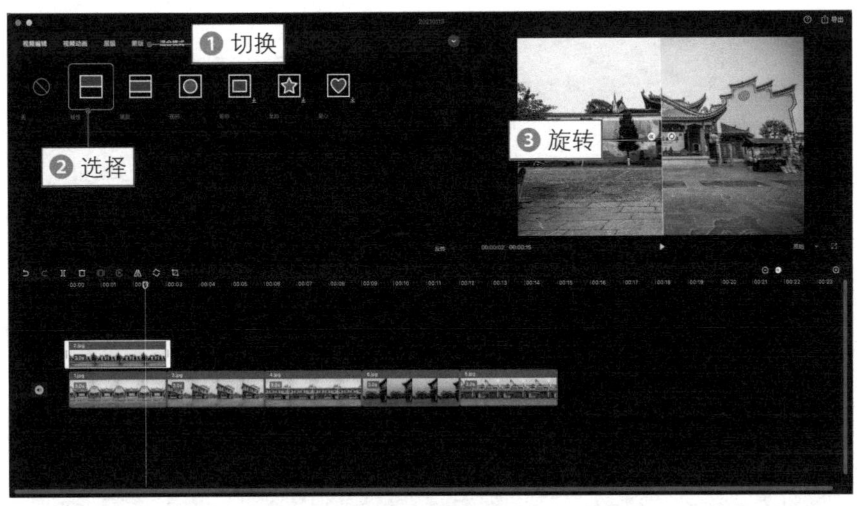

图 5-31　**逆时针旋转蒙版**

步骤 04 复制画中画轨道中的素材文件，将其拖曳至第 2 个画中画轨道，并适当调整其位置，如图 5-32 所示。

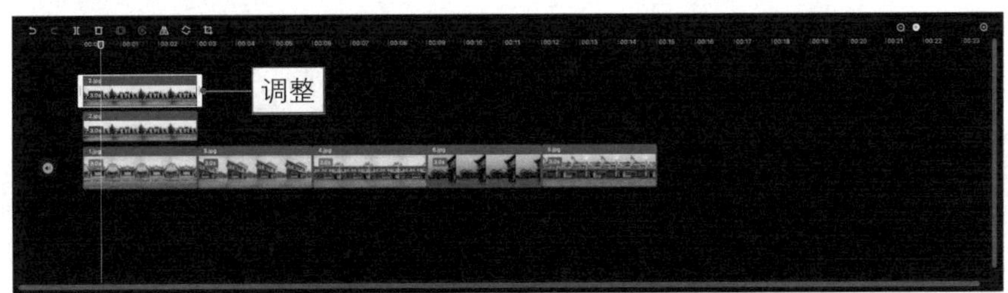

图 5-32　**复制并调整画中画轨道的素材**

步骤 05 ❶ 在“蒙版”功能区中选择“线性”蒙版；❷ 单击“反转”按钮；❸ 反转蒙版效果，如图 5-33 所示。

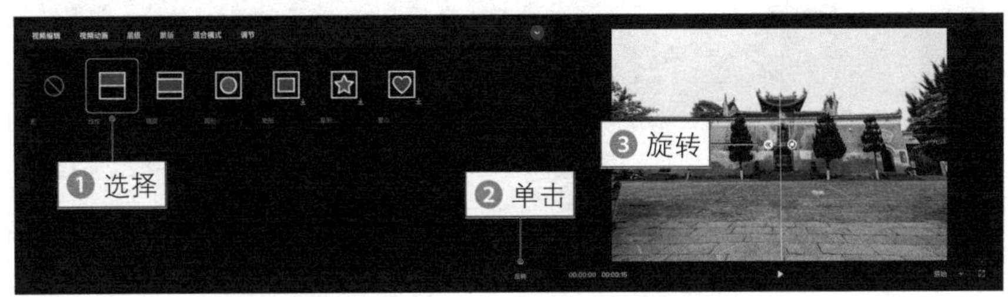

图 5-33　**反转蒙版效果**

步骤 06 选择第 1 个画中画轨道中的素材文件，将其时长调整为 1.5s，如图 5-34 所示。

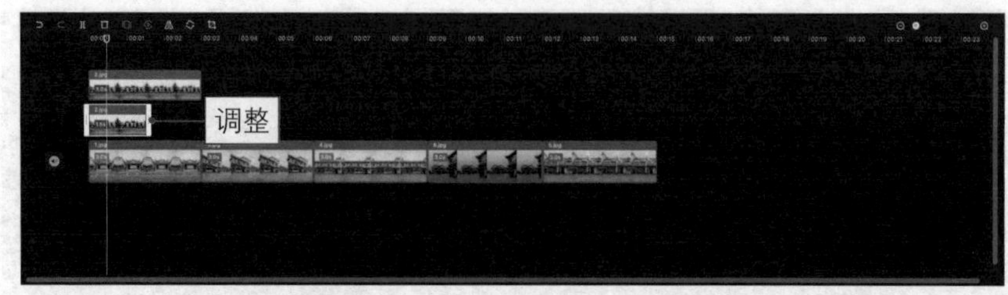

图 5-34 **调整第 1 个画中画轨道中的素材文件时长**

步骤 07 ❶ 复制第 1 个素材文件；❷ 并将其拖曳至第 1 个画中画轨道中的素材文件后方，如图 5-35 所示。

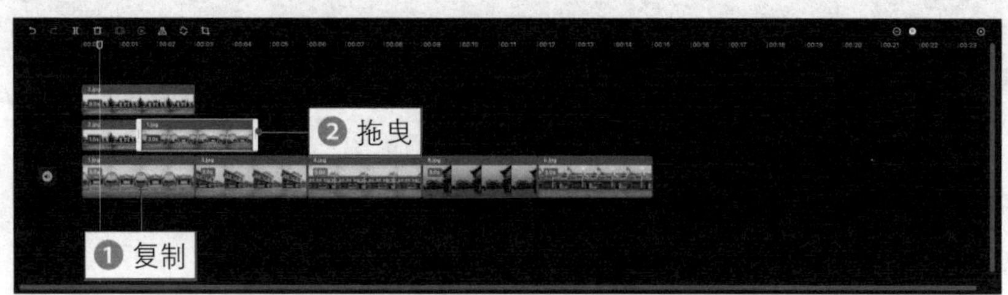

图 5-35 **复制并调整相应的素材文件**

步骤 08 ❶ 将时间轴拖曳至第 1 个素材文件的结尾处；❷ 单击“分割”按钮，如图 5-36 所示。

图 5-36 **单击“分割”按钮**

步骤 09 ❶ 选择分割后的前半段素材文件；❷ 切换至“蒙版”功能区；❸ 选择“线性”蒙版；❹ 在预览窗口中顺时针旋转蒙版，如图 5-37 所示。

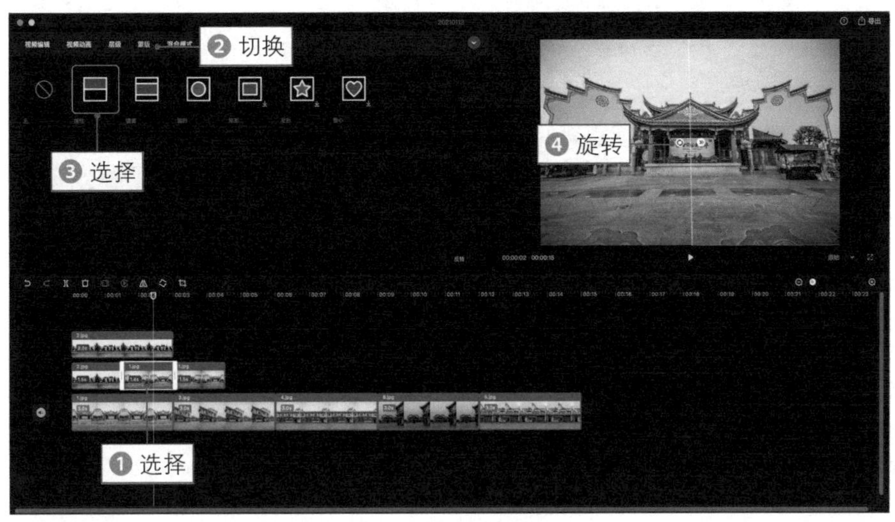

图 5-37　**顺时针旋转蒙版**

步骤 10 ❶ 切换至“视频动画”功能区；❷ 在“入场动画”选项卡中选择“镜像翻转”选项；❸ 将“动画时长”设置为最长，如图 5-38 所示。

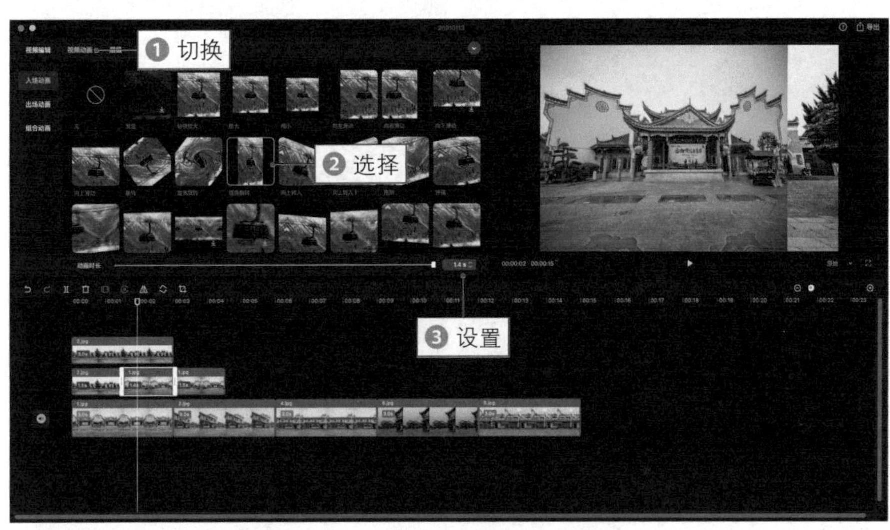

图 5-38　**设置“入场动画”效果**

步骤 11 ❶ 选择第 1 个画中画轨道中的第 1 个素材文件；❷ 切换至“视频动画”功能区；❸ 在“出场动画”选项卡中选择“镜像翻转”选项；❹ 将“动画时长”设置为最长，如图 5-39 所示。

图 5-39　设置“出场动画”效果

步骤 12　用同样的操作方法，为其他的素材文件添加翻页转场效果，播放预览视频，效果如图 5-40 所示。

图 5-40　预览视频效果

040 叠化转场：制作人物瞬移和重影效果

本实例介绍的是叠化转场效果的制作方法，主要使用剪映的剪辑和“叠化”转场功能来实现，制作出人物瞬间移动和重影消失的效果，下面介绍具体的操作方法。

扫码看效果

扫码看教程

步骤 01 ❶ 在剪映中导入 3 个视频素材；❷ 将其添加到视频轨道中，如图 5–41 所示。

图 5–41　将素材添加到视频轨道

步骤 02 ❶ 选择第 1 个视频片段；❷ 切换至“变速”功能区；❸ 在“常规变速”选项卡中设置“倍数”为 0.5×，如图 5–42 所示。

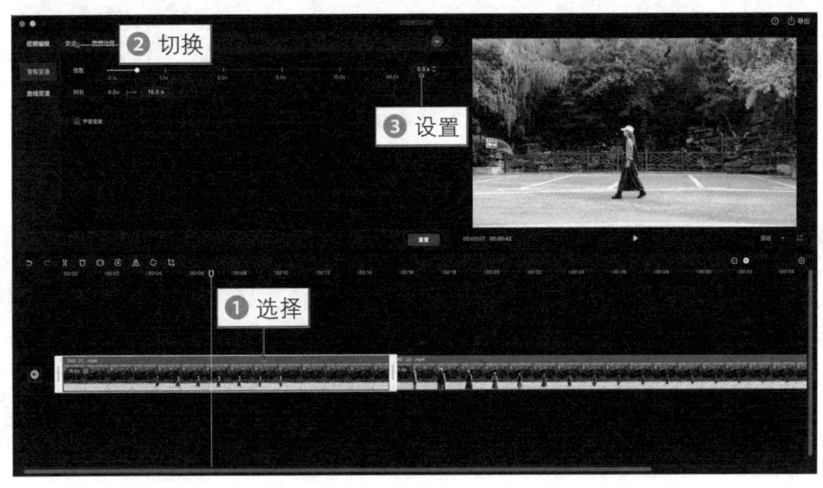

图 5–42　设置第 1 个视频片段的变速“倍数”参数

步骤 03 ❶ 选择第 2 个视频片段；❷ 在“常规变速”选项卡中设置“倍数”为 0.5×，如图 5–43 所示。

图 5–43　设置第 2 个视频片段的变速“倍数”参数

步骤 04 ❶将时间轴拖曳至3s附近；❷对视频进行分割处理，如图5–44所示。

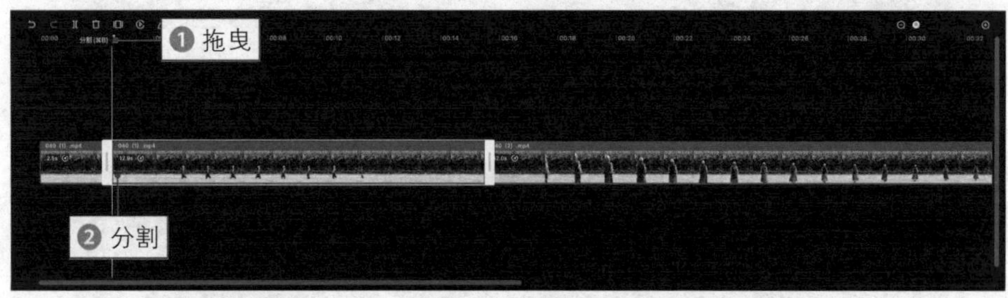

图 5–44　分割视频

步骤 05 ❶将时间轴拖曳至8s附近；❷对视频进行分割处理，如图5–45所示。

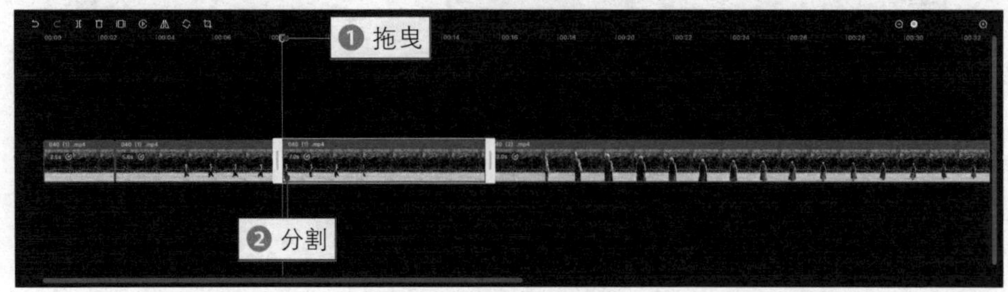

图 5–45　分割视频

步骤 06 ❶ 选择分割出来的中间视频片段；❷ 单击“删除”按钮，删除该视频片段，如图 5-46 所示。

图 5-46　**单击“删除”按钮**

步骤 07 返回主界面，❶ 切换至“转场”功能区；❷ 在“基础转场”选项卡中选择“叠化”选项，如图 5-47 所示。

图 5-47　**选择“叠化”选项**

步骤 08 单击添加按钮，即可在相应位置处添加“叠化”转场效果，如图 5-48 所示。

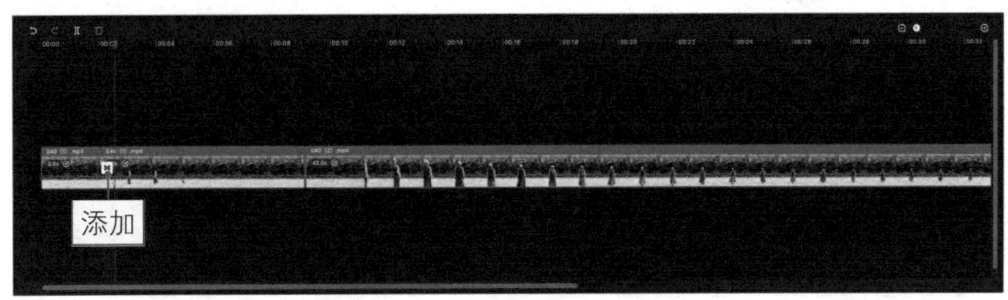

图 5-48　**添加“叠化”转场效果**

步骤 09 ❶ 单击 ⋈ 按钮，选择转场效果；❷ 在“转场编辑”功能区中将“转场时长”设置为最长，如图 5–49 所示。

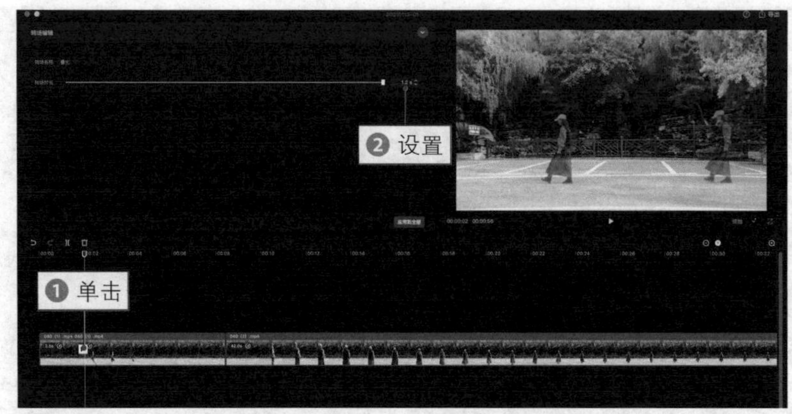

图 5–49　**设置“转场时长”选项**

步骤 10 使用同样的操作方法，❶ 在前两个视频片段之间添加“叠化”转场效果；❷ 在“转场编辑”功能区中将“转场时长”设置为最长，如图 5–50 所示。

图 5–50　**添加并设置转场效果**

步骤 11 ❶ 将时间轴拖曳至 12s 附近；❷ 对视频进行分割处理，如图 5–51 所示。

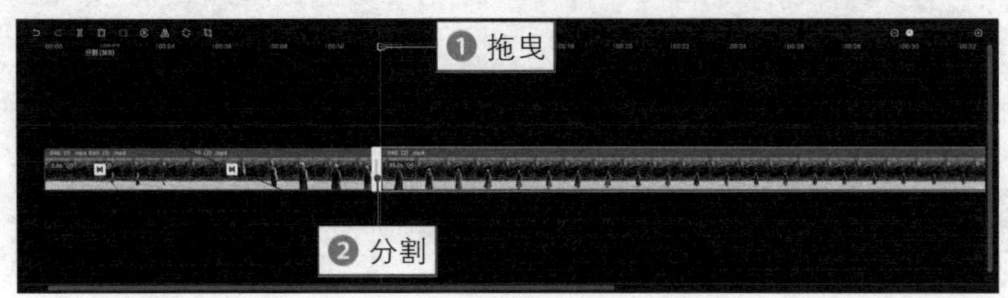

图 5–51　**分割视频**

步骤 12 ❶ 将时间轴拖曳至 21s 附近；❷ 对视频进行分割处理；❸ 单击“删除”按钮，删除分割出来的中间视频片段，如图 5–52 所示。

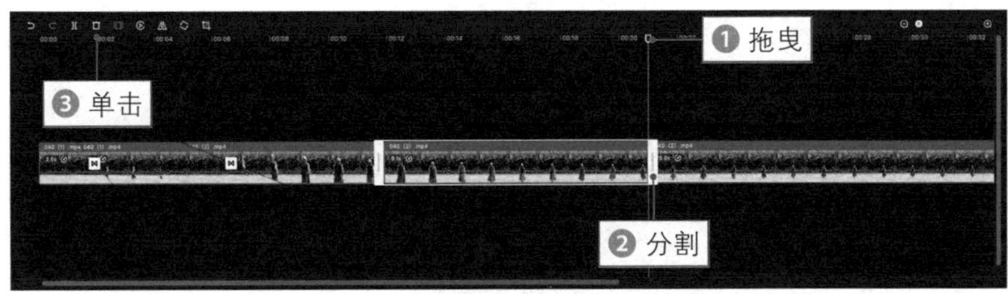

图 5–52　单击“删除”按钮

步骤 13 ❶ 在相应视频片段之间添加“叠化”转场效果；❷ 在“转场编辑”功能区中将“转场时长”设置为最长，如图 5–53 所示。

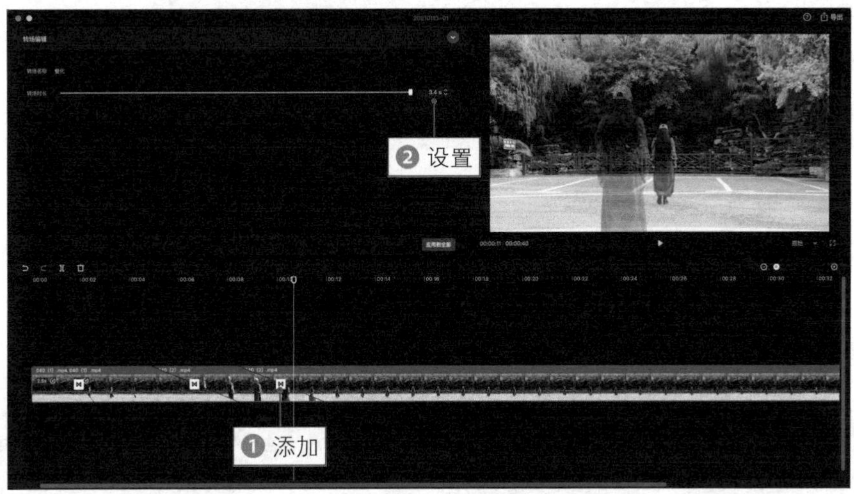

图 5–53　添加并设置转场效果

步骤 14 ❶ 将时间轴拖曳至 18s 附近；❷ 对视频进行分割处理，如图 5–54 所示。

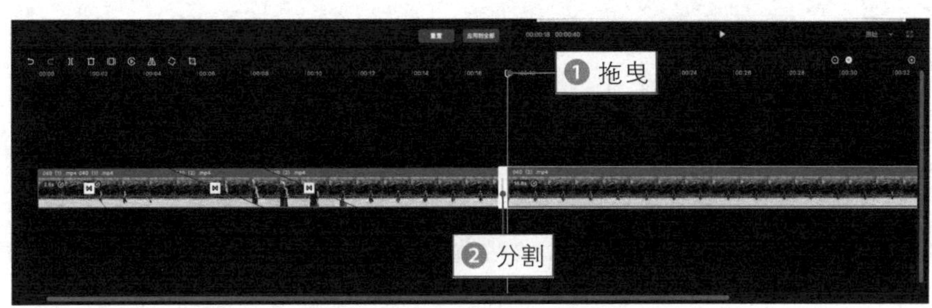

图 5–54　分割视频

步骤 15 ❶ 将时间轴拖曳至 25s 附近；❷ 对视频进行分割处理；❸ 单击“删除”按钮，删除分割出来的中间视频片段，如图 5–55 所示。

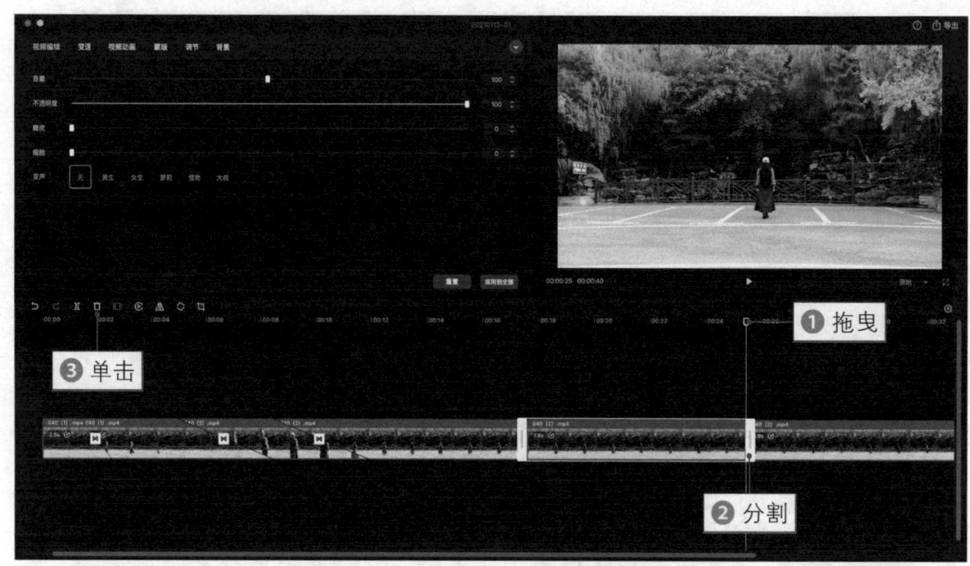

图 5–55 **单击“删除”按钮**

步骤 16 ❶ 在相应视频片段之间添加“叠化”转场效果；❷ 在“转场编辑”功能区中将“转场时长”设置为最长，如图 5–56 所示。

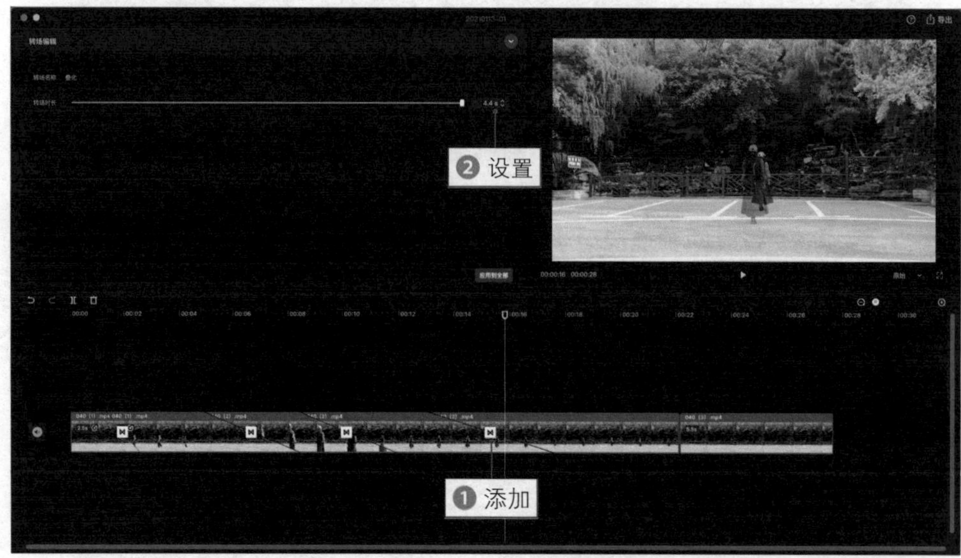

图 5–56 **添加并设置转场效果**

步骤 17 ❶ 在第 2 个视频片段和最后的空镜头视频之间添加一个“叠化”转场效果；❷ 在“转场编辑”功能区中将“转场时长”设置为最长，如图 5-57 所示。

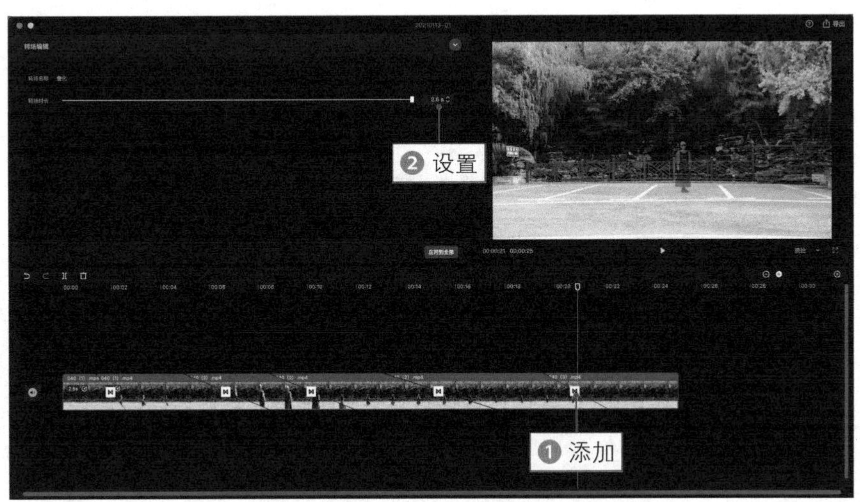

图 5-57　**添加并设置转场效果**

步骤 18 切换至“调节”功能区，单击“自定义调节”中的添加按钮，添加一个调节轨道，并将时长调整为与视频轨道相同，如图 5-58 所示。

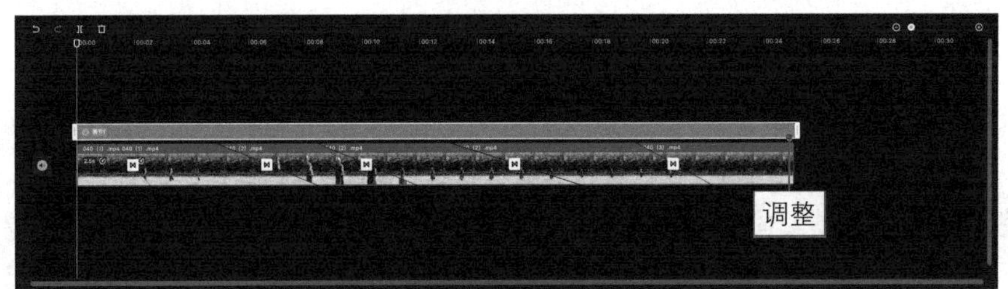

图 5-58　**添加并调整调节轨道**

步骤 19 选择调节轨道，在“调节编辑”功能区中适当调整各项参数，增强视频画面的色彩效果，如图 5-59 所示。

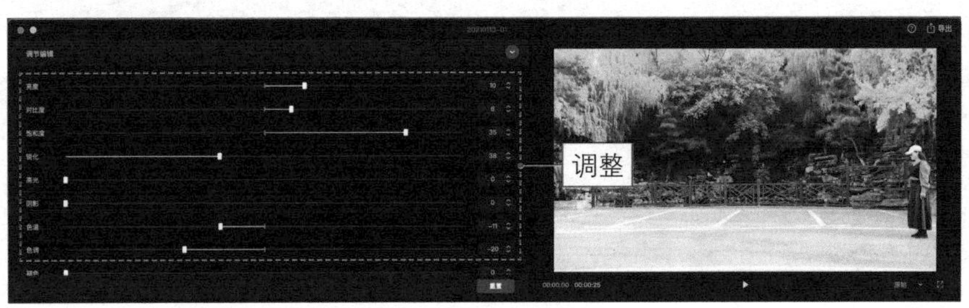

图 5-59　**调整各项参数**

步骤 20 在预览窗口中❶设置比例为 9∶16；❷调整视频画布的尺寸，如图 5-60 所示。

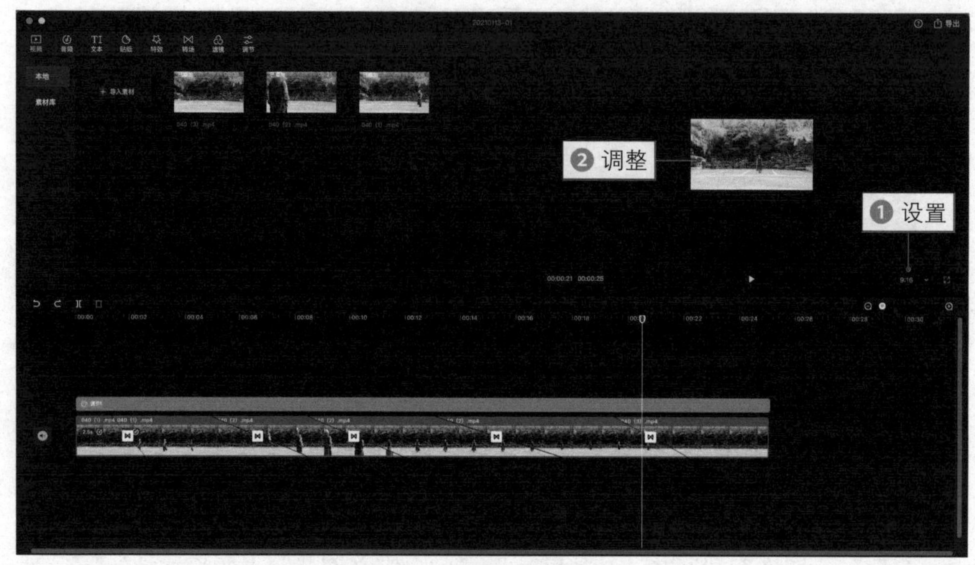

图 5-60 调整视频画布的尺寸

步骤 21 为视频添加合适的背景音乐和歌词字幕，导出并预览视频效果，如图 5-61 所示。

图 5-61 预览视频效果

041　抠图转场：用局部元素带出整体视频

本实例介绍的是抠图转场效果的制作方法，主要使用剪映的视频动画功能，同时配合其他后期图像软件的抠图功能，做出酷炫的转场效果，下面介绍具体的操作方法。

扫码看效果

扫码看教程

步骤 01　❶ 在剪映中导入 5 个视频素材；❷ 将其添加到视频轨道中，如图 5-62 所示。

图 5-62　**将素材添加到视频轨道**

步骤 02　将时间轴拖曳至第 2 个视频片段的开始位置处，如图 5-63 所示。

图 5-63　**拖曳时间轴**

步骤 03　在预览窗口中单击 按钮，如图 5-64 所示。

图 5-64　单击相应按钮

步骤 04 执行操作后，即可全屏预览视频画面，并进行截图，如图 5-65 所示。截图后用户需要对图片进行抠图处理，并将其保存为 png 格式的图像。

图 5-65　全屏预览视频画面并截图

★专家指点★

用户可以使用 Adobe Photoshop 中的钢笔工具或套索工具等，沿着建筑物的周边创建选区，然后复制选区内的图像，并删除“背景”图层，即可抠出相应的建筑元素，如图 5-66 所示。要了解详细的抠图操作方法，可以阅读《Photoshop CC 抠图 + 修图 + 调色 + 合成 + 特效实战视频教程》一书，此书可以帮助大家快速精通各种抠图技能。

图 5-66　使用 Adobe Photoshop 进行抠图处理

步骤 05 ❶ 在剪映中导入抠好的图像素材；❷ 将其添加到画中画轨道中，如图 5–67 所示。

图 5–67　**将抠图素材添加到画中画轨道**

步骤 06 在预览窗口中适当调整抠图素材的大小和位置，使其与原视频画面中的对象重合，如图 5–68 所示。

图 5–68　**调整抠图素材的大小和位置**

步骤 07 在时间线窗口中将抠图素材的时长调整为 0.5s 左右，如图 5–69 所示。

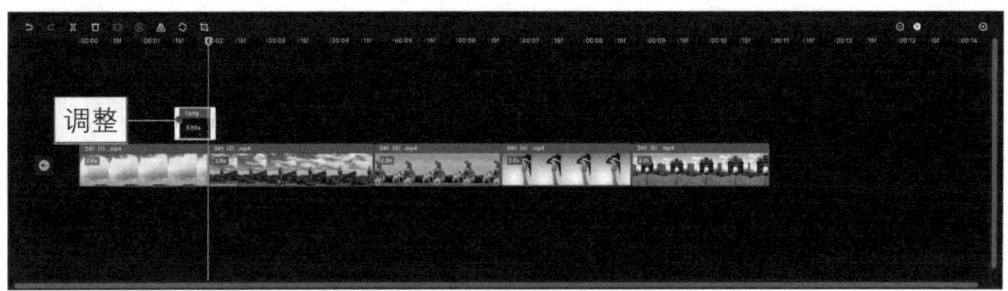

图 5–69　**调整抠图素材的时长**

步骤 08 ❶ 切换至“视频动画”功能区；❷ 在“入场动画”选项卡中选择“放大”选项；❸ 将“动画时长”设置为最长，如图 5-70 所示。

图 5-70　**设置“入场动画”效果**

步骤 09 使用同样的方法，对第 3 个视频片段的第 1 帧画面进行截图并抠图，将抠好的素材图像导入到本地视频库中，如图 5-71 所示。

图 5-71　**导入图像素材**

步骤 10 将素材图像拖曳到画中画轨道的相应位置处，并将时长调整为 0.5s 左右，如图 5-72 所示。

图 5-72　**调整素材的时长**

步骤 11 在预览窗口中适当调整抠图素材的大小和位置，使其与原视频画面中的对象重合，如图 5-73 所示。

图 5-73　**调整抠图素材的大小和位置**

步骤 12 ❶ 切换至“视频动画”功能区；❷ 在“入场动画”选项卡中选择“向右滑动”选项；❸ 将“动画时长”设置为最长，如图 5-74 所示。

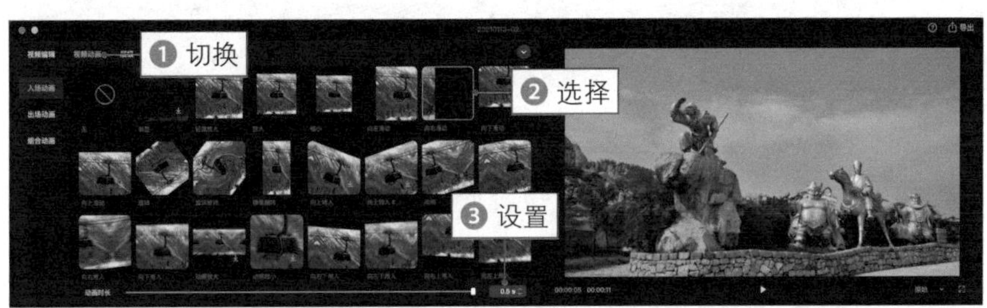

图 5-74　**设置“入场动画”效果**

步骤 13 在画中画轨道中的相应位置处添加抠图素材，❶ 将时长调整为 0.5s 左右；❷ 适当调整抠图素材的大小和位置，如图 5-75 所示。

图 5-75　**调整抠图素材的大小和位置**

步骤 14 ❶ 切换至“视频动画”功能区；❷ 在“入场动画”选项卡中选择“向右甩入”选项；❸ 将“动画时长”设置为最长，如图 5-76 所示。

图 5-76　**设置“入场动画”效果**

步骤 15 在画中画轨道中的相应位置处添加抠图素材，将时长调整为 0.5s 左右，如图 5-77 所示。

图 5-77　**调整抠图素材的时长**

步骤 16 在预览窗口中适当调整抠图素材的大小和位置，如图 5-78 所示。

图 5-78　**调整抠图素材的大小和位置**

步骤 17 ❶ 切换至“视频动画”功能区；❷ 在“入场动画”选项卡中选择“向下滑动”选项；❸ 将“动画时长”设置为最长，如图 5–79 所示。

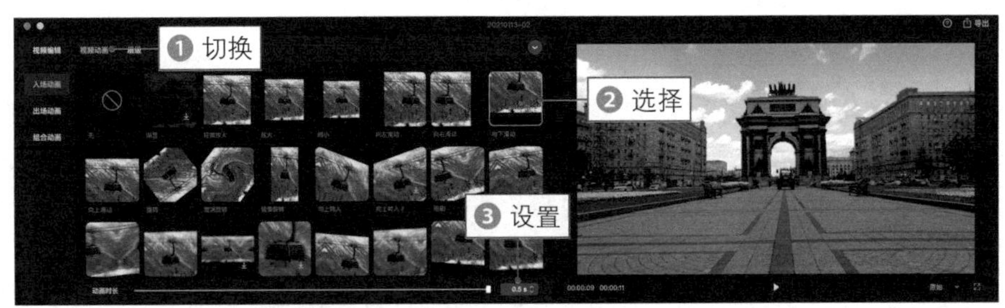

图 5–79　**设置“入场动画”效果**

步骤 18 播放预览视频效果，在切换场景之前，画面中会动态显示下一个场景中的局部元素，随着动画效果的结束，画面也随之切换为完整的下一个场景，如图 5–80 所示。

图 5–80　**预览视频效果**

第 6 章

卡点效果：视频更具感染力与冲击力

042 万有引力卡点：制作浪漫婚纱短视频

本实例介绍的是“万有引力卡点”效果的制作方法，主要使用剪映的手动踩点功能和“雨刷”动画效果来实现，制作出浪漫的婚纱短视频效果，下面介绍具体的操作方法。

扫码看效果

扫码看教程

步骤 01 ❶ 在剪映中导入多个素材文件；❷ 将其分别添加到视频轨道和音频轨道中，如图 6-1 所示。

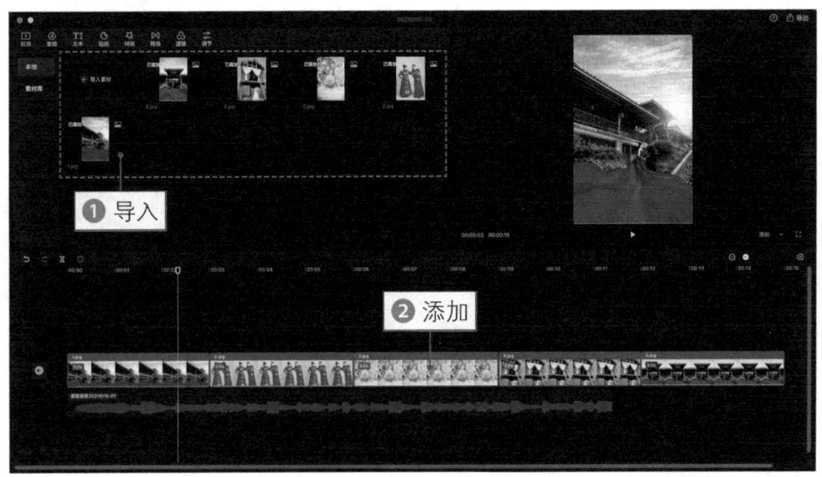

图 6-1　**导入并添加素材文件**

步骤 02 ❶ 选择音频轨道；❷ 拖曳时间轴至音乐鼓点的位置处；❸ 单击“手动踩点”按钮，如图 6-2 所示。

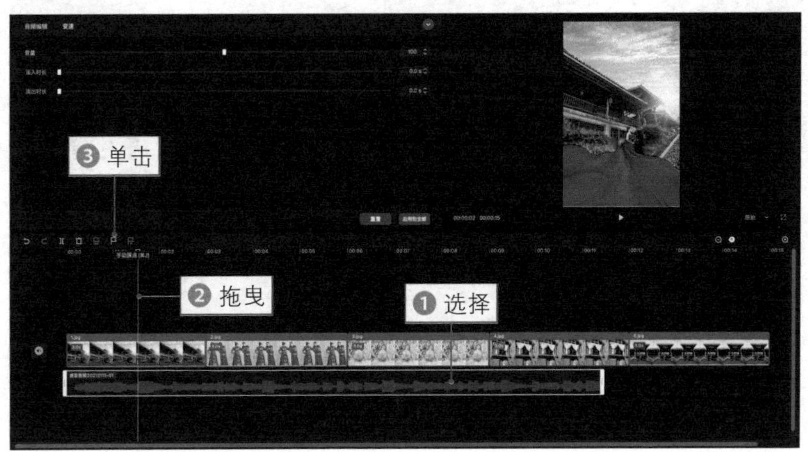

图 6-2　**单击“手动踩点”按钮**

步骤 03 执行操作后，即可添加一个黄色的节拍点，如图 6–3 所示。

图 6–3　添加一个黄色的节拍点

步骤 04 使用同样的操作方法，在其他的音乐鼓点处添加黄色的节拍点，如图 6–4 所示。

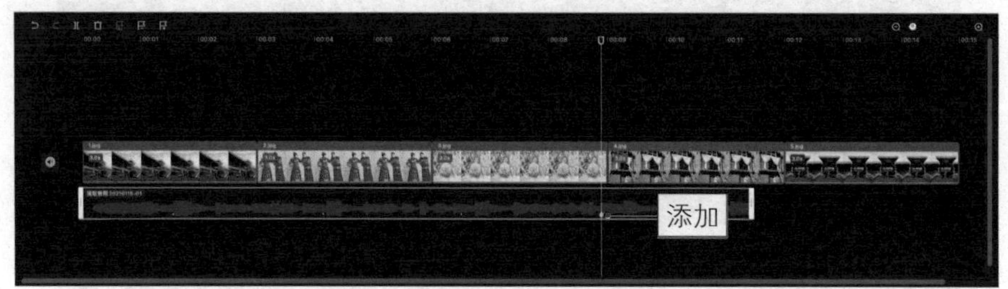

图 6–4　添加其他的节拍点

步骤 05 在视频轨道中 ❶ 选择第 1 个素材文件；❷ 拖曳其右侧的白色滑块，使其长度对准音频轨道中的第 1 个节拍点，如图 6–5 所示。

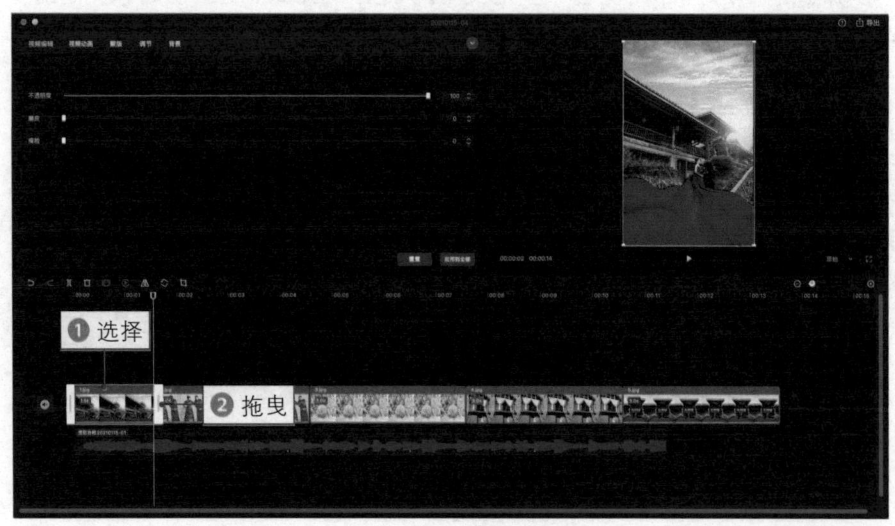

图 6–5　调整素材的时长

步骤 06 使用同样的操作方法，调整后面的素材文件时长，使其与相应的节拍点对齐，如图 6–6 所示。

图 6–6　**调整后面的素材文件时长**

步骤 07 ❶ 选择第 2 个素材文件；❷ 切换至“视频动画”功能区；❸ 在“入场动画”选项卡中选择“雨刷”选项，如图 6–7 所示。

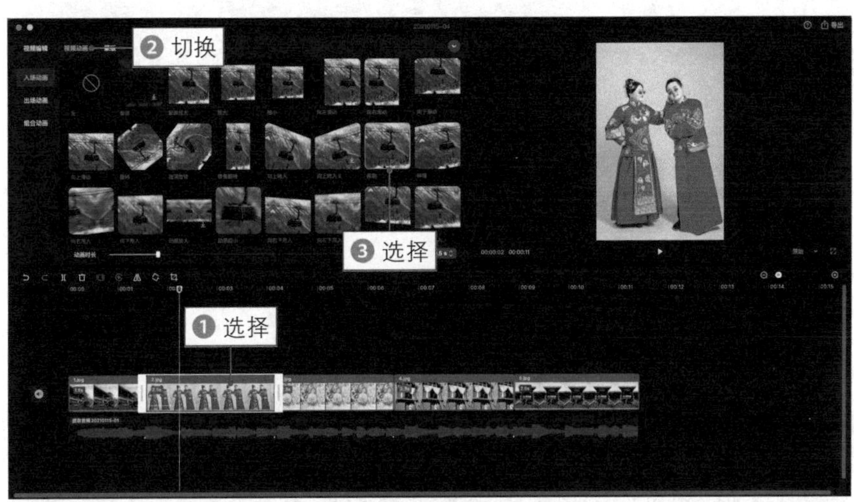

图 6–7　**选择“雨刷”选项**

步骤 08 使用同样的操作方法为后面的素材文件添加“雨刷”入场动画效果，视频轨道中会显示相应的动画标记，如图 6–8 所示。

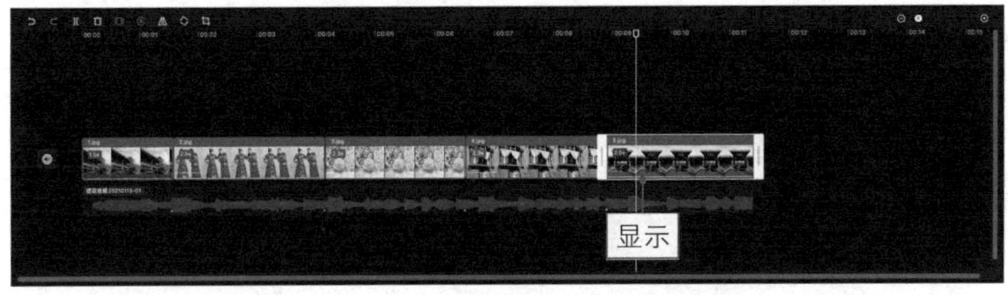

图 6–8　**添加“雨刷”入场动画效果**

步骤 09 ❶ 拖曳时间轴至起始位置；❷ 切换至“特效”功能区；❸ 在“基础”选项卡中单击“变清晰”特效中的添加按钮 ；❹ 添加一个特效轨道，并将时长调整为与第 1 个素材文件一致，如图 6-9 所示。

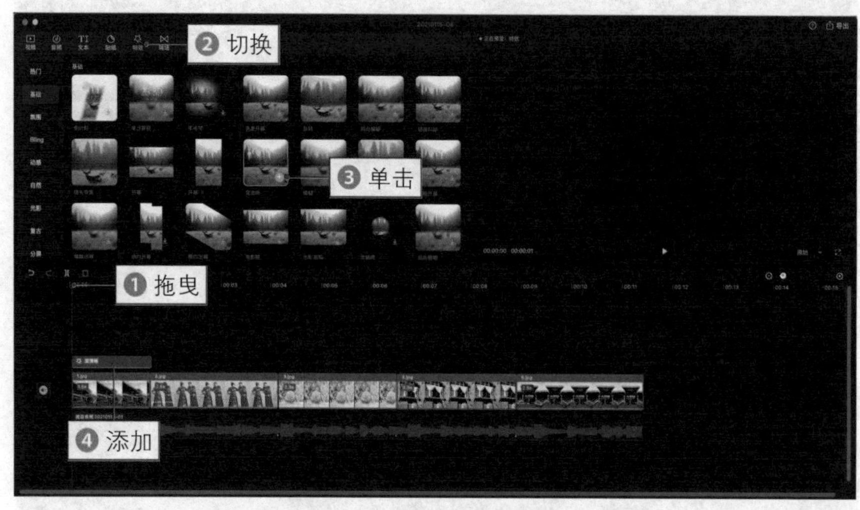

图 6-9 **添加“变清晰”特效**

步骤 10 ❶ 切换至“氛围”选项卡；❷ 选择“星火炸开”选项，如图 6-10 所示。

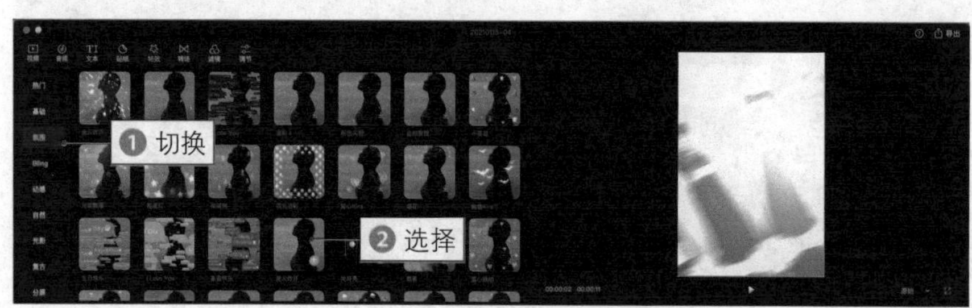

图 6-10 **选择“星火炸开”选项**

步骤 11 单击添加按钮 ，在第 2 个素材文件的上方添加一个时长一致的“星火炸开”特效，如图 6-11 所示。

图 6-11 **添加“星火炸开”特效**

步骤 12 复制“星火炸开”特效，将其粘贴到其他的素材文件上方，并适当调整时长，如图 6–12 所示。

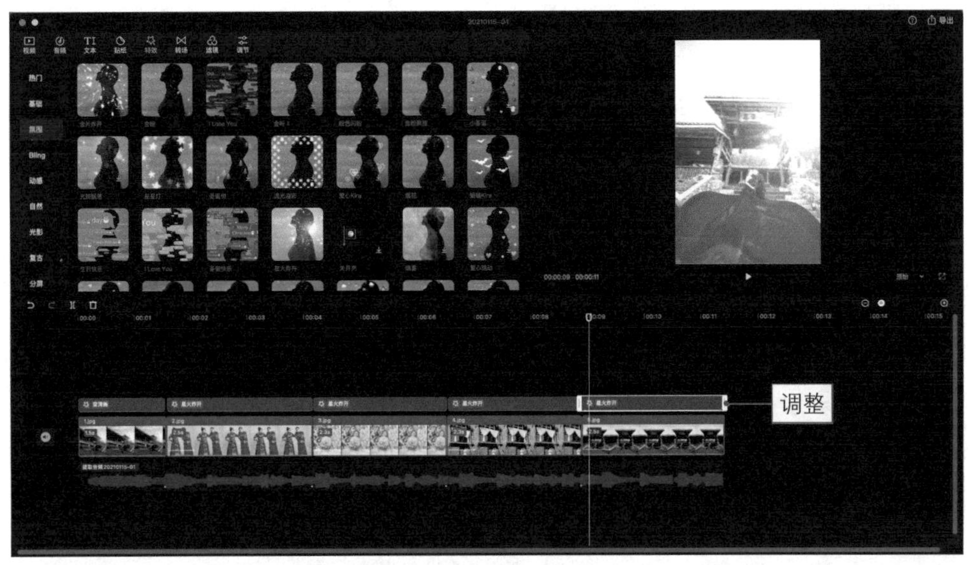

图 6–12　**复制并调整“星火炸开”特效**

步骤 13 播放预览视频，查看制作的“万有引力卡点”效果，如图 6–13 所示。

图 6–13　**预览视频效果**

043 旋转立方体卡点：打造炫酷的霓虹灯

本实例介绍的是“旋转立方体卡点”效果的制作方法，主要使用剪映的自动踩点功能、“镜面”蒙版及“立方体”视频动画来实现，制作出充满三维立体感的短视频画面效果，下面介绍具体的操作方法。

扫码看效果 扫码看教程

步骤 01 ❶ 在剪映中导入多个素材文件；❷ 将其分别添加到视频轨道和音频轨道中，如图 6-14 所示。

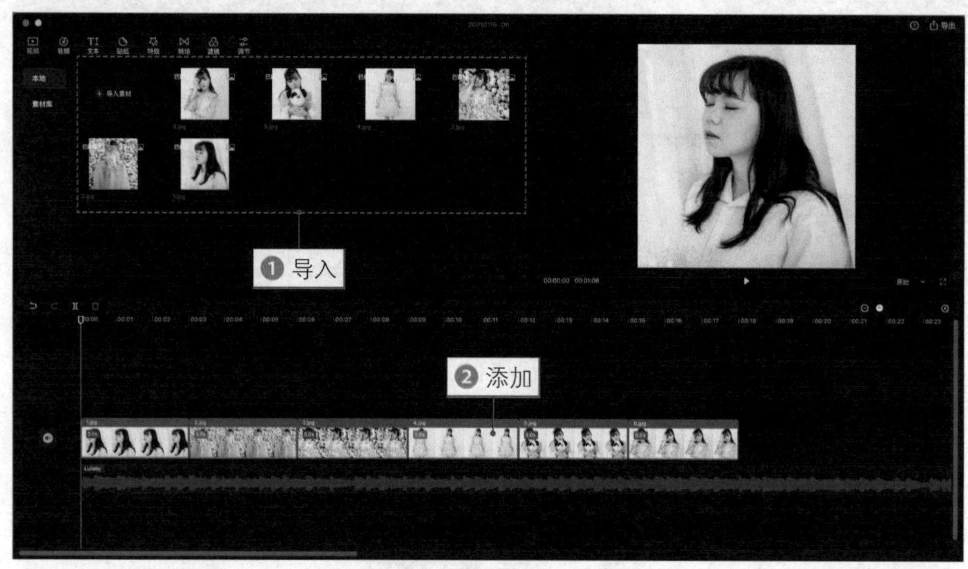

图 6-14 导入并添加素材文件

步骤 02 在预览窗口中；❶ 设置比例为 9∶16；❷ 调整视频画布的尺寸，如图 6-15 所示。

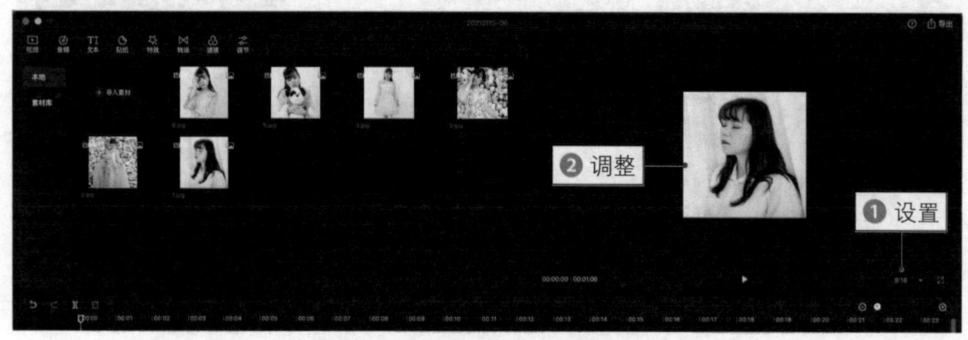

图 6-15 调整视频画布的尺寸

步骤 03 在时间线窗口中选择第 1 个素材文件，如图 6–16 所示。

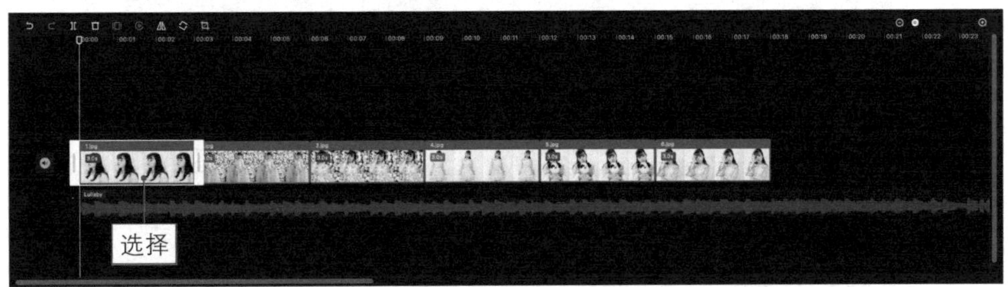

图 6–16　**选择第 1 个素材文件**

步骤 04 ❶ 切换至“背景”功能区；❷ 在“模糊”选项卡中选择相应的模糊程度；❸ 单击“应用到全部”按钮，如图 6–17 所示。

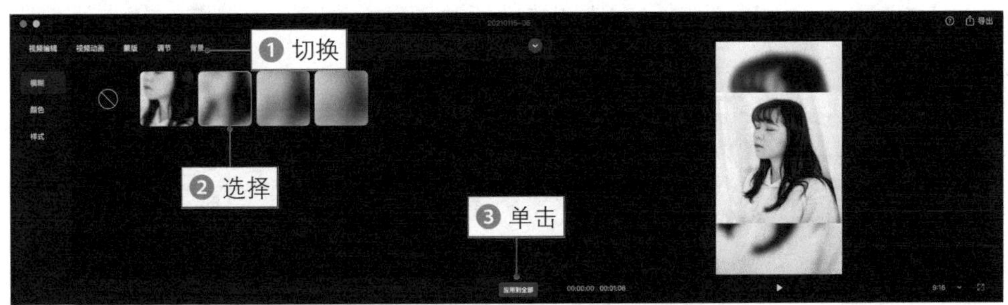

图 6–17　**单击“应用到全部”按钮**

步骤 05 ❶ 选择音频轨道；❷ 单击“自动踩点”按钮；❸ 在弹出的列表框中选择“踩节拍Ⅰ”选项，如图 6–18 所示。

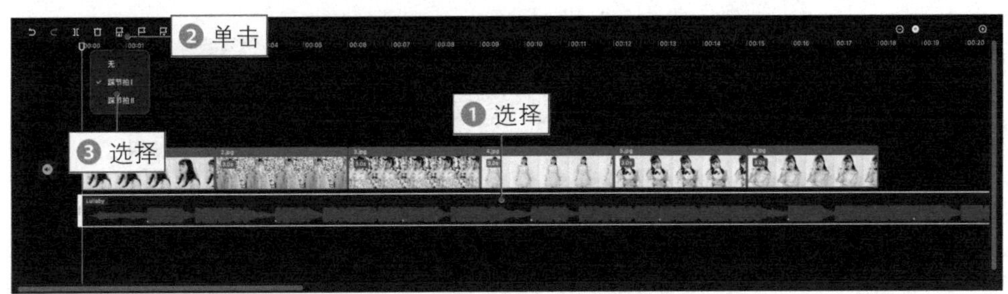

图 6–18　**选择“踩节拍Ⅰ”选项**

步骤 06 执行操作后，❶ 即可在音频轨道中添加黄色的节拍点；❷ 拖曳第 1 个素材文件右侧的白色滑块，使其长度对准音频轨道中的第 1 个节拍点，如图 6–19 所示。

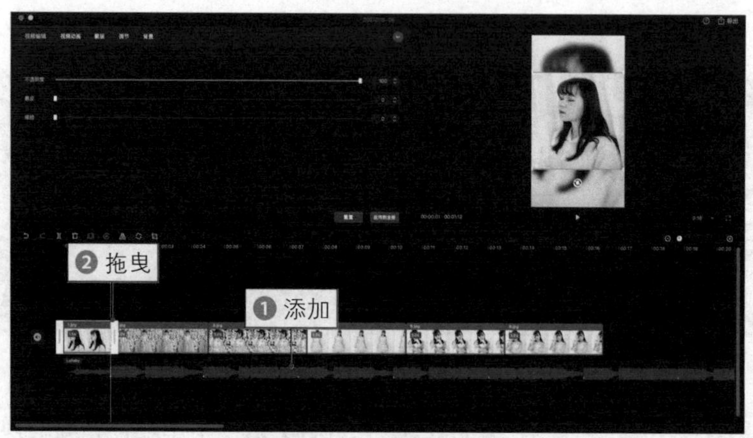

图 6-19 **调整素材的时长**

步骤 07 使用同样的操作方法调整后面的素材文件时长，使其与相应的节拍点对齐，并剪掉多余的背景音乐，如图 6-20 所示。

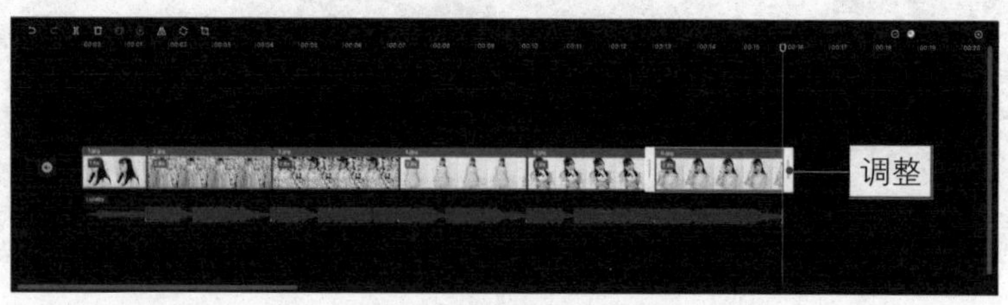

图 6-20 **调整其他素材的时长**

步骤 08 ❶ 选择第 1 个素材文件；❷ 切换至“蒙版”功能区；❸ 选择“镜面”蒙版，如图 6-21 所示。

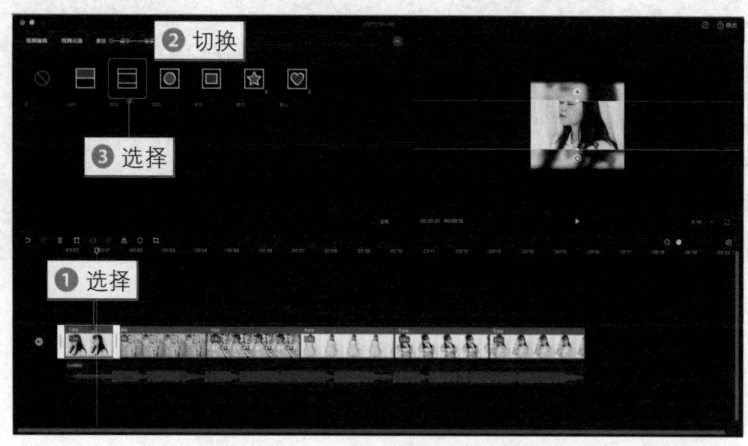

图 6-21 **选择“镜面”蒙版**

步骤 09 ❶ 旋转蒙版；❷ 并将羽化◙调整到最大，如图 6-22 所示。

图 6-22　**调整蒙版的羽化效果**

步骤 10 ❶ 切换至“视频动画”功能区；❷ 在“组合动画”选项卡中选择“立方体”选项，添加动画效果，如图 6-23 所示。

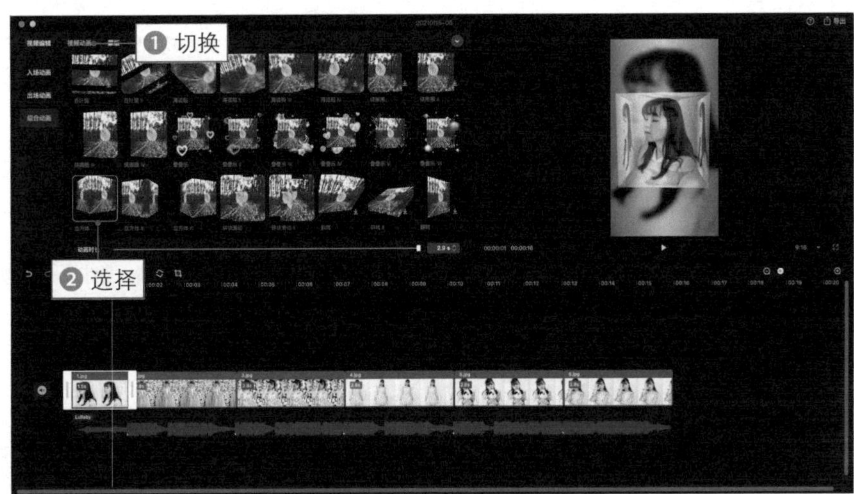

图 6-23　**选择“立方体”选项**

步骤 11 ❶ 切换至“特效”功能区；❷ 在“动感”选项卡中选择“霓虹灯”选项，添加边框特效，如图 6-24 所示。

图 6-24　**选择“霓虹灯”选项**

步骤 12 单击添加按钮，添加一个“霓虹灯”特效轨道，如图 6–25 所示。

图 6–25 **添加“霓虹灯”特效轨道**

步骤 13 用与上同样的操作方法为其余的素材添加蒙版和特效，导出并播放预览视频，查看制作的“旋转立方体卡点”效果，如图 6–26 所示。

图 6–26 **预览视频效果**

044 抖动拍照卡点：制作动感的录像机效果

本实例介绍的是“抖动拍照卡点”效果的制作方法，主要使用到剪映的自动踩点功能、“向下甩入”入场动画及“拍照声 1”音效等，制作出动感十足的录像机视频画面效果，下面介绍具体的操作方法。

扫码看效果

扫码看教程

步骤 01 ❶ 在剪映中导入多个素材文件；❷ 将其分别添加到视频轨道和音频轨道中，如图 6-27 所示。

图 6-27　**导入并添加素材文件**

步骤 02 ❶ 选择音频轨道；❷ 单击“自动踩点”按钮；❸ 在弹出的列表框中选择“踩节拍Ⅰ”选项，如图 6-28 所示。

图 6-28　**选择“踩节拍Ⅰ”选项**

步骤 03 执行操作后，❶ 即可在音频轨道中添加黄色的节拍点；❷ 拖曳第 1 个素材文件右侧的白色滑块，使其长度对准音频轨道中的第 1 个节拍点，如图 6-29 所示。

图 6-29　**调整素材的时长**

步骤 04 使用同样的操作方法调整后面的素材文件时长，使其与相应的节拍点对齐，并剪掉多余的背景音乐，如图 6-30 所示。

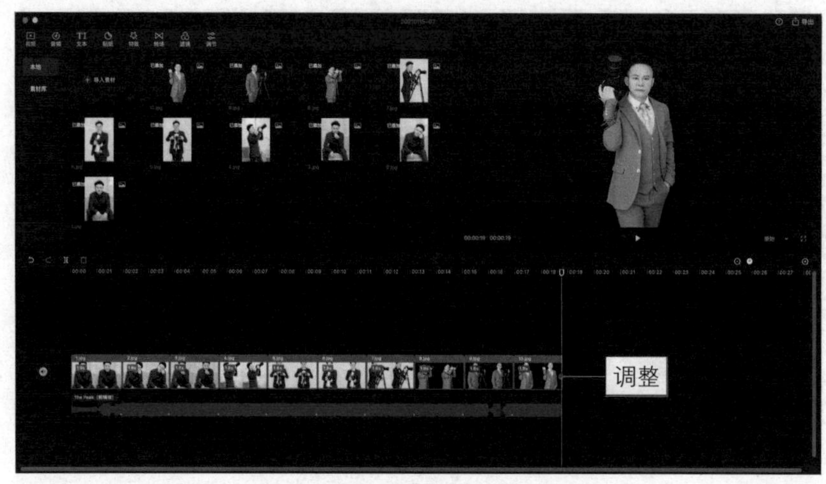

图 6-30　**调整其他素材的时长**

步骤 05 ❶ 切换至“特效”功能区；❷ 在“基础”选项卡中选择“变清晰”选项，如图 6-31 所示。

图 6-31　**选择“变清晰”选项**

步骤 06 单击添加按钮，添加一个“变清晰”特效轨道，并将其时长调整为与第 1 个素材文件一致，如图 6-32 所示。

图 6-32　**添加并调整“变清晰”特效**

步骤 07 ❶ 切换至“特效”功能区；❷ 在“边框”选项卡中选择“录像机”选项；❸ 将其添加到特效轨道中的相应位置，并适当调整其时长，如图 6–33 所示。

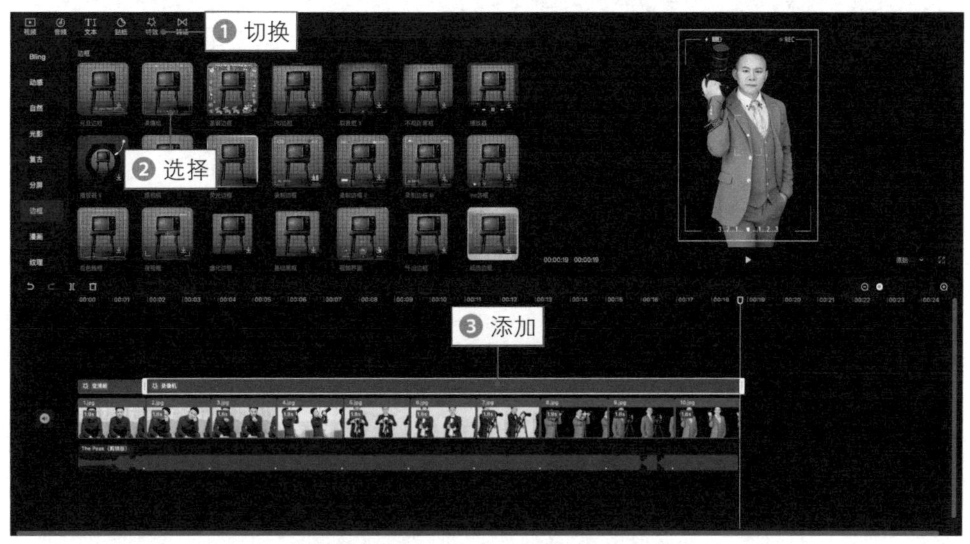

图 6–33　**添加并调整“录像机”特效**

步骤 08 ❶ 选择第 1 个素材文件；❷ 切换至“视频动画”功能区；❸ 在“入场动画”选项卡中选择“轻微放大”选项，添加入场动画效果，如图 6–34 所示。

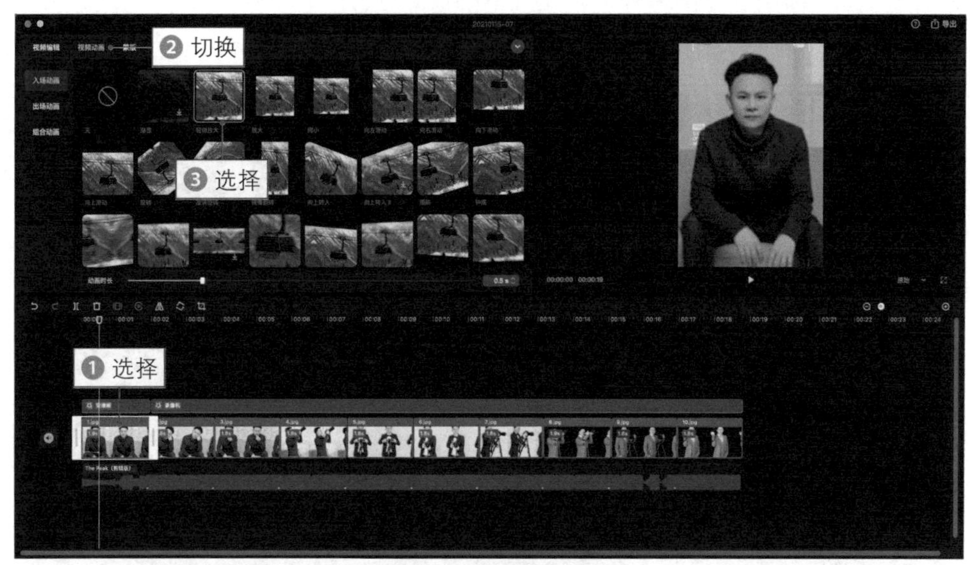

图 6–34　**添加入场动画效果**

步骤 09 在视频轨道中选择第 2 个素材文件，如图 6–35 所示。

图 6-35　选择第 2 个素材文件

步骤 10 ❶ 切换至"视频动画"功能区；❷ 在"入场动画"选项卡中选择"向下甩入"选项；❸ 将"动画时长"设置为 1.0s，如图 6-36 所示。

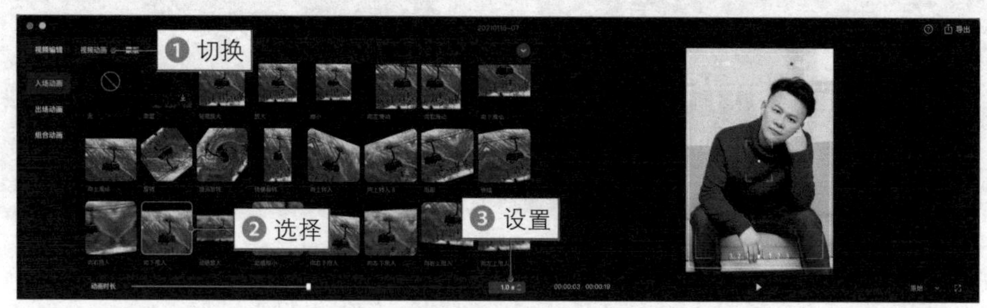

图 6-36　设置入场动画效果

步骤 11 使用同样的操作方法为其他的素材文件添加"向下甩入"入场动画效果，如图 6-37 所示。

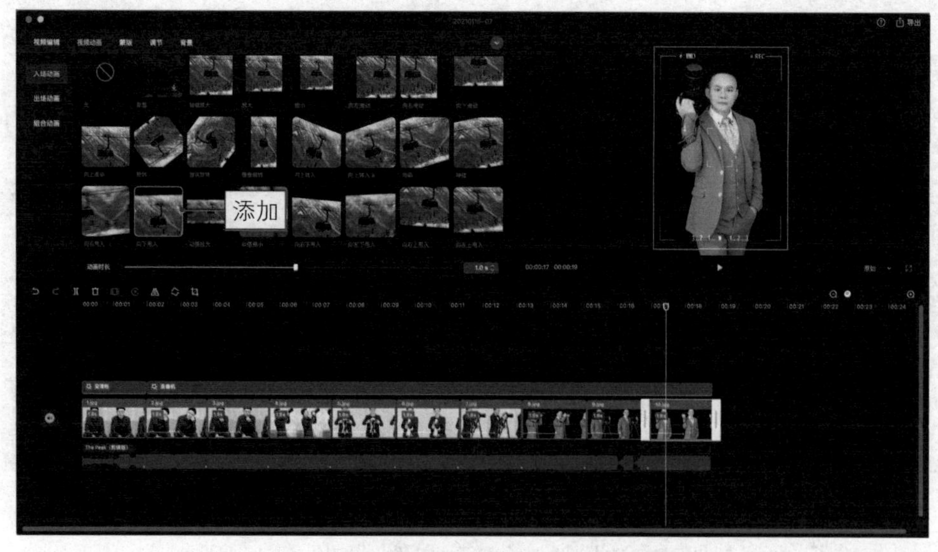

图 6-37　为其他素材文件设置入场动画效果

步骤 12 ❶ 切换至“音频”功能区；❷ 切换至“音效”选项卡；❸ 在“机械”选项区中选择“拍照声 1”选项；❹ 在后面的素材文件的入场动画结束位置添加“拍照声 1”音效，如图 6-38 所示。

图 6-38　**添加“拍照声 1”音效**

步骤 13 播放预览视频，查看制作的“抖动拍照卡点”效果，如图 6-39 所示。

图 6-39　**预览视频效果**

045 多屏切换卡点：一屏复制成多屏效果

本实例介绍的是“多屏切换卡点”效果的制作方法，主要使用到剪映的自动踩点功能和“分屏”特效，实现一个视频画面根据节拍点自动分出多个相同的视频画面效果，下面介绍具体的操作方法。

扫码看效果

扫码看教程

步骤 01 ❶ 在剪映中导入视频素材并将其添加到视频轨道中；❷ 在音频轨道中添加一首合适的卡点背景音乐，如图 6-40 所示。

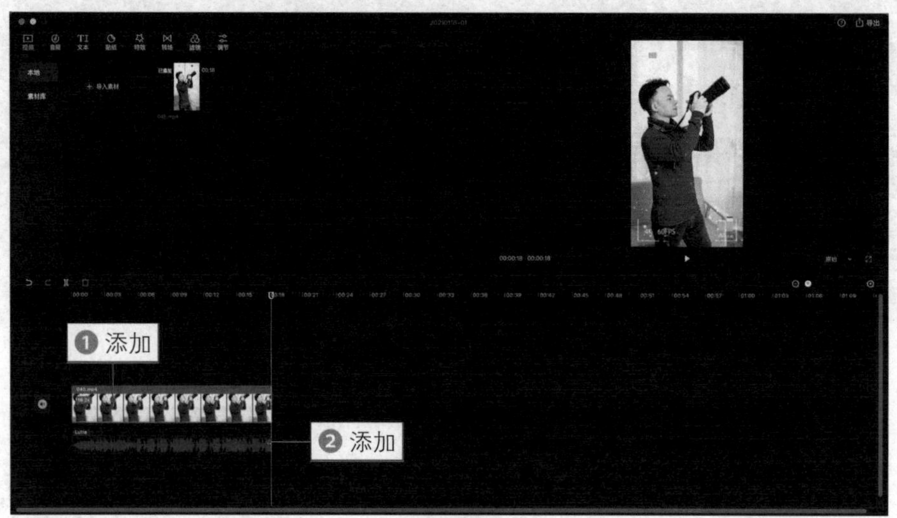

图 6-40　**添加视频素材和背景音乐**

步骤 02 ❶ 选择音频轨道；❷ 单击“自动踩点”按钮；❸ 在弹出的下拉列表中选择“踩节拍 I ”选项，添加节拍点，如图 6-41 所示。

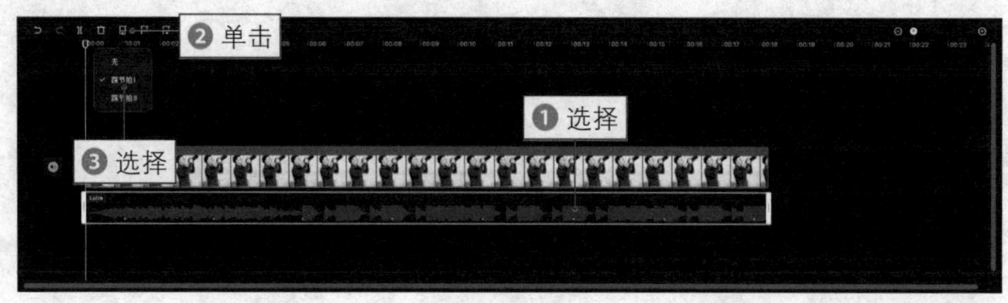

图 6-41　**选择“踩节拍 I ”选项**

步骤 03 返回主界面，❶ 切换至“特效”功能区；❷ 切换至“分屏”选项卡；❸ 选择“两屏”选项，如图 6-42 所示。

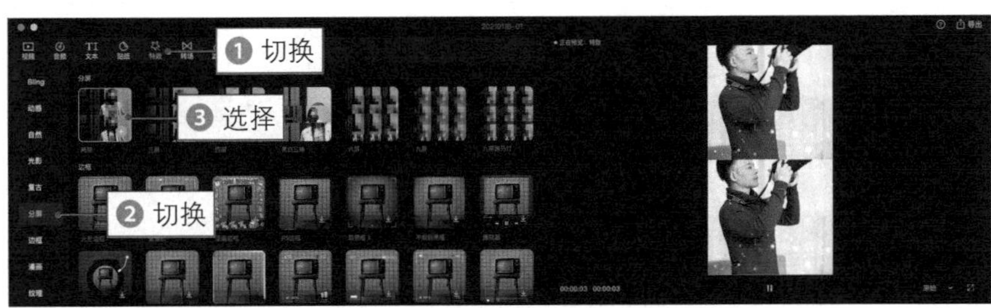

图 6–42　**选择“两屏”选项**

步骤 04　拖曳时间轴至第 2 个节拍点上，❶ 单击添加按钮，添加“两屏”特效；❷ 适当调整特效轨道的时长，使其刚好卡在第 2 个和第 3 个节拍点之间，如图 6–43 所示。

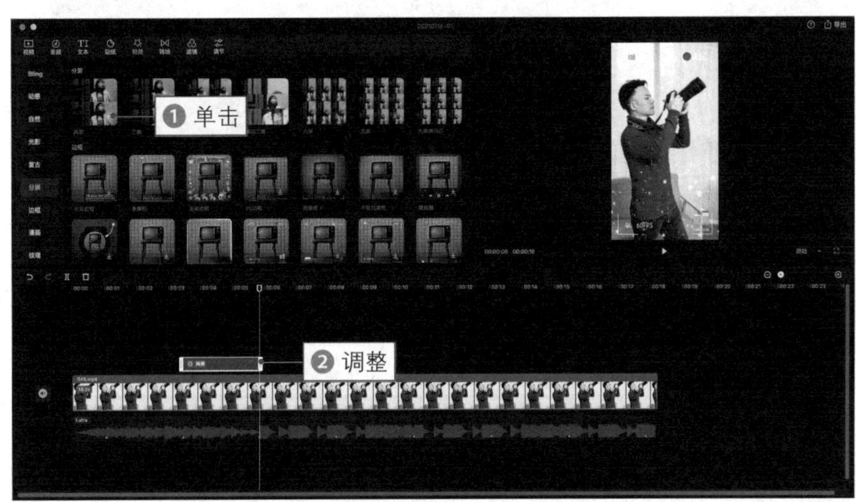

图 6–43　**调整“两屏”特效轨道的时长**

步骤 05　使用同样的操作方法，在第 3 个和第 4 个节拍点之间添加“三屏”特效，如图 6–44 所示。

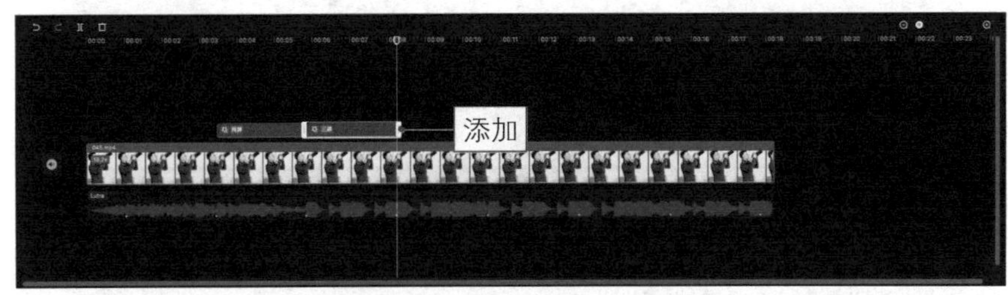

图 6–44　**添加“三屏”特效**

步骤 06　在第 4 个和第 5 个节拍点之间添加“四屏”特效，如图 6–45 所示。

图 6–45 **添加“四屏”特效**

步骤 07 在第 5 个和第 6 个节拍点之间添加“六屏”特效，如图 6–46 所示。

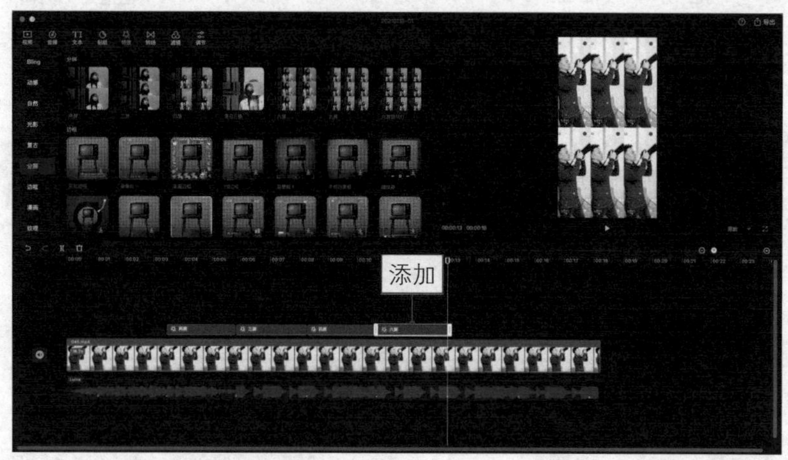

图 6–46 **添加“六屏”特效**

步骤 08 ❶ 在第 6 个和第 7 个节拍点之间添加“九屏”特效；❷ 在最后两个节拍点之间添加“九屏跑马灯”特效，如图 6–47 所示。

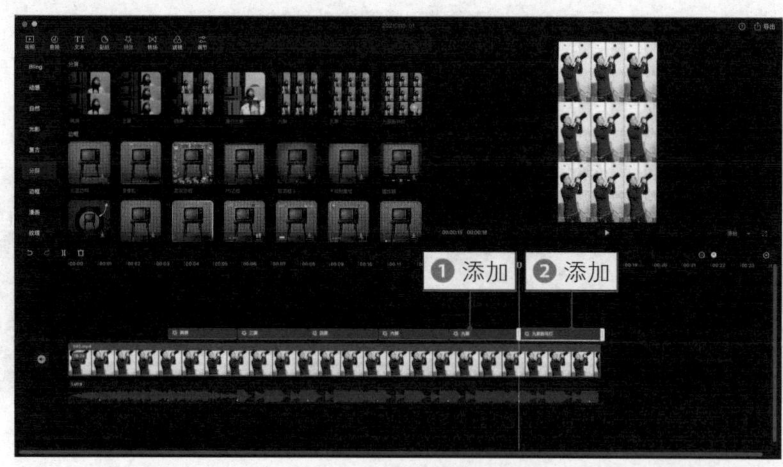

图 6–47 **添加相应的分屏特效**

步骤 09 播放预览视频，查看制作的“多屏切换卡点”效果，如图 6–48 所示。

图 6–48　**预览视频效果**

046 照片灯光秀卡点：展现璀璨夺目的夜景

扫码看效果

扫码看教程

本实例介绍的是“照片灯光秀卡点”效果的制作方法，主要使用到剪映的滤镜、自动踩点和蒙版等功能。首先将照片处理成黑白的视频效果，然后利用蒙版来进行抠像合成，打造出璀璨夺目的夜景画面效果，下面介绍具体的操作方法。

步骤 01 ❶ 在剪映中导入素材文件并将其添加到视频轨道中；❷ 将视频轨道的时长调整为 8s 左右，导出该视频文件，如图 6–49 所示。

步骤 02 ❶ 切换至“滤镜”功能区；❷ 切换至“风格化”选项卡；❸ 选择“牛皮纸”选项，如图 6–50 所示。

步骤 03 单击添加按钮，添加“牛皮纸”效果，并将滤镜轨道的时长调整为与视频轨道一致，导出该视频文件，如图 6–51 所示。

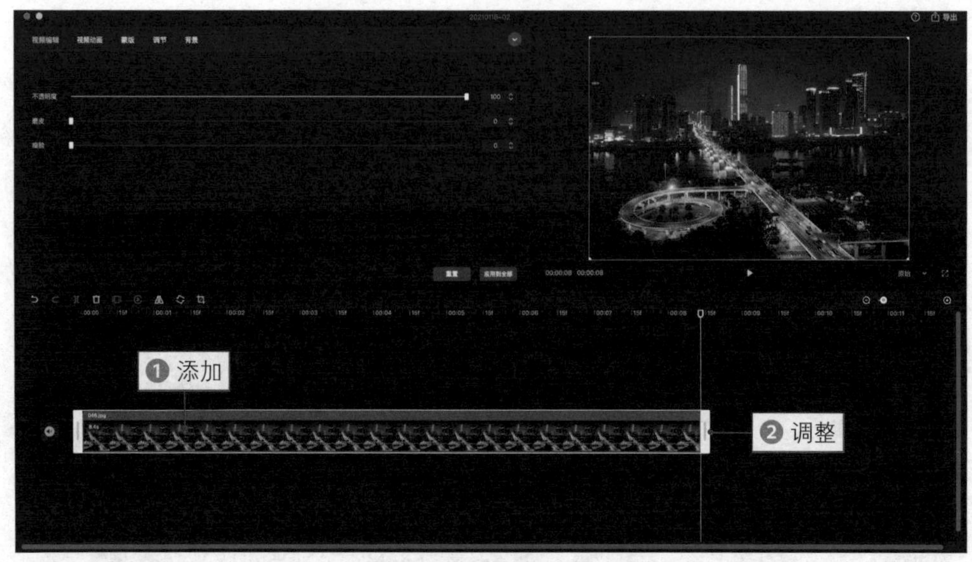

图 6–49　**调整视频轨道的时长**

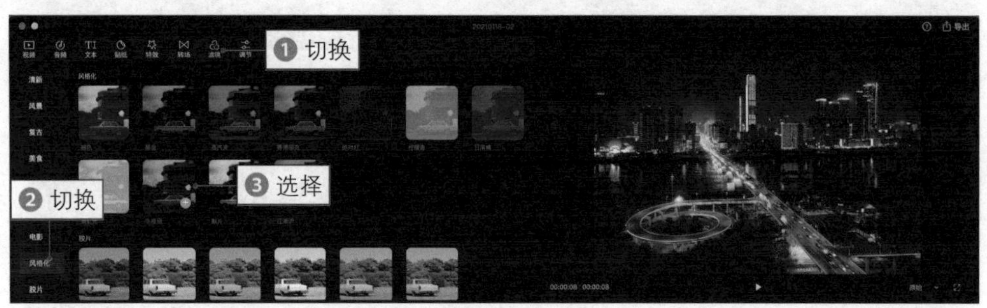

图 6–50　**选择“牛皮纸”选项**

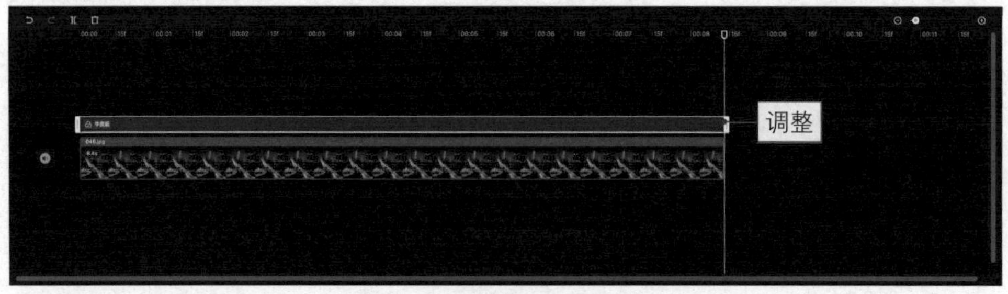

图 6–51　**调整滤镜轨道的时长**

步骤 04 新建一个剪辑草稿，❶ 导入上面制作好的视频素材；❷ 将效果视频拖曳到主轨道；❸ 将原视频拖曳到画中画轨道，如图 6–52 所示。

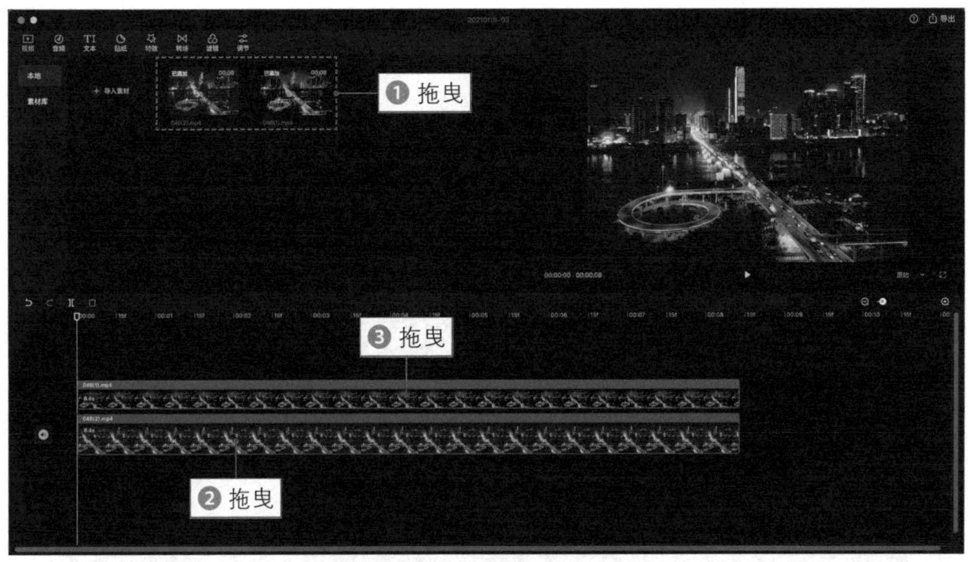

图 6–52　**导入并拖曳视频素材**

步骤 05 在音频轨道中添加一首合适的卡点背景音乐，如图 6–53 所示。

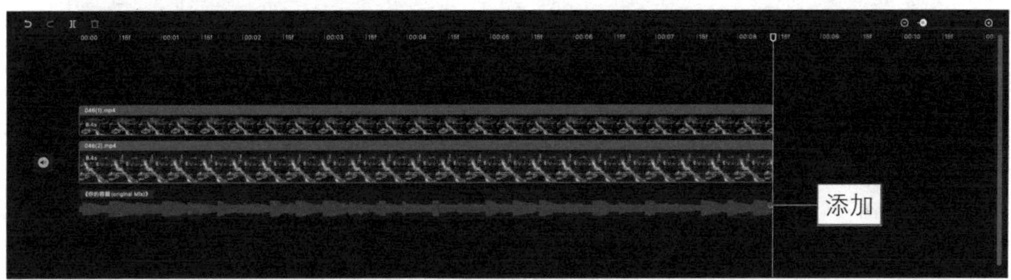

图 6–53　**添加卡点背景音乐**

步骤 06 ❶ 选择音频轨道；❷ 单击“自动踩点”按钮；❸ 在弹出的下拉列表中选择“踩节拍Ⅱ”选项，添加节拍点，如图 6–54 所示。

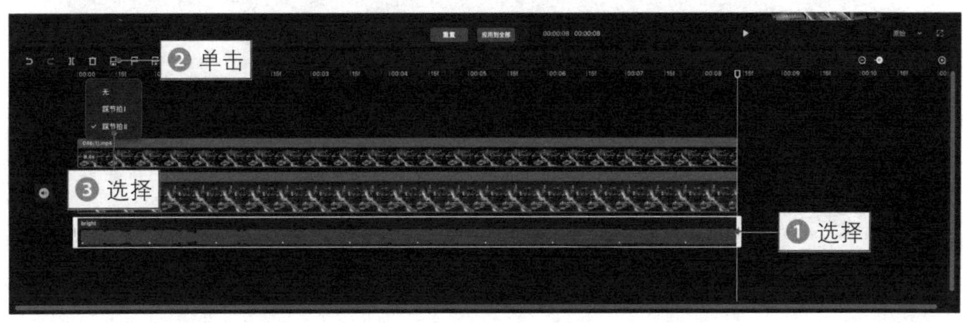

图 6–54　**添加节拍点**

步骤 07 ❶ 拖曳时间轴至第一个节拍点处；❷ 选择画中画轨道；❸ 单击“分割”按钮，如图 6-55 所示。

图 6-55　单击“分割”按钮

步骤 08 ❶ 选择分割出来的前一段视频素材；❷ 单击“删除”按钮，将其删除，如图 6-56 所示。

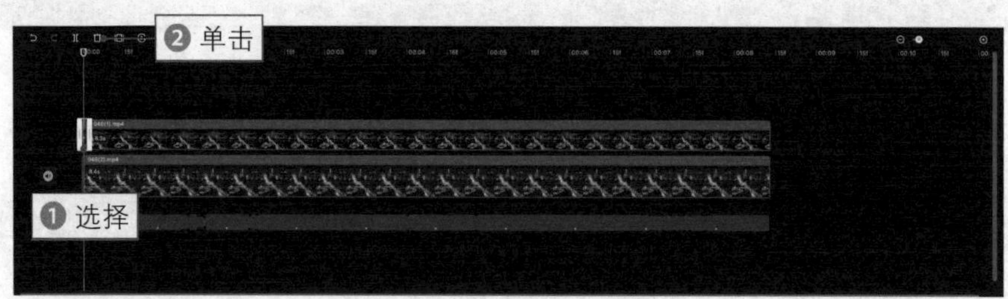

图 6-56　单击“删除”按钮

步骤 09 在其他的背景音乐节拍点处将画中画轨道进行分割处理，如图 6-57 所示。

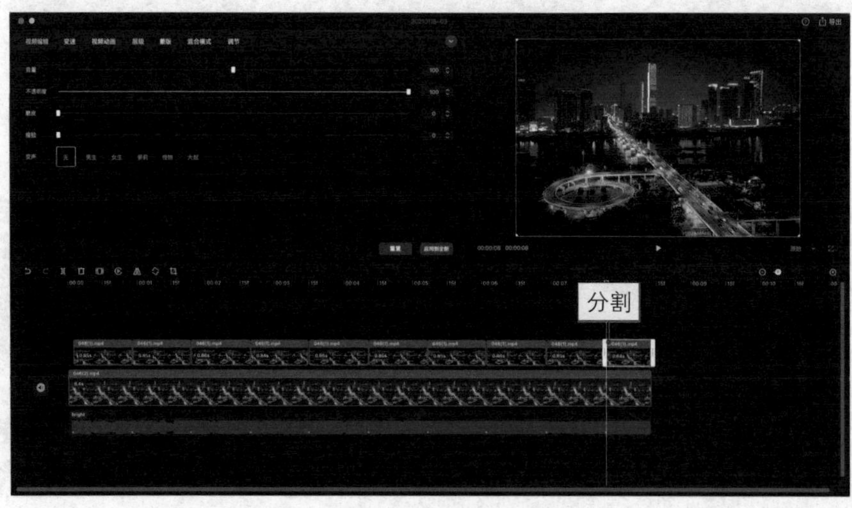

图 6-57　多次分割画中画轨道

步骤 10 在画中画轨道中选择第 1 个视频片段，如图 6–58 所示。

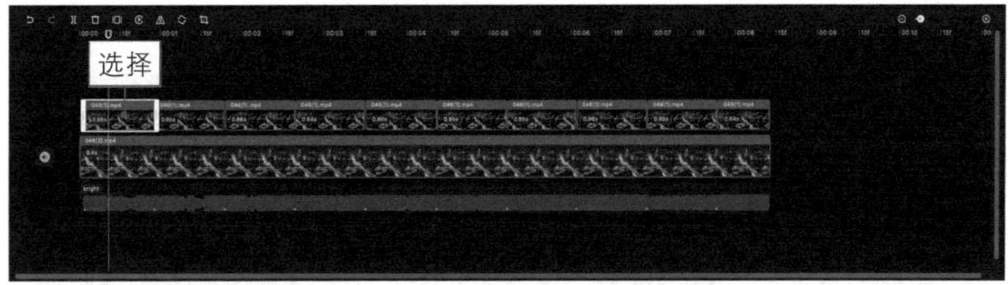

图 6–58　**选择第 1 个视频片段**

步骤 11 ❶ 切换至“蒙版”功能区；❷ 选择“矩形”蒙版，如图 6–59 所示。

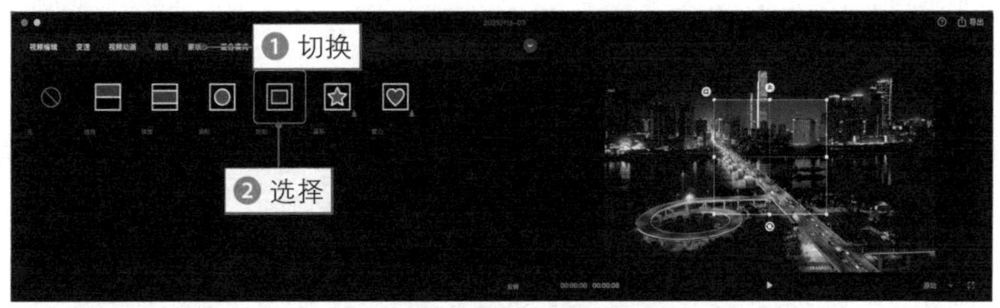

图 6–59　**选择“矩形”蒙版**

步骤 12 在预览窗口中适当调整蒙版的大小和位置，如图 6–60 所示。

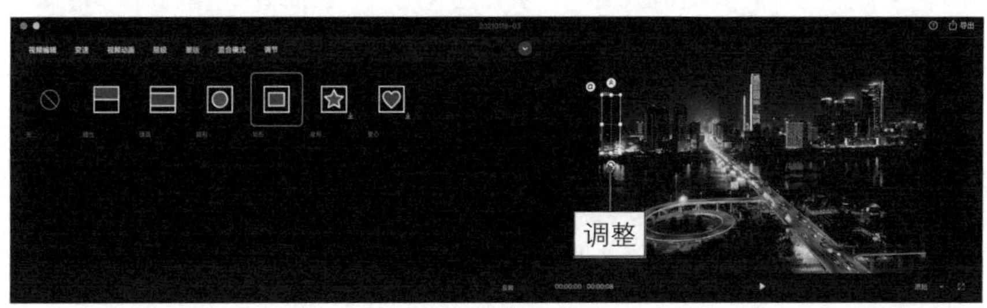

图 6–60　**调整蒙版的大小和位置**

步骤 13 在画中画轨道中选择第 2 个视频片段，如图 6–61 所示。

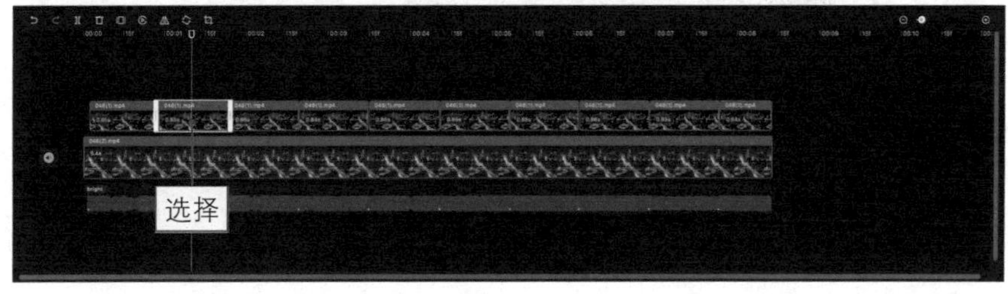

图 6–61　**选择第 2 个视频片段**

步骤 14 ❶ 在“蒙版”功能区中选择“矩形”蒙版；❷ 适当调整蒙版的大小和位置，如图 6-62 所示。

图 6-62　**调整蒙版的大小和位置**

步骤 15 使用相同的操作方法，使用“矩形”蒙版对其他的画中画视频片段进行抠像处理，如图 6-63 所示。

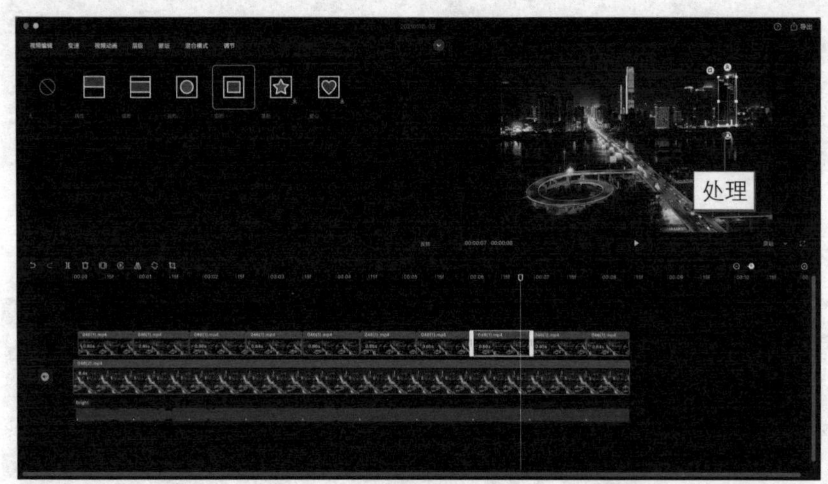

图 6-63　**使用“矩形”蒙版多次进行抠像处理**

步骤 16 在画中画轨道中选择倒数第 2 个视频片段，在“蒙版”功能区中选择“圆形”蒙版，如图 6-64 所示。

图 6-64　**选择“圆形”蒙版**

步骤 17 在预览窗口中适当调整“圆形”蒙版的大小和位置，如图 6–65 所示。

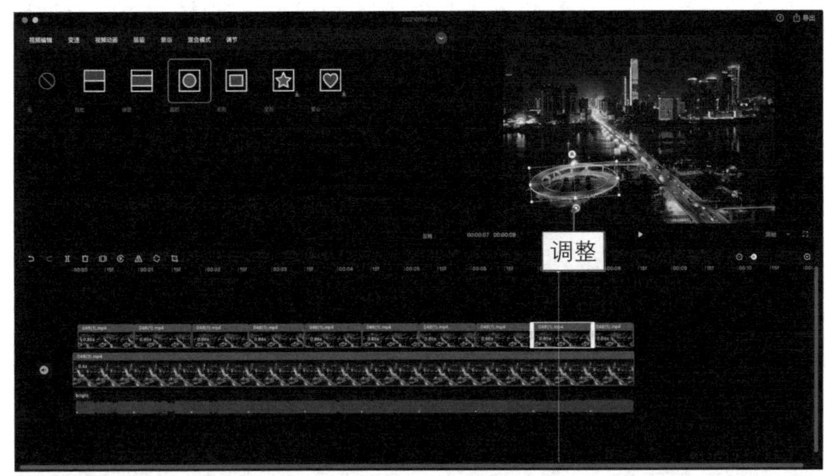

图 6–65　**调整“圆形”蒙版的大小和位置**

★专家指点★

蒙版的大意是指“蒙在上面的板子”，主要用于对画面中的某一特定局部区域进行相关操作，从而获得一些意想不到的特效。在剪映中使用不同形状的蒙版，可以实现不同样式的视频抠像合成效果。

步骤 18 ❶ 切换至“特效”功能区；❷ 切换至“动感”选项卡；❸ 单击“闪动”特效中的添加按钮 ；❹ 在画中画轨道的最后一个视频片段上方添加“闪动”特效，如图 6–66 所示。

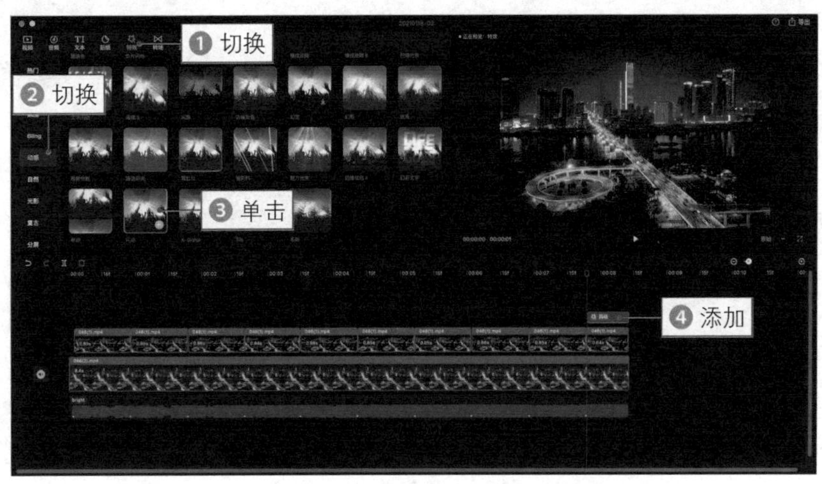

图 6–66　**添加“闪动”特效**

步骤 19 在“动感”选项卡中；❶ 单击“魅力光束”特效中的添加按钮 ；❷ 在画中画轨道的最后一个视频片段上方添加“魅力光束”特效，如图 6-67 所示。

图 6-67 **添加“魅力光束”特效**

步骤 20 播放预览视频，查看制作的“照片灯光秀卡点”效果，如图 6-68 所示。

图 6-68 **预览视频效果**

第 7 章

相册效果：将照片做成动态视频作品

047 幸福恋人：两张照片让你成为别人羡慕的情侣

本实例主要使用剪映的“滤色”混合模式合成功能，同时加上“悠悠球”和“碎块滑动Ⅱ”视频动画，以及各种氛围特效等，制作出浪漫温馨的“幸福恋人”短视频效果，下面介绍具体的操作方法。

扫码看效果

扫码看教程

步骤 01 ❶ 在剪映中导入两张照片素材和一个视频素材；❷ 将照片素材添加到视频轨道中，如图 7–1 所示。

图 7–1　将照片素材添加到视频轨道

步骤 02 将视频素材添加到画中画轨道中的结尾处，如图 7–2 所示。

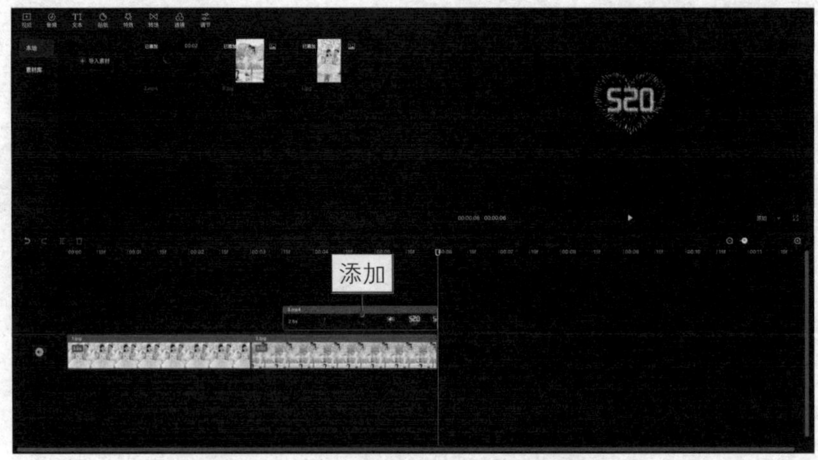

图 7–2　将视频素材添加到画中画轨道

步骤 03 ❶ 选择画中画轨道中的视频素材；❷ 切换至“混合模式”功能区；❸ 选择“滤色”选项；合成画面效果如图 7–3 所示。

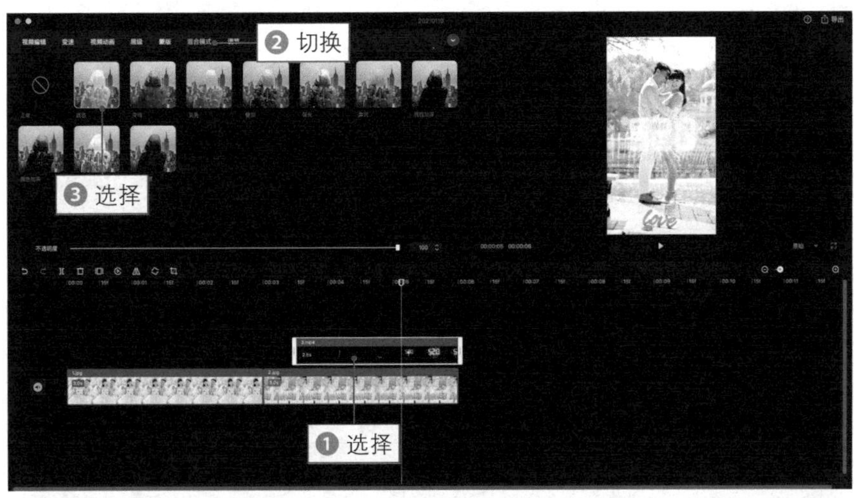

图 7–3　**合成画面效果**

步骤 04 在视频轨道中选择第 1 个素材文件，如图 7–4 所示。

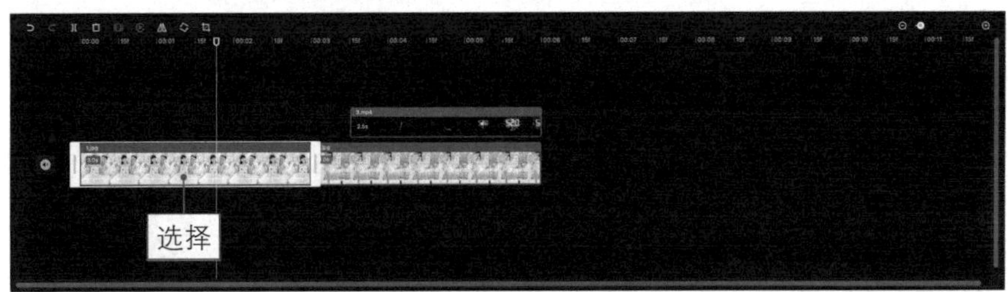

图 7–4　**选择第 1 个素材文件**

步骤 05 ❶ 切换至“视频动画”功能区；❷ 在“组合动画”选项卡中选择“悠悠球”选项，添加动画效果，如图 7–5 所示。

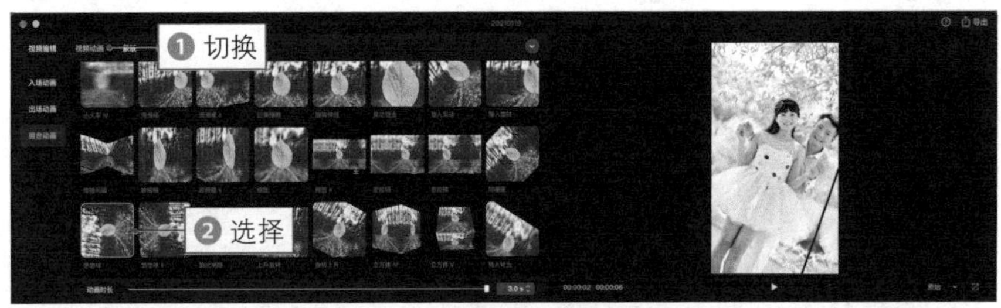

图 7–5　**选择“悠悠球”选项**

步骤 06 在视频轨道中；❶ 选择第 2 个素材文件；❷ 切换至“视频动画”功能区；❸ 在“组合动画”选项卡中选择“碎块滑动Ⅱ”选项，添加动画效果，如图 7–6 所示。

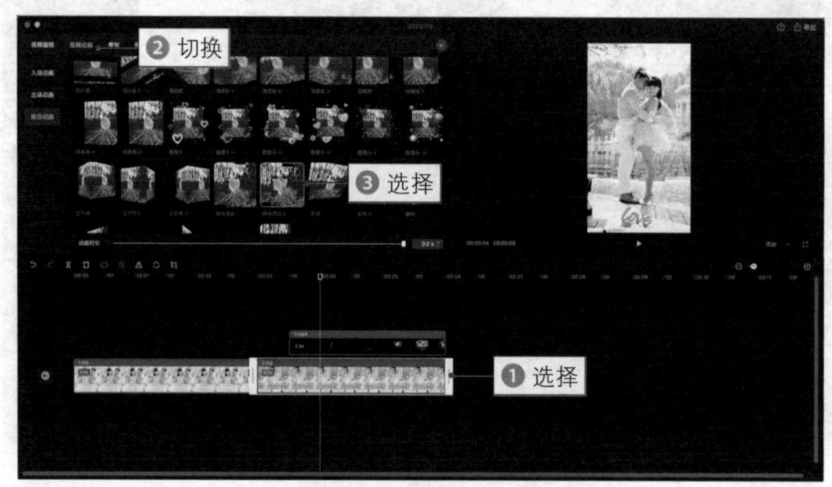

图 7–6 **选择“碎块滑动Ⅱ”选项**

步骤 07 返回主界面，❶ 切换至“特效”功能区；❷ 在“氛围”选项卡中选择“飘落闪粉”选项，如图 7–7 所示。

图 7–7 **选择“飘落闪粉”选项**

步骤 08 单击添加按钮，为第 1 个素材文件添加“飘落闪粉”特效，如图 7–8 所示。

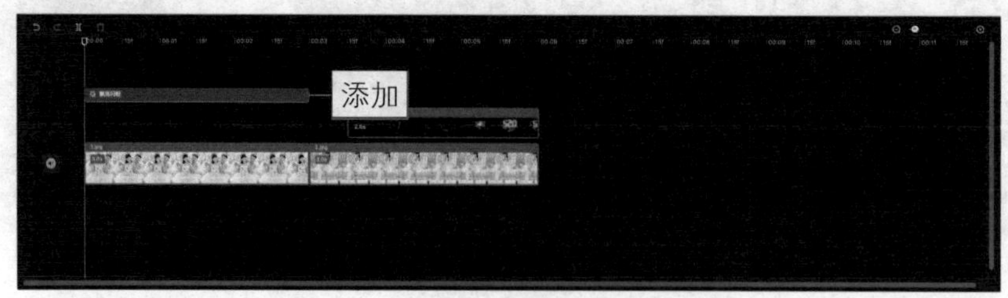

图 7–8 **添加“飘落闪粉”特效**

步骤 09 在“氛围”选项卡中；❶ 单击“爱心缤纷”特效中的添加按钮；❷ 为第 2 个素材文件添加“爱心缤纷”特效，如图 7–9 所示。

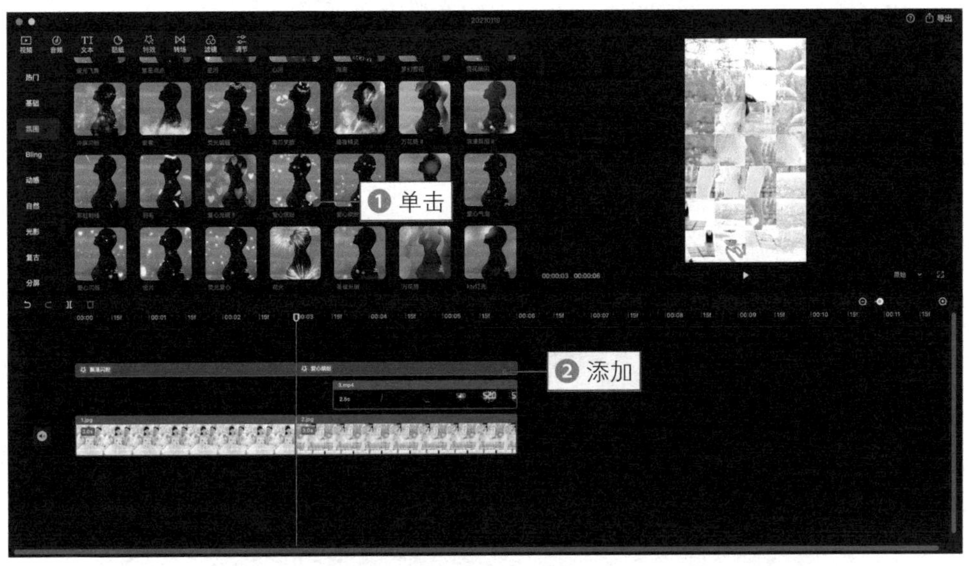

图 7–9　**添加“爱心缤纷”特效**

步骤 10 添加合适的背景音乐，导出并播放预览视频，效果如图 7–10 所示。

图 7–10　**预览视频效果**

048 青春回忆：全网都在拍的“我还是从前那个少年”

扫码看效果

扫码看教程

《少年》这首 BGM 长期占据着各大短视频和音乐平台的热门排行榜，高亢的歌声、动听的旋律及充满正能量的歌词，引发了无数网友的共鸣。下面就来教大家使用这个 BGM 制作一个关于青春回忆的短视频效果，具体操作方法如下。

步骤 01 ❶ 在剪映中导入多张照片素材和背景音乐素材；❷ 将其分别添加到视频轨道和音频轨道中，如图 7-11 所示。

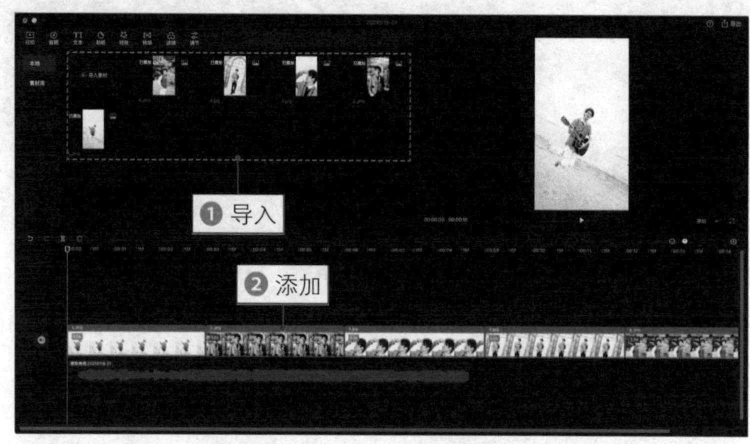

图 7-11　**导入并添加素材文件**

步骤 02 在视频轨道中，❶ 将第 1 个素材文件的时长调整为 3.5s 左右；❷ 将其他素材文件的时长调整为 1.5s 左右，如图 7-12 所示。

图 7-12　**调整素材文件的时长**

步骤 03 在视频轨道中，❶ 选择第 1 个素材文件；❷ 切换至“视频动画”功能区；❸ 在“入场动画”选项卡中选择“缩小”选项，添加动画效果，如图 7-13 所示。

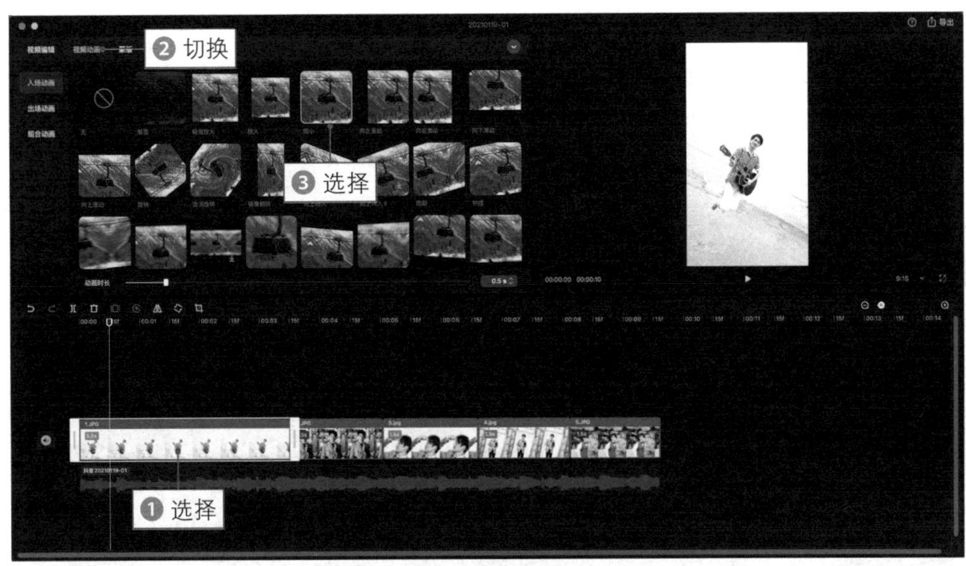

图 7-13　选择“缩小”选项

步骤 04 ❶ 分别选择后面的 4 个素材文件；❷ 添加“向左下甩入”入场动画效果，如图 7-14 所示。

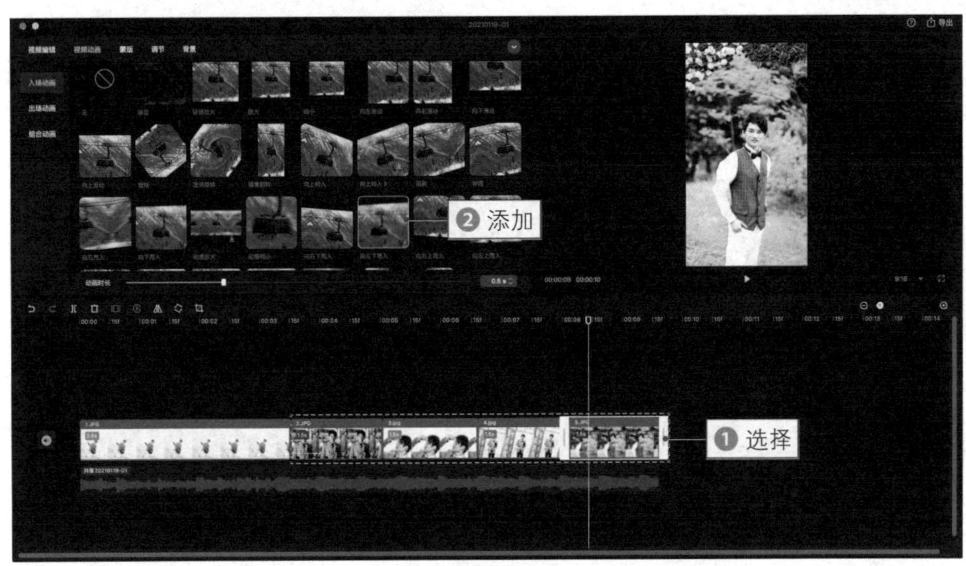

图 7-14　添加“向左下甩入”入场动画效果

★专家指点★

在剪映中，用户不仅可以使用"转场"功能来实现素材与素材之间的切换，也可以利用"视频动画"功能来做转场，能够让各个素材之间的连接更加紧密，获得更流畅和平滑的过渡效果，从而让短视频作品显得更加专业。

步骤 05 返回主界面，❶ 切换至"特效"功能区；❷ 在"基础"选项卡中选择"变清晰"选项；❸ 将其添加到第 1 个素材文件的上方，并将时长调整为一致，如图 7–15 所示。

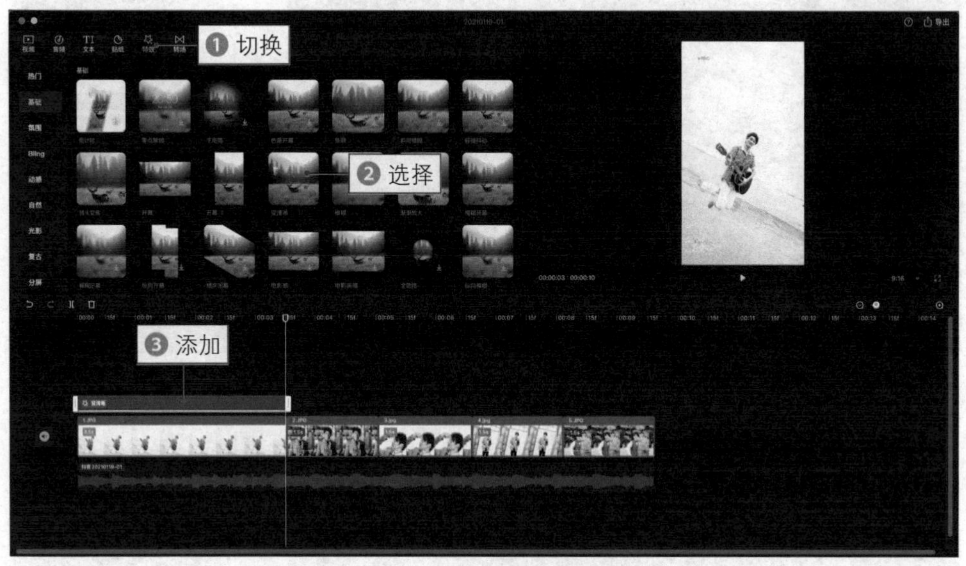

图 7–15　添加"变清晰"特效

步骤 06 ❶ 切换至"氛围"选项卡；❷ 选择"星火 Ⅱ"选项，如图 7–16 所示。

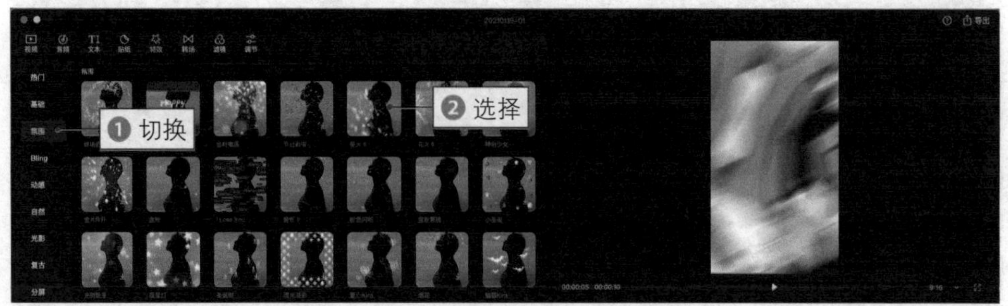

图 7–16　选择"星火 Ⅱ"选项

步骤 07 将"星火 Ⅱ"特效添加到第 2 个素材文件的上方，并将时长调整为一致，如图 7–17 所示。

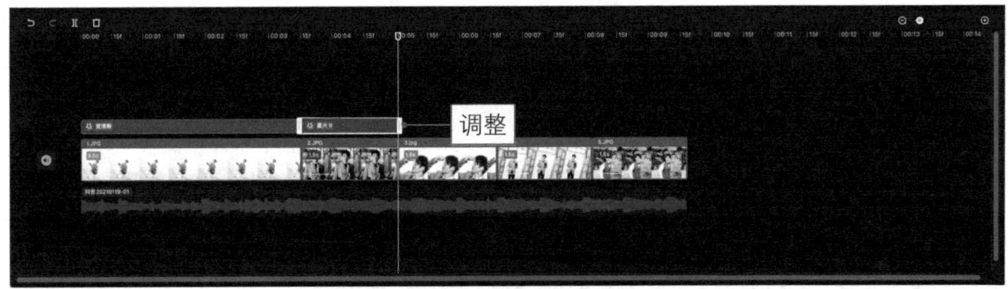

图 7–17　**调整特效的时长**

步骤 08 复制多个“星火Ⅱ”特效，将其粘贴到其他素材文件的上方，如图 7–18 所示。

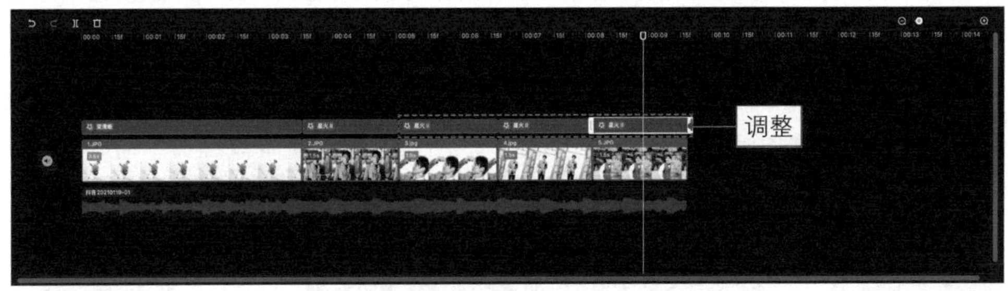

图 7–18　**复制并粘贴特效**

步骤 09 返回主界面，❶ 单击“文本”按钮；❷ 切换至“识别歌词”选项卡；❸ 单击“开始识别”按钮；❹ 自动生成对应的歌词字幕，如图 7–19 所示。

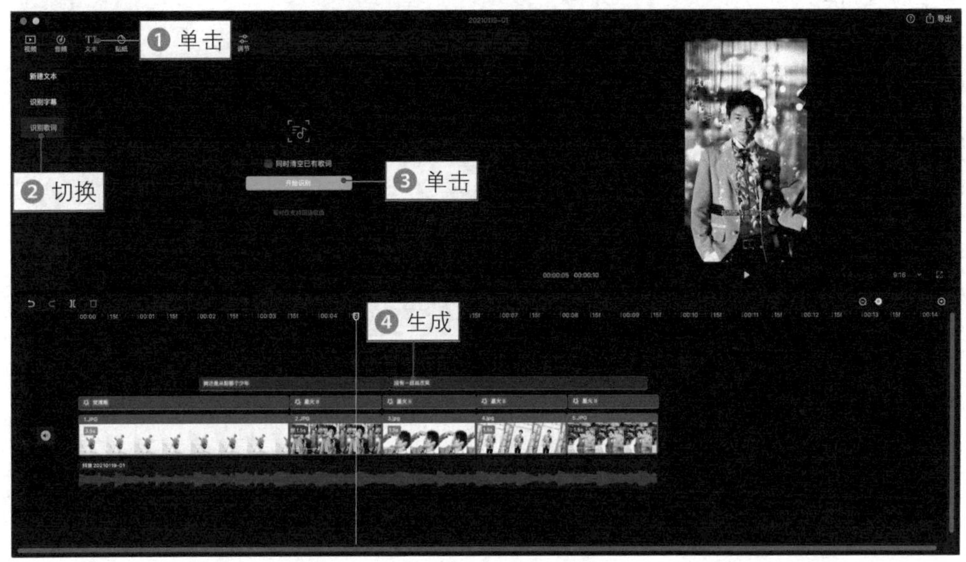

图 7–19　**生成歌词字幕**

步骤 10 选择文本轨道，❶ 切换至“文字编辑”功能区；❷ 在“花字”选项卡中选择相应的花字模板；❸ 在预览窗口中适当调整歌词的位置，如图 7-20 所示。

图 7-20 **调整歌词效果**

步骤 11 ❶ 切换至“文本动画”功能区；❷ 在“入场动画”选项卡中选择“收拢”选项；❸ 将“动画时长”设置为 1.0s，为所有的歌词字幕添加文本动画效果，如图 7-21 所示。

图 7-21 **添加文本动画效果**

步骤 12 播放预览视频，随着歌曲节奏的变化，视频画面中出现了动态的照片切换效果，如图 7-22 所示。

图 7-22　**预览视频效果**

049　动态写真：创意九宫格玩法，让你刷爆朋友圈

本实例主要使用剪映的“滤色”混合模式，同时加上各种特效、贴纸和视频动画等功能，制作出创意十足的朋友圈九宫格动态写真视频效果，下面介绍具体的操作方法。

扫码看效果

扫码看教程

步骤 01 在微信朋友圈中发布 9 张纯黑色的图片，同时将朋友圈封面也设置为纯黑色的图片并截图，如图 7-23 所示。

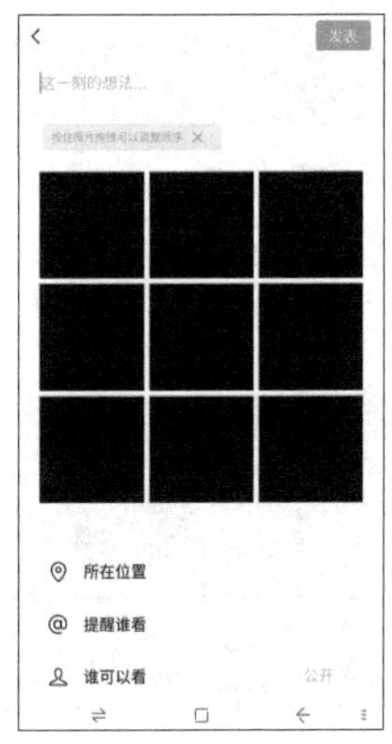

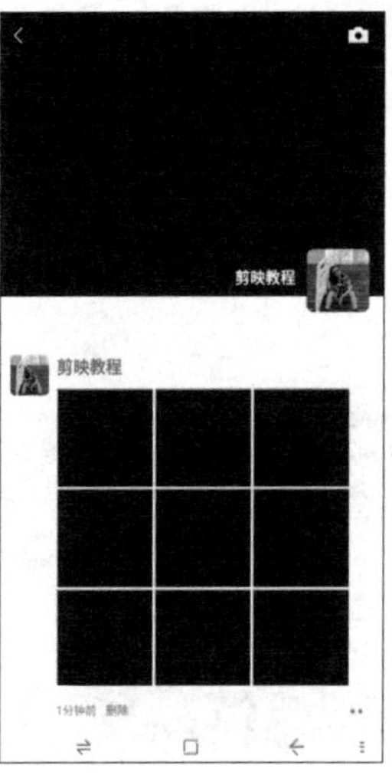

图 7-23　**设置朋友圈后进行截图**

步骤 02 ❶ 在剪映中导入 1 张照片素材；❷ 将其添加到视频轨道中，将时长调整为 6s 左右；❸ 在中间位置对视频轨道进行分割处理，如图 7–24 所示。

图 7–24　**分割视频轨道**

步骤 03 ❶ 切换至“特效”功能区；❷ 在“基础”选项卡中选择“模糊”选项，如图 7–25 所示。

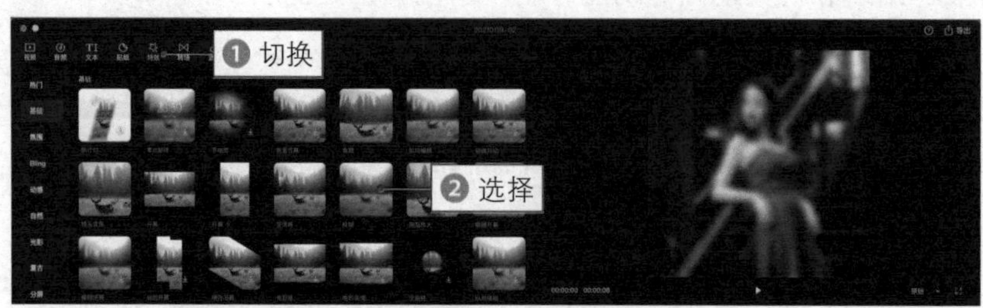

图 7–25　**选择“模糊”选项**

步骤 04 将其添加到第 1 个素材文件的上方，并将时长调整为一致，如图 7–26 所示。

图 7–26　**调整特效轨道的时长**

步骤 05 ❶ 切换至"贴纸"功能区；❷ 在"氛围"选项卡中选择一个爱心贴纸；❸ 将其添加到第 1 个素材文件的上方，如图 7-27 所示。

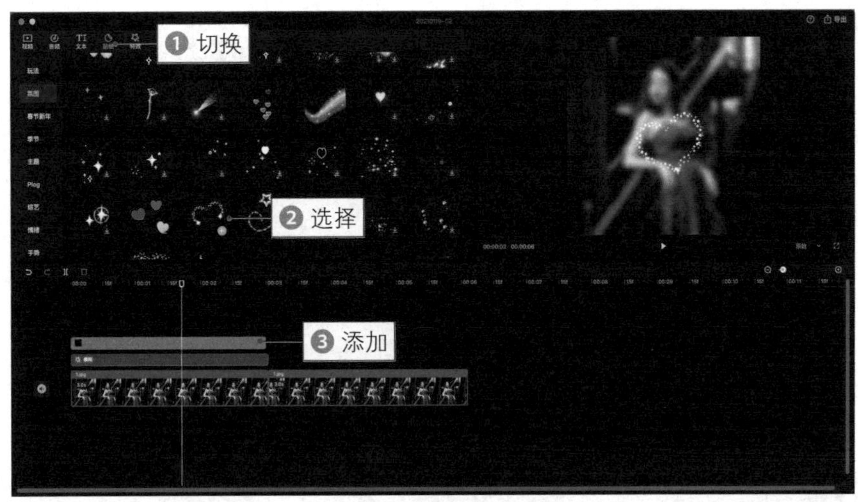

图 7-27 **添加爱心贴纸**

步骤 06 在视频轨道中选择第 2 个素材文件，如图 7-28 所示。

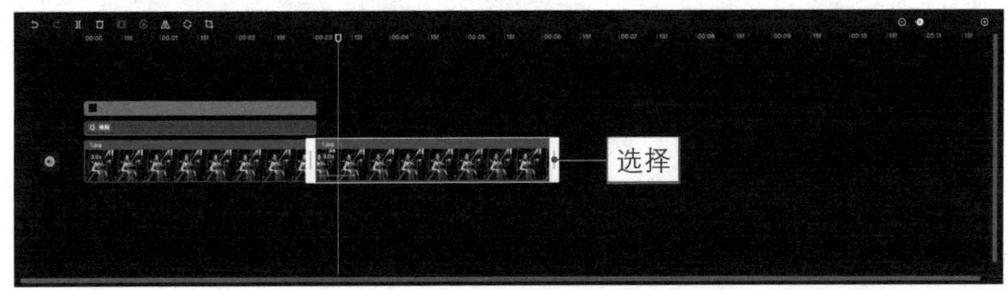

图 7-28 **选择第 2 个素材文件**

步骤 07 ❶ 切换至"视频动画"功能区；❷ 在"入场动画"选项卡中选择"向右下甩入"选项，添加动画效果，如图 7-29 所示。

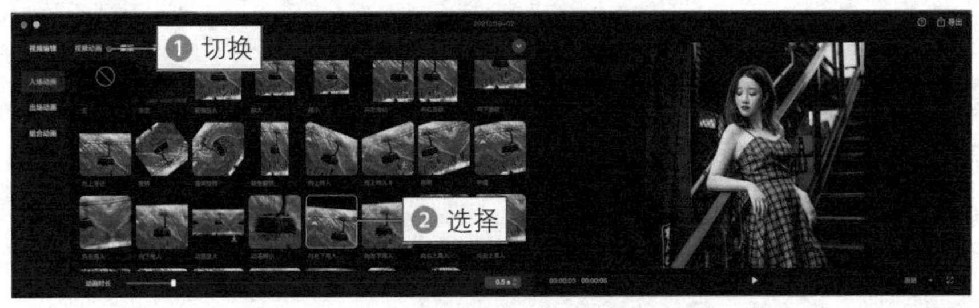

图 7-29 **选择"向右下甩入"选项**

步骤 08 返回主界面，❶ 切换至“特效”功能区；❷ 在“氛围”选项卡中选择“金粉”选项，如图 7-30 所示。

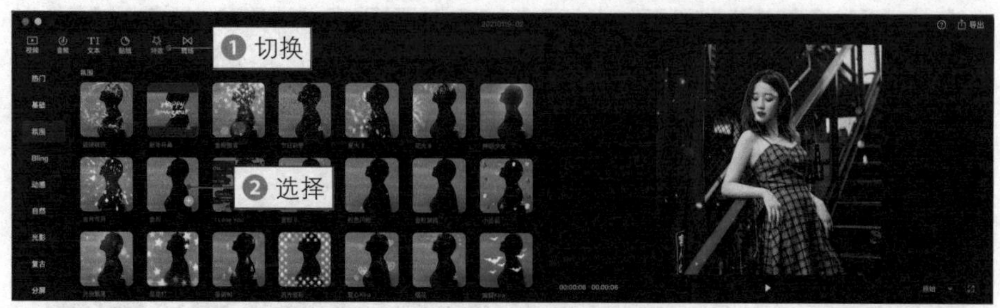

图 7-30 **选择“金粉”选项**

步骤 09 在第 2 个素材文件的上方添加“金粉”特效，导出并保存视频，如图 7-31 所示。

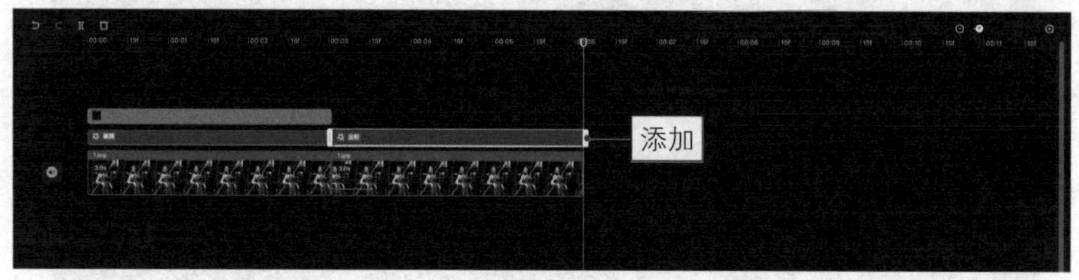

图 7-31 **添加“金粉”特效**

步骤 10 新建一个剪辑草稿，❶ 导入截屏的朋友圈图片和上面做好的视频素材；❷ 将朋友圈截屏图片添加到主视频轨道中，如图 7-32 所示。

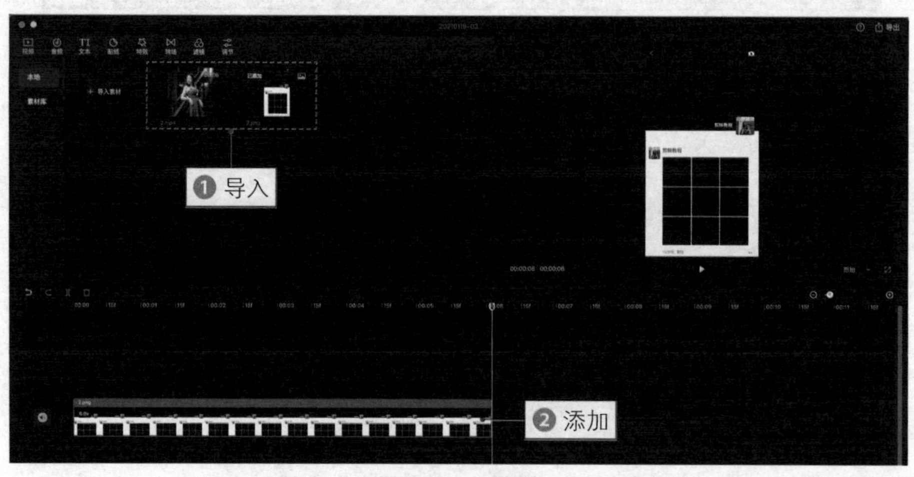

图 7-32 **导入并添加相应素材到视频轨道**

步骤 11 将做好的视频素材添加至画中画轨道中，选择画中画轨道，如图 7–33 所示。

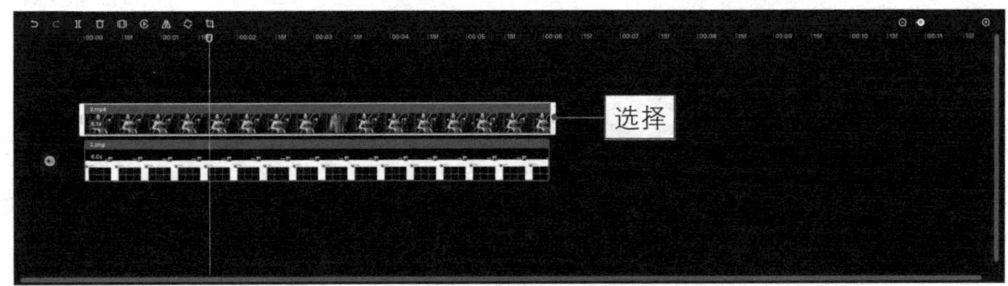

图 7–33　**选择画中画轨道**

步骤 12 在预览窗口中适当调整视频画面的大小和位置，使其刚好覆盖九宫格照片区域，如图 7–34 所示。

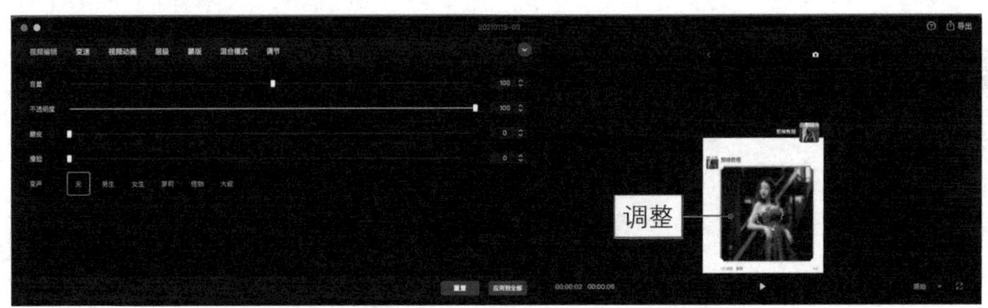

图 7–34　**调整视频画面的大小和位置**

步骤 13 ❶ 切换至“混合模式”功能区；❷ 选择“滤色”选项；❸ 合成视频画面，如图 7–35 所示。

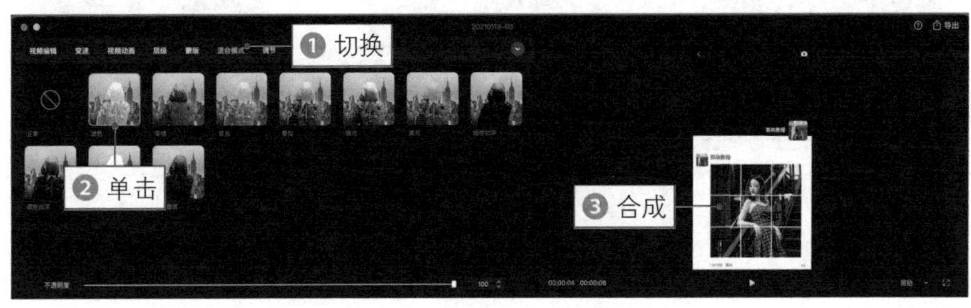

图 7–35　**合成视频画面**

步骤 14 ❶ 复制画中画轨道中的视频素材；❷ 将其粘贴至第 2 个画中画轨道中的相同位置；❸ 在预览窗口中适当调整视频画面的大小和位置，如图 7–36 所示。

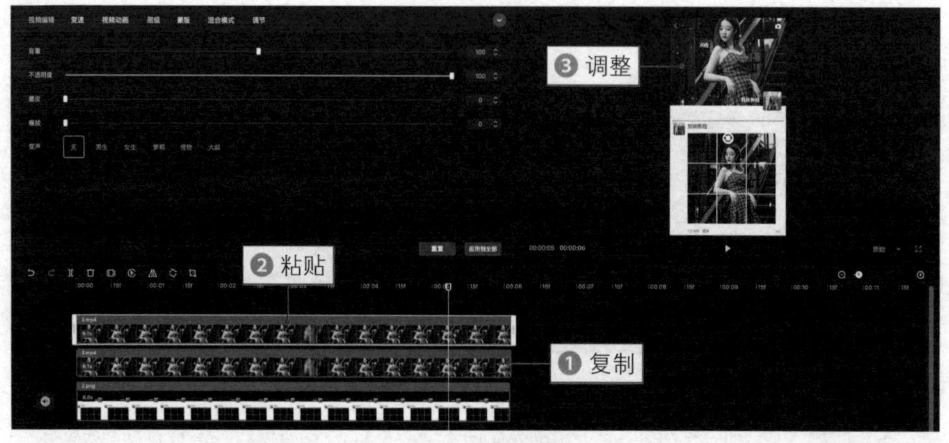

图 7–36　**合成视频画面**

步骤 15 添加合适的背景音乐，导出并播放预览视频，效果如图 7–37 所示。

图 7–37　**预览视频效果**

050　蒙版抠图：让照片画面跟随音乐节奏显示出来

本实例主要使用剪映的蒙版和画中画合成功能，来实现照片画面的抠图效果，让照片画面随着音乐的鼓点节奏逐渐显示出来，下面介绍具体的操作方法。

扫码看效果

扫码看教程

步骤 01 ❶ 在剪映中切换至“视频”功能区；❷ 切换至“素材库”选项卡；❸ 在“黑白场”选项区中选择黑场素材；❹ 将其添加至视频轨道中，并适当调整其时长，如图 7–38 所示。

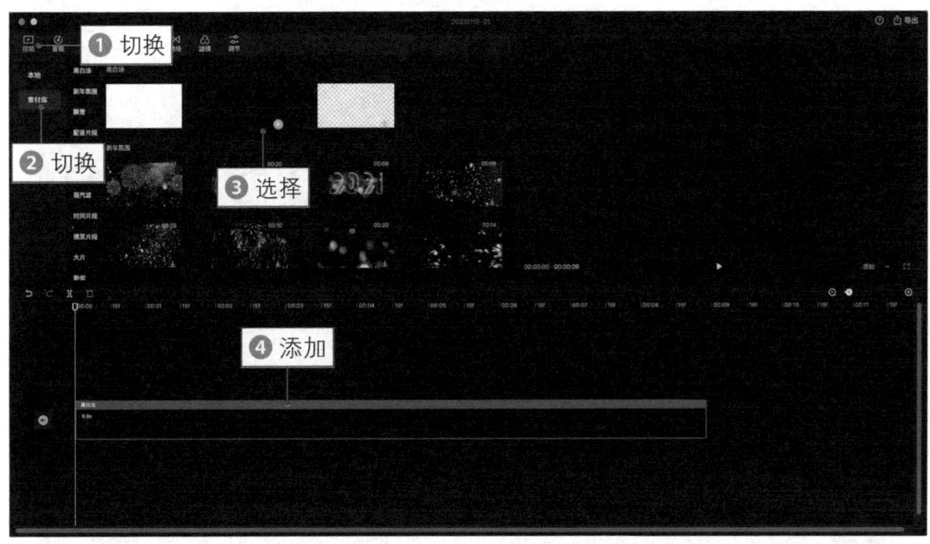

图 7–38　**添加黑场素材**

步骤 02 导入照片素材和背景音乐素材，❶ 将照片素材添加至画中画轨道中，调整其时长与黑场素材一致；❷ 将音乐素材添加至音频轨道；❸ 手动添加节拍点，如图 7–39 所示。

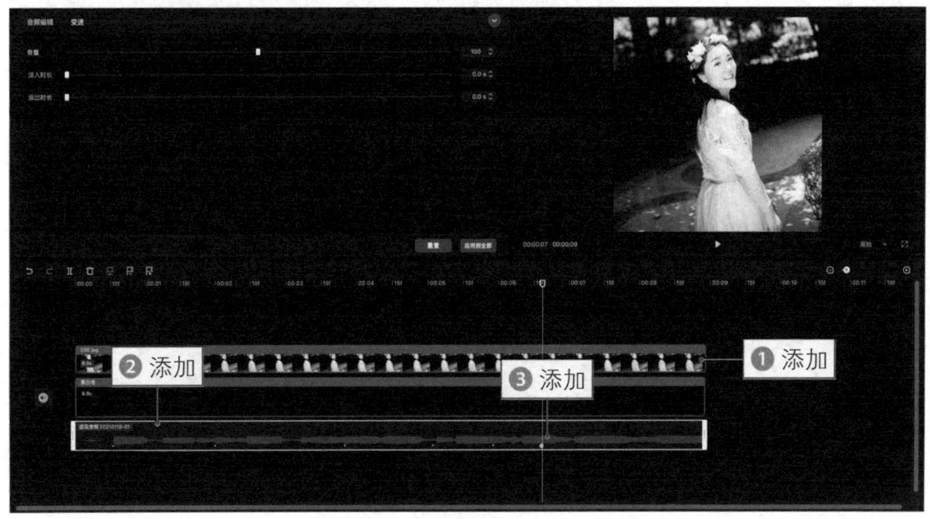

图 7–39　**添加相应素材和节拍点**

步骤 03 选择画中画轨道，在音乐的节拍点处对素材进行分割处理，如图 7–40 所示。

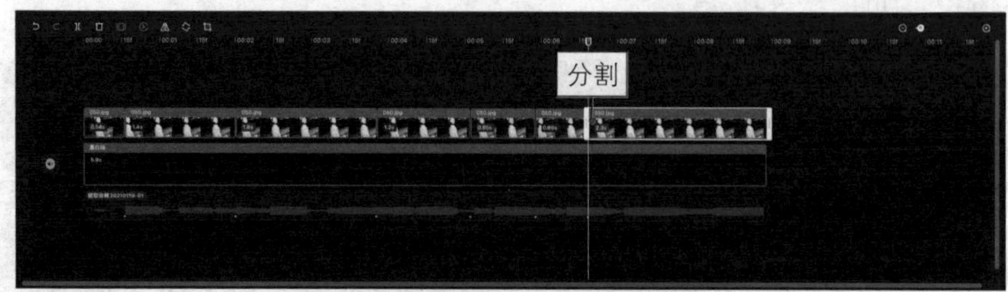

图 7–40　**分割画中画轨道中的素材**

步骤 04 ❶ 选择画中画轨道中的第 1 个素材文件；❷ 在“视频编辑”功能区中设置“不透明度”为 0，如图 7–41 所示。

图 7–41　**设置“不透明度”参数**

步骤 05 选择画中画轨道中的第 2 个素材文件，如图 7–42 所示。

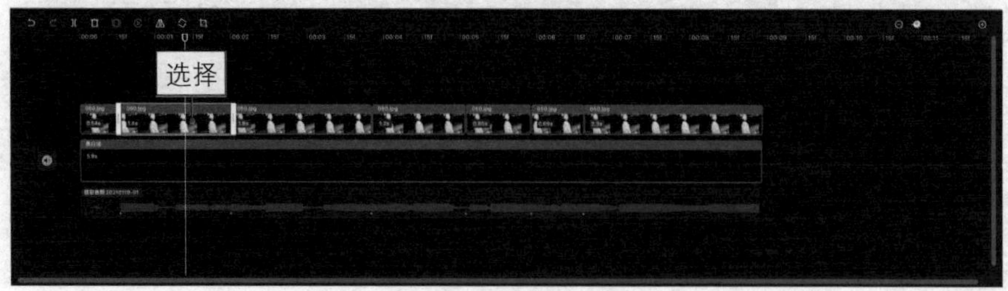

图 7–42　**选择第 2 个素材文件**

步骤 06 ❶ 切换至“蒙版”功能区；❷ 选择“爱心”选项；❸ 适当调整蒙版的大小、位置和羽化效果，如图 7–43 所示。

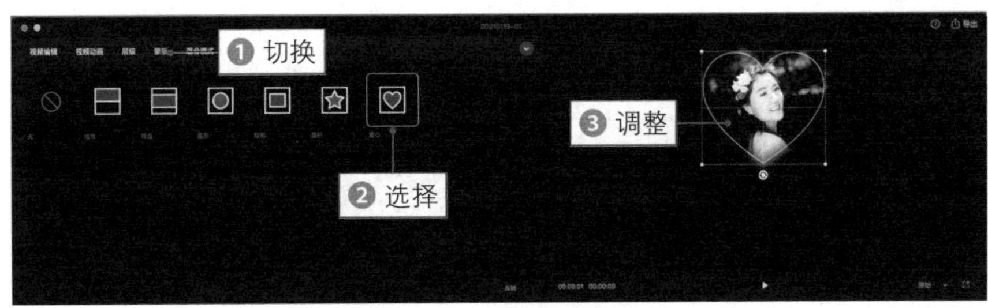

图 7–43　**调整蒙版效果**

步骤 07 ❶ 复制画中画轨道中的第 2 个素材文件；❷ 将其粘贴至第 2 个画中画轨道中的相应位置；❸ 适当调整其时长，如图 7–44 所示。

图 7–44　**复制并调整素材**

步骤 08 ❶ 选择画中画轨道中的第 3 个素材文件；❷ 在“蒙版”功能区中选择“星形”选项；❸ 适当调整蒙版的大小、位置和羽化效果，如图 7–45 所示。

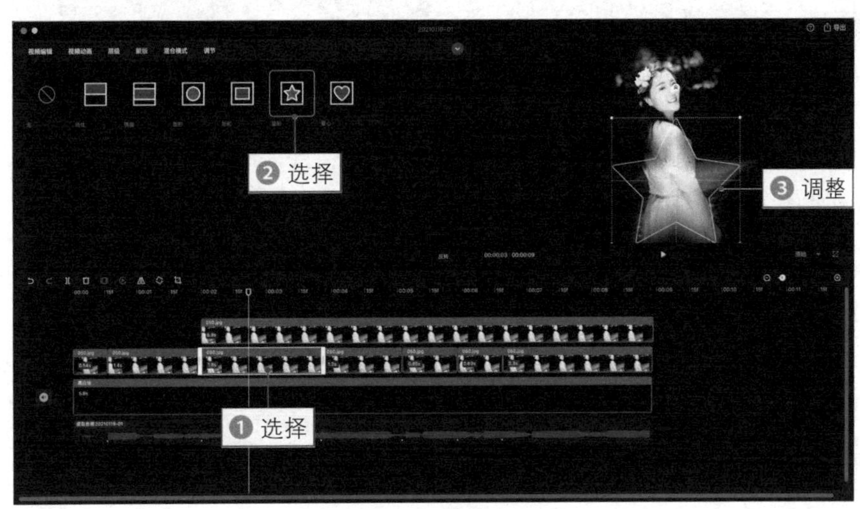

图 7–45　**调整蒙版效果**

步骤 09 ❶ 复制画中画轨道中的第 3 个素材文件；❷ 将其粘贴至第 3 个画中画轨道中的相应位置；❸ 适当调整其时长，如图 7–46 所示。

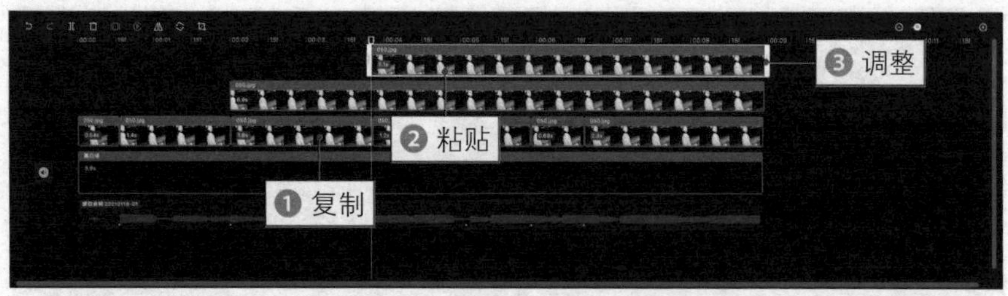

图 7–46　**复制并调整素材**

步骤 10 使用同样的操作方法设置其他画中画轨道中的素材蒙版，如图 7–47 所示。

图 7–47　**设置其他画中画轨道中的素材蒙版**

步骤 11 选择画中画轨道中的最后一个素材文件，添加“爱心”蒙版，并将蒙版调整至全屏大小，如图 7–48 所示。

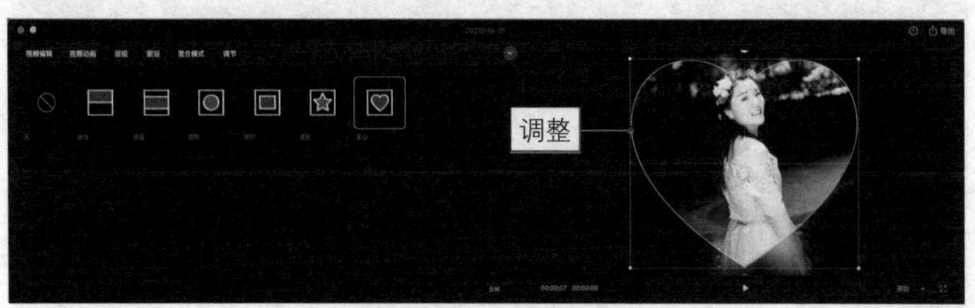

图 7–48　**添加并调整蒙版效果**

步骤 12 ❶ 切换至"视频动画"功能区；❷ 在"组合动画"选项卡中选择"形变缩小"选项，添加动画效果，如图 7-49 所示。

图 7-49　**选择"形变缩小"选项**

步骤 13 返回主界面，❶ 切换至"特效"功能区；❷ 在"氛围"选项卡中选择"星河"选项，如图 7-50 所示。

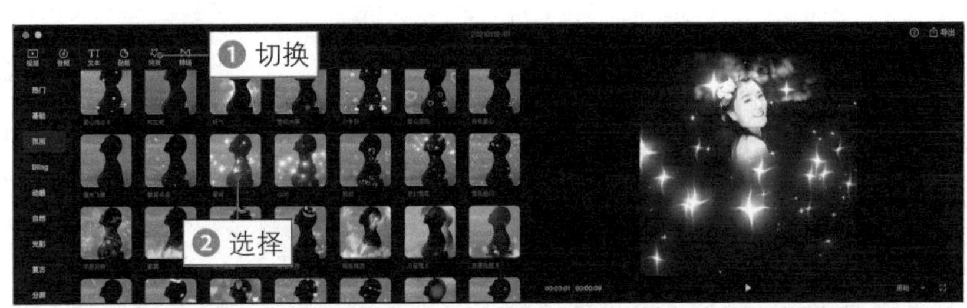

图 7-50　**选择"星河"选项**

步骤 14 在时间线窗口中添加一个"星河"特效，并将特效轨道的时长调整为与视频轨道一致，如图 7-51 所示。

图 7-51　**调整特效轨道的时长**

步骤 15 播放预览视频，在背景音乐的节拍点上，画面一点点地显示出来，效果非常酷炫，如图 7–52 所示。

图 7–52 预览视频效果

051 滚屏影集：让照片一张张地向左移动切换过渡

本实例主要使用剪映的“左移”转场、“边框”特效及“气泡”文本等功能，将多张照片制作成滚屏影集的视频效果，下面介绍具体的操作方法。

扫码看效果

扫码看教程

步骤 01 ❶ 在剪映中导入多张照片素材；❷ 将其分别添加到视频轨道中，如图 7–53 所示。

图 7–53 导入并添加素材文件

步骤 02 ❶ 切换至“转场”功能区；❷ 在“基础转场”选项卡中选择“左移”选项，如图 7–54 所示。

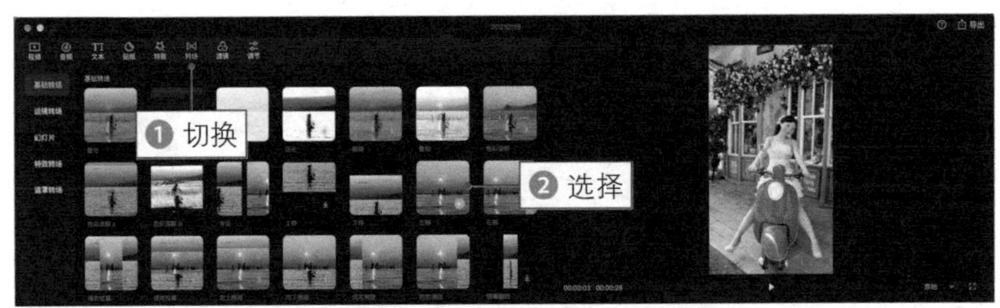

图 7–54　选择“左移”选项

步骤 03 单击添加按钮，在第一个素材连接处添加“左移”转场效果，如图 7–55 所示。

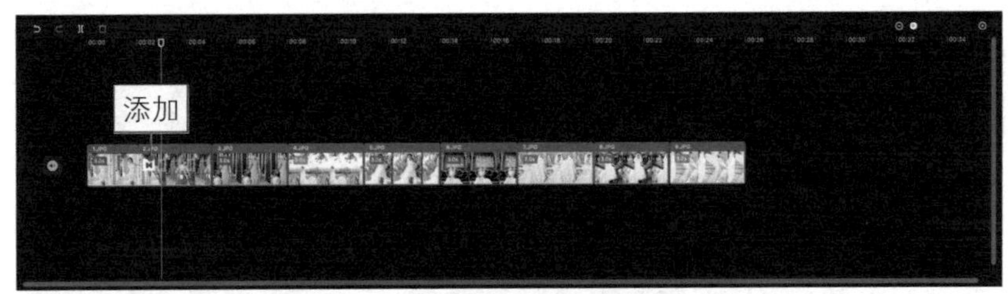

图 7–55　添加“左移”转场效果

步骤 04 ❶ 单击 ⋈ 按钮，选择转场效果；❷ 在“转场编辑”功能区中将“转场时长”设置为最长；❸ 单击“应用到全部”按钮，在其他素材连接处添加相同的转场效果，如图 7–56 所示。

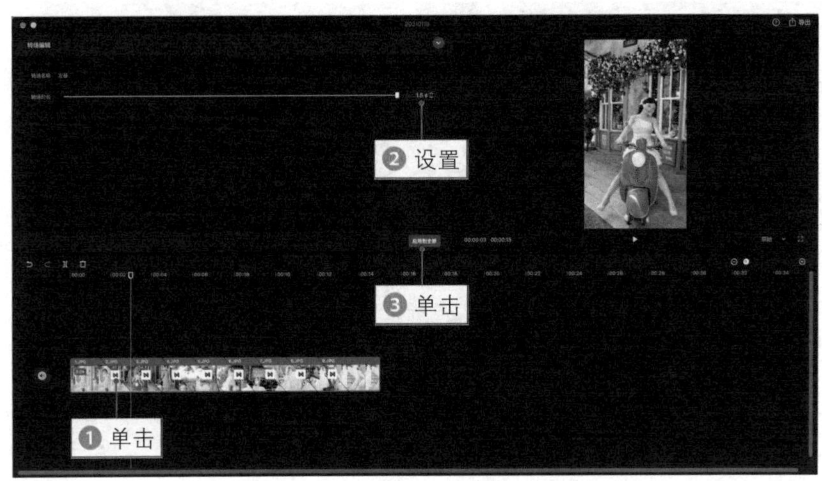

图 7–56　添加相同的转场效果

步骤 05 ❶ 切换至“特效”功能区；❷ 在“边框”选项卡中选择“画展边框”选项，如图 7-57 所示。

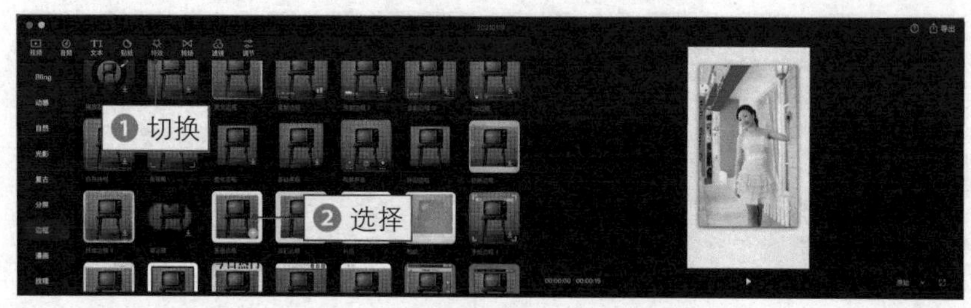

图 7-57 **选择“画展边框”选项**

步骤 06 单击添加按钮，添加“画展边框”特效，并将特效轨道的时长调整为与视频轨道一致，如图 7-58 所示。

图 7-58 **调整特效轨道的时长**

步骤 07 ❶ 单击“文本”按钮；❷ 在“新建文本”选项卡中单击“默认文本”中的添加按钮；❸ 添加一个文本轨道，如图 7-59 所示。

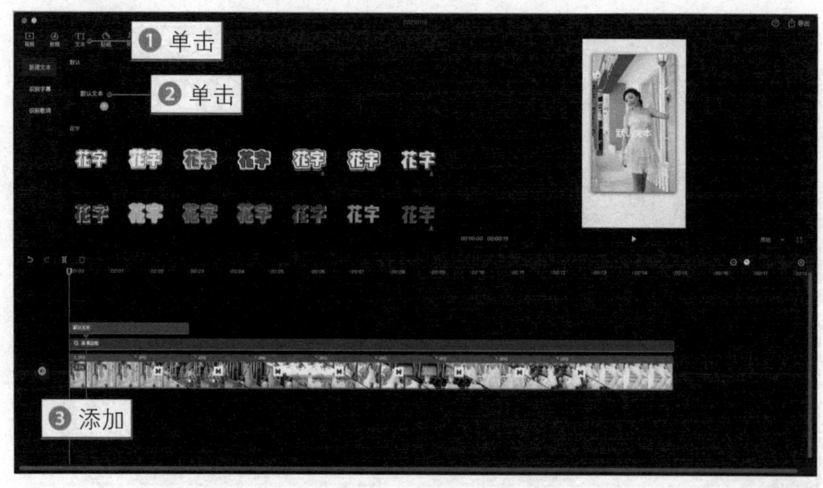

图 7-59 **添加一个文本轨道**

步骤 08 ❶ 选择文本轨道；❷ 在"文字编辑"功能区中切换至"气泡"选项卡；❸ 选择相应的气泡模板，如图 7-60 所示。

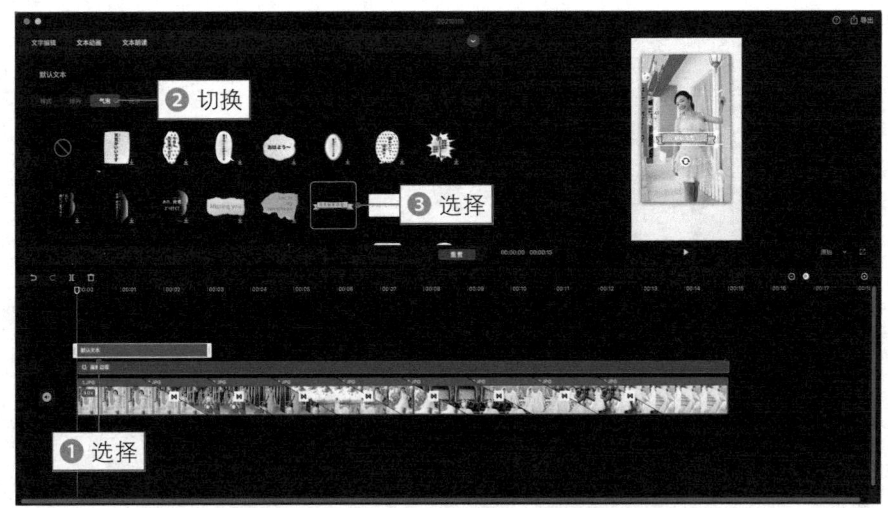

图 7-60　**选择相应的气泡模板**

步骤 09 在"文字编辑"功能区的文本框中，❶ 输入相应的文字内容；❷ 在预览窗口中适当调整气泡文字的位置，如图 7-61 所示。

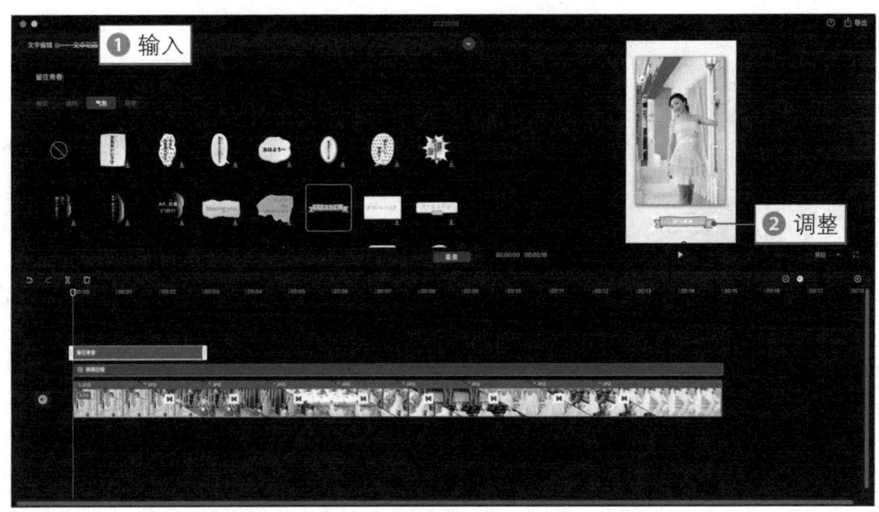

图 7-61　**调整气泡文字的位置**

★专家指点★

使用气泡文字作为短视频的主题，可以让文字变得更加醒目，从而增强主题的表达能力，让短视频彰显出更加强大的吸引力。

步骤 10 ❶ 切换至"花字"选项卡；❷ 选择相应的花字模板；❸ 将文本轨道的时长调整为与视频轨道一致，如图 7-62 所示。

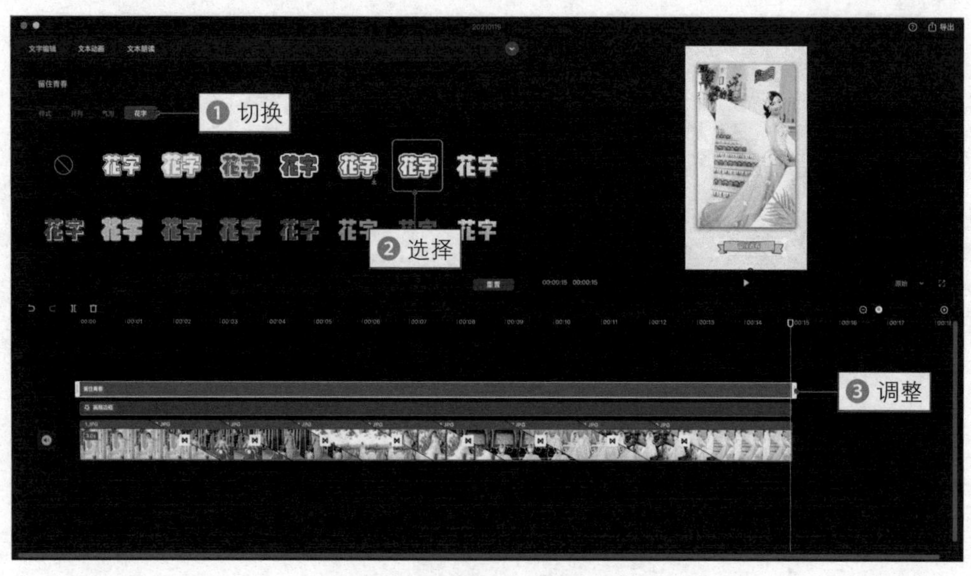

图 7-62　**调整文本轨道的时长**

步骤 11 添加合适的背景音乐，导出并播放预览视频，效果如图 7-63 所示。

图 7-63　**预览视频效果**

第 8 章

合成效果：成就视频后期的高手之路

052 瞬间消失：人物变成乌鸦后不见了

本实例主要使用剪映的“向上擦除”转场和“正片叠底”混合模式这两大功能，制作人物变身成一群乌鸦后消失的合成效果，下面介绍具体的操作方法。

扫码看效果

扫码看教程

步骤 01 用三脚架固定手机，拍摄一段人物做动作的视频素材，如图 8–1 所示。

步骤 02 手机位置不变，拍摄一段没有人物的空镜头视频素材，如图 8–2 所示。

图 8–1　**拍摄人物做动作的视频素材**

图 8–2　**拍摄空镜头视频素材**

★专家指点★

三脚架主要用来在拍摄视频时更好地稳固手机或相机，为创作清晰的视频作品提供一个稳定的平台。三脚架主要起到稳定拍摄器材的作用，所以必须结实。但是，由于三脚架经常需要被携带，所以又需要有轻便快捷和随身携带的特点。

步骤 03 ❶ 在剪映中导入相应的视频素材；❷ 将前面拍摄好的视频素材添加到视频轨道中，如图 8–3 所示。

图 8–3　**将视频素材添加到视频轨道**

步骤 04 在时间线窗口中将时间轴拖曳至两个视频片段的连接处，如图 8–4 所示。

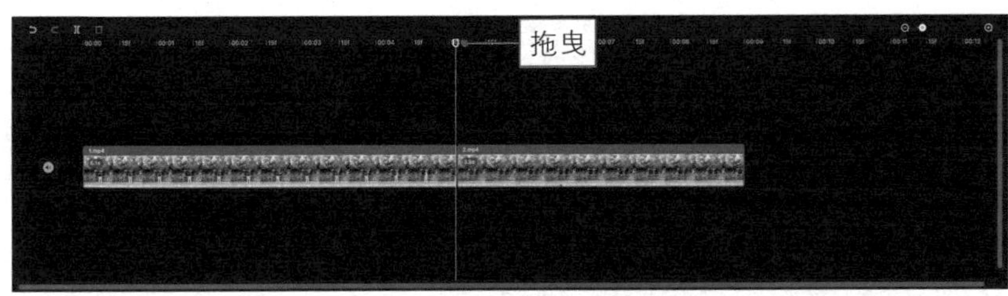

图 8–4　**拖曳时间轴**

步骤 05 ❶ 切换至“转场”功能区；❷ 切换至“基础转场”选项卡；❸ 单击“向上擦除”转场中的添加按钮⊕，添加转场效果，如图 8–5 所示。

图 8–5　**单击添加按钮**

步骤 06 在视频轨道中单击 ⋈ 按钮，选择转场效果，如图 8–6 所示。

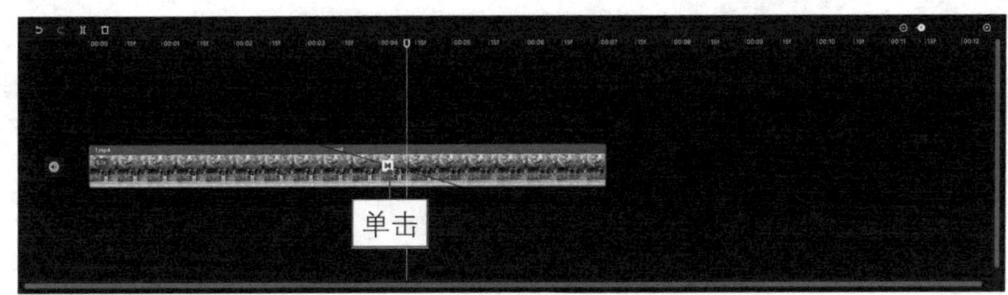

图 8–6　**选择转场效果**

步骤 07 在“转场编辑”功能区中将“转场时长”设置为最长，如图 8–7 所示。

图 8–7　**设置“转场时长”选项**

步骤 08 返回主界面，❶ 切换至“视频”功能区；❷ 将特效素材拖曳至画中画轨道中的相应位置处，如图 8–8 所示。

图 8–8 **拖曳特效素材至画中画轨道**

步骤 09 选择画中画轨道，适当调整素材的时长，如图 8–9 所示。

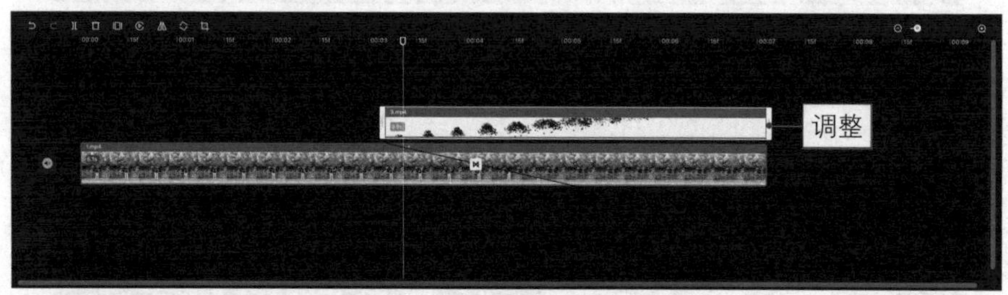

图 8–9 **调整素材的时长**

步骤 10 ❶ 切换至“混合模式”功能区；❷ 选择“正片叠底”选项，如图 8–10 所示。

图 8–10 **选择“正片叠底”选项**

步骤 11 添加合适的背景音乐，导出并播放预览视频，效果如图 8–11 所示。

图 8–11　**预览视频效果**

053 双人分身：让自己给自己拍照打卡

本实例主要使用剪映的"镜面"蒙版和"晴天光线"特效这两大功能，制作自己给自己拍照打卡的人物分身画面效果，下面介绍具体的操作方法。

扫码看效果

扫码看教程

步骤 01 用三脚架固定手机不动，拍摄一段人物在左边摆姿势的视频素材，如图 8–12 所示。

步骤 02 手机位置不变，拍摄一段人物在右边用手机拍照的视频素材，如图 8–13 所示。

图 8–12　**拍摄左边的人物视频素材**

图 8–13　**拍摄右边的人物视频素材**

步骤 03 ❶ 在剪映中导入拍摄好的两段视频素材；❷ 将人物摆姿势的视频素材添加到主视频轨道中，如图 8–14 所示。

步骤 04 在"视频"功能区中选择人物拍照的视频素材，如图 8–15 所示。

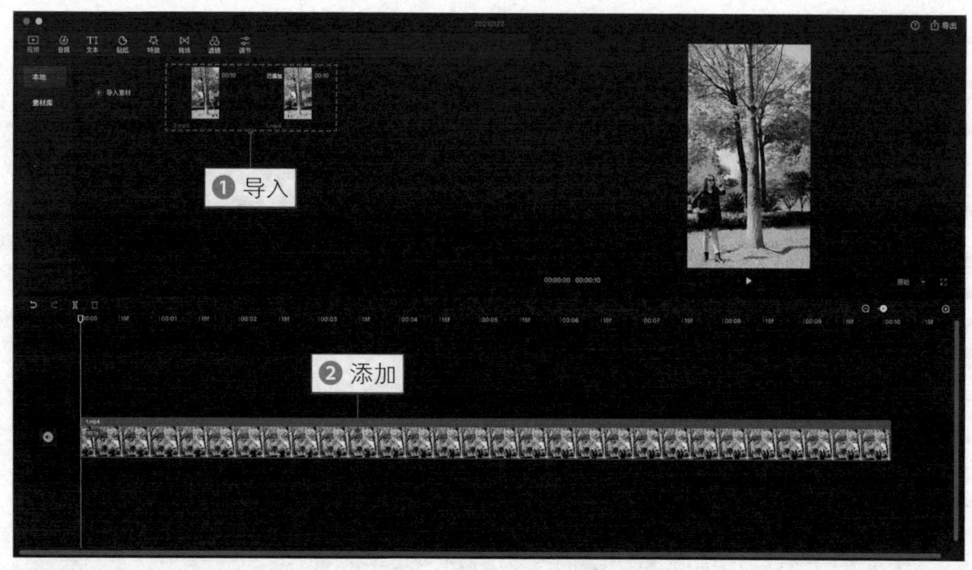

图 8–14　**将相应视频素材添加到视频轨道**

图 8–15　**选择人物拍照的视频素材**

步骤 05 将人物拍照的视频素材拖曳至画中画轨道中，如图 8–16 所示。

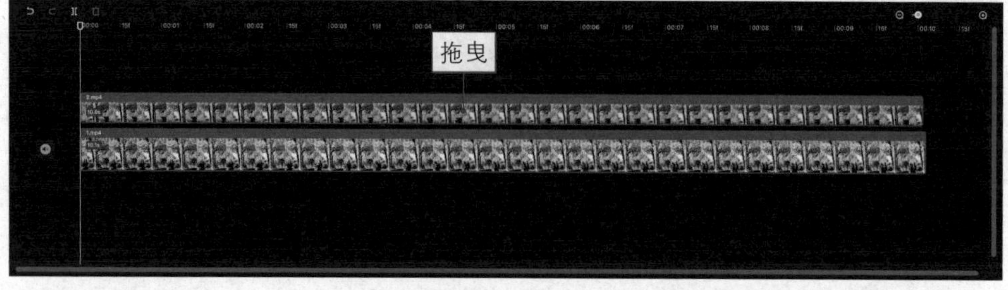

图 8–16　**将相应视频素材拖曳至画中画轨道中**

步骤 06 ❶ 选择画中画轨道；❷ 切换至"蒙版"功能区；❸ 选择"镜面"蒙版，如图 8–17 所示。

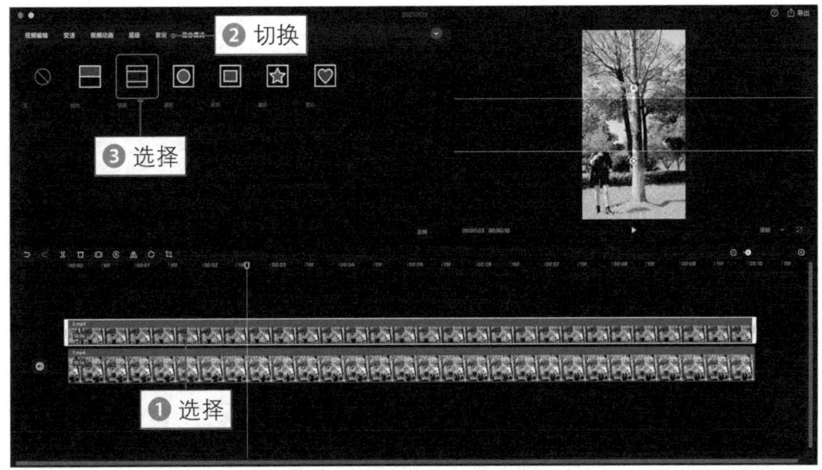

图 8-17　**选择"镜面"蒙版**

步骤 07 在预览窗口中适当调整蒙版的位置、角度和宽度，如图 8-18 所示。

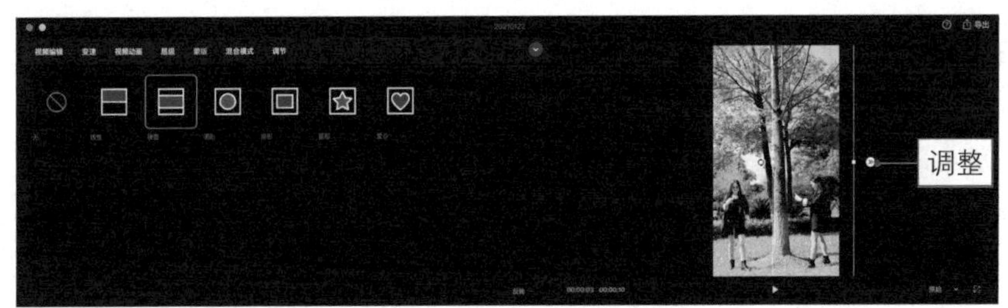

图 8-18　**调整"镜面"蒙版**

步骤 08 返回主界面，❶ 切换至"特效"功能区；❷ 在"自然"选项卡中选择"晴天光线"选项，添加特效；❸ 将特效轨道的时长调整为与视频一致，如图 8-19 所示。

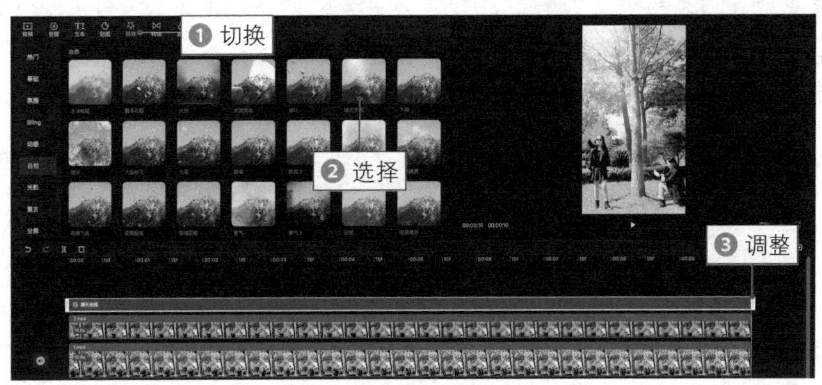

图 8-19　**调整特效轨道的时长**

步骤 09 添加合适的背景音乐，导出并播放预览视频，效果如图 8-20 所示。

图 8-20 预览视频效果

054 超级月亮：二次曝光合成画面效果

本实例主要使用剪映的超级月亮贴纸功能，在夜景视频画面中合成一个又大又明亮的超级月亮升空效果，下面介绍具体的操作方法。

扫码看效果

扫码看教程

步骤 01 ❶ 在剪映中导入视频素材；❷ 将其添加到视频轨道中，如图 8-21 所示。

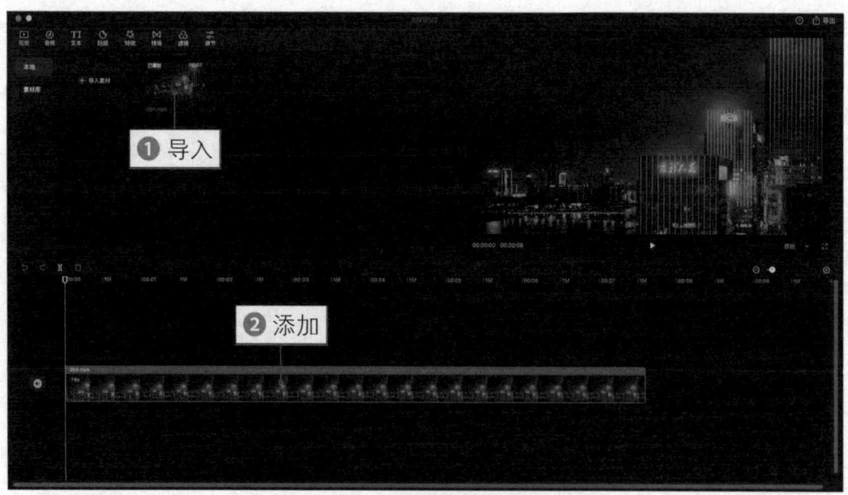

图 8-21 将素材添加到视频轨道

步骤 02 在时间线窗口中将时间轴拖曳至 1s 附近，如图 8–22 所示。

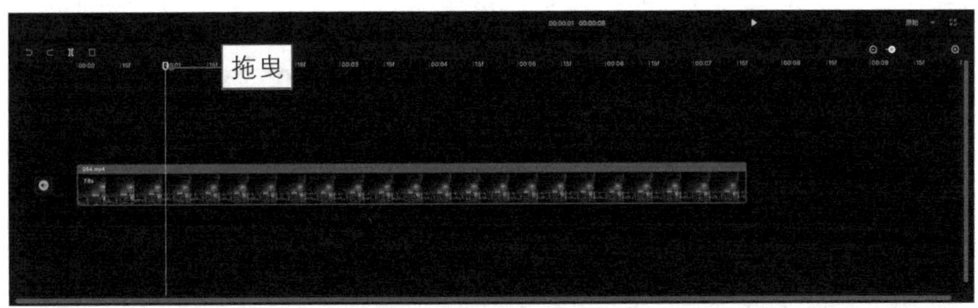

图 8–22　**拖曳时间轴**

步骤 03 ❶ 切换至“贴纸”功能区；❷ 在“节日”选项卡中选择一个“超级月亮”贴纸，如图 8–23 所示。

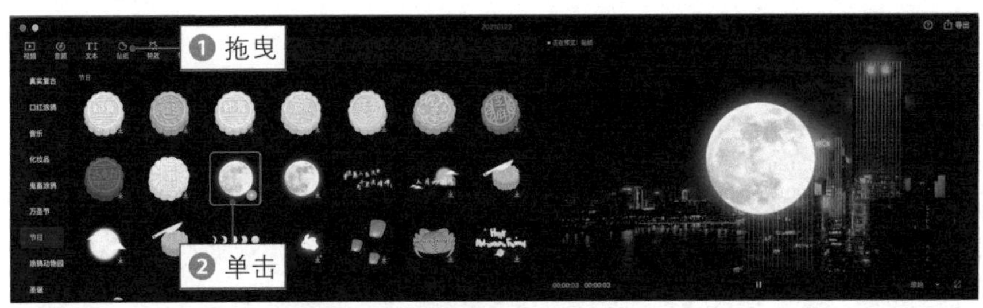

图 8–23　**选择“超级月亮”贴纸**

步骤 04 单击添加按钮，添加“超级月亮”贴纸，❶ 并将贴纸轨道的时长调整到视频结尾处；❷ 在预览窗口中适当调整贴纸的大小和位置，如图 8–24 所示。

图 8–24　**调整贴纸的大小和位置**

步骤 05 在“贴纸动画”功能区的“入场动画”选项卡中，❶ 选择“向上滑动”选项；❷ 将“动画时长”设置为最长，如图 8–25 所示。

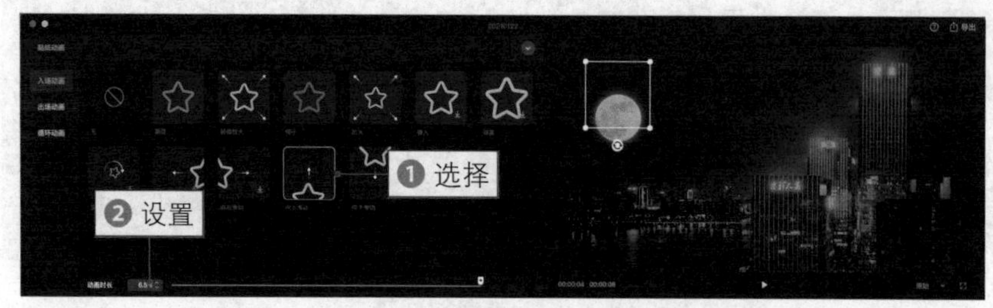

图 8–25 **设置贴纸动画效果**

步骤 06 返回主界面，导入一个文字贴纸素材，❶ 将其拖曳至画中画轨道的结尾处；❷ 在“混合模式”功能区中选择“滤色”选项；❸ 合成视频画面，如图 8–26 所示。

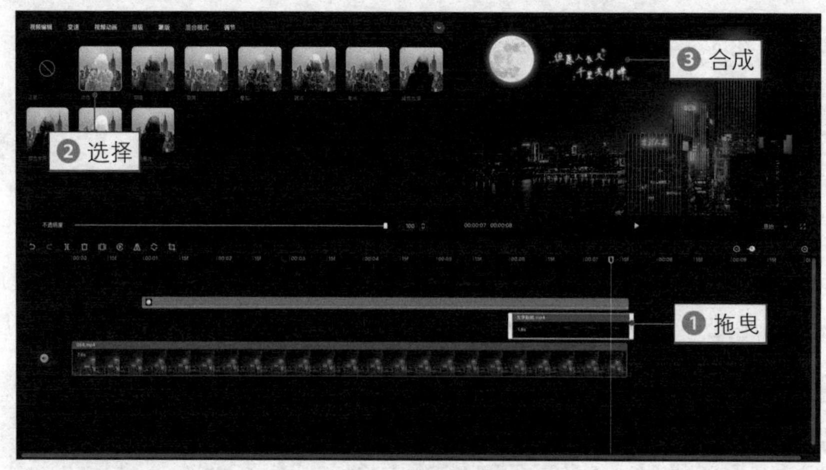

图 8–26 **合成视频画面**

步骤 07 ❶ 切换至“视频动画”功能区；❷ 在“入场动画”选项卡中选择“向下滑动”选项，添加动画效果，如图 8–27 所示。

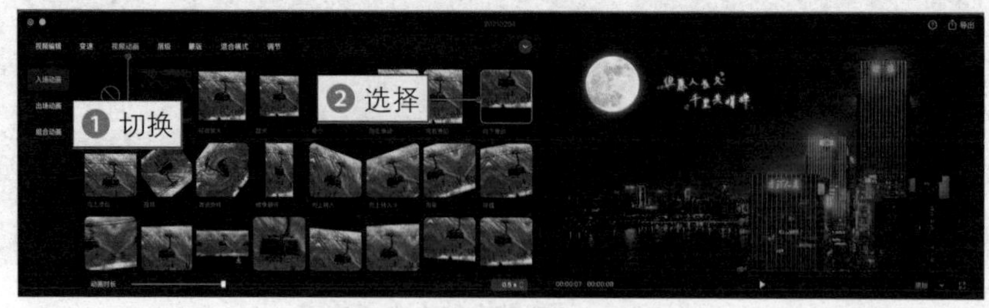

图 8–27 **添加动画效果**

步骤 08 返回主界面，❶ 切换至“特效”功能区中的 Bling 选项卡；❷ 单击“撒星星Ⅱ”特效中的添加按钮，添加特效；❸ 在时间线窗口中适当调整特效轨道的出现时间和时长，如图 8-28 所示。

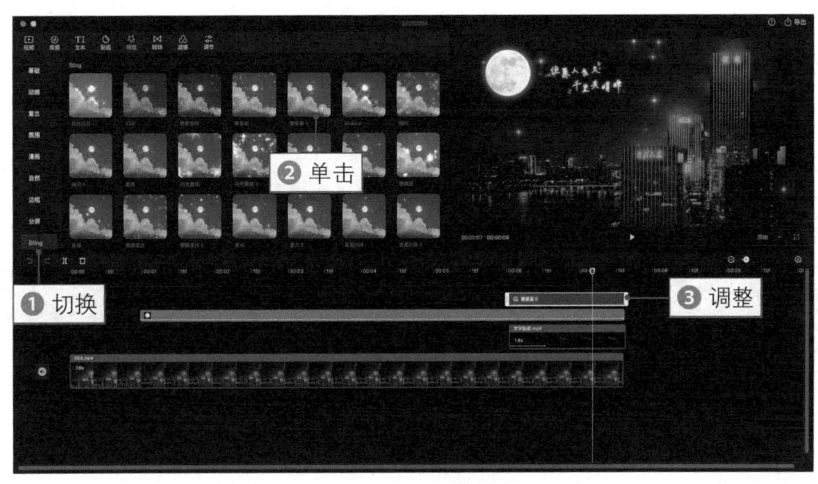

图 8-28　**调整特效轨道**

步骤 09 添加合适的背景音乐，导出并播放预览视频，效果如图 8-29 所示。

图 8-29　**预览视频效果**

★专家指点★

需要注意的是，剪映的贴纸素材会经常进行更新和重新归类，贴纸主题的名称也会有所变动，用户可以在贴纸素材库中仔细寻找，通常都能找到过期的贴纸效果。

055 空中定格：打响指控制雨伞的掉落

本实例主要使用剪映的“定格”功能和“线性”蒙版，制作雨伞在空中定格的画面效果，下面介绍具体的操作方法。

扫码看效果　扫码看教程

步骤 01 固定手机机位，拍摄一段人物扔雨伞并打响指的视频素材，如图 8-30 所示。

图 8-30 **拍摄视频素材**

★专家指点★

拍摄视频素材时需要注意的是，人物尽量站在镜头的一侧，给另一侧留出抛出雨伞的画面空间。人物向前走动一段距离后，向侧上方用力抛出雨伞。雨伞扔出去的时候尽量不要与人物的身体部分有重叠，要扔得高一点、远一点。人物继续向前走动，在快到镜头前的时候伸手打个响指。

步骤 02 ❶ 在剪映中导入拍好的视频素材；❷ 将其添加到视频轨道中，如图 8-31 所示。

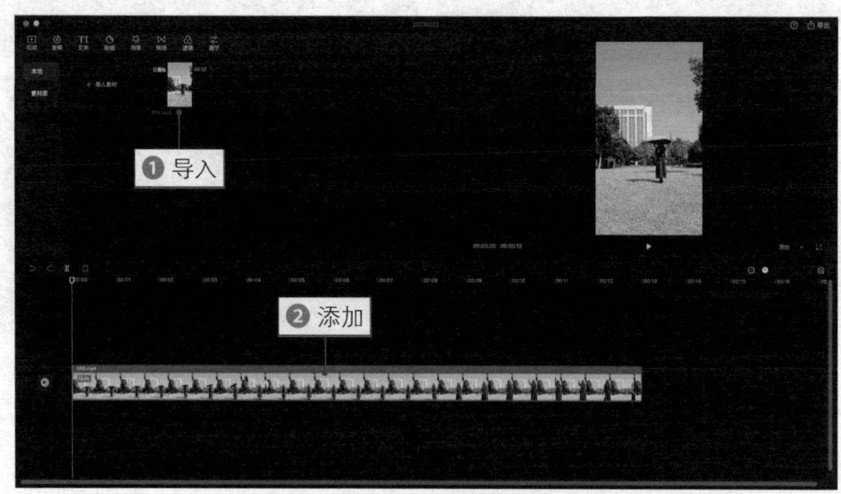

图 8-31 **将素材添加到视频轨道**

步骤 03 ❶ 将时间轴拖曳至人物扔出雨伞的位置；❷ 单击“定格”按钮 ，如图 8-32 所示。

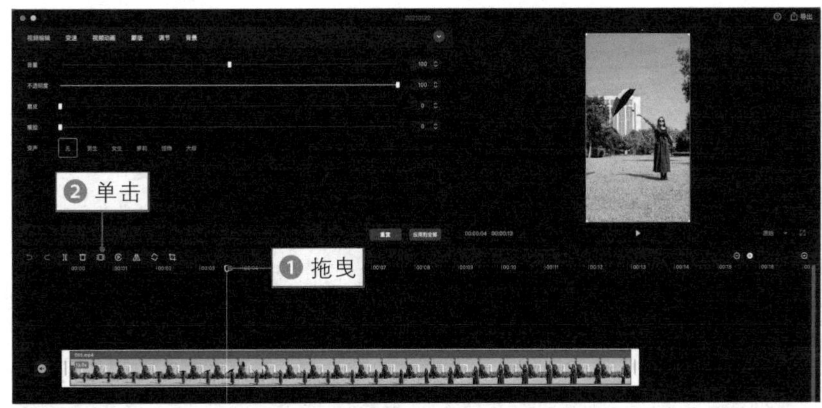

图 8-32　**单击“定格”按钮**

步骤 04 执行操作后，生成定格画面片段，如图 8-33 所示。

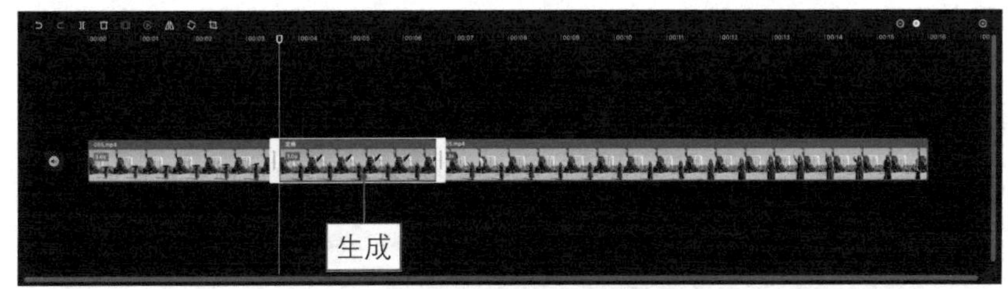

图 8-33　**生成定格画面片段**

步骤 05 ❶ 切换至“视频”功能区；❷ 将视频素材拖曳至画中画轨道中，如图 8-34 所示。

图 8-34　**将素材拖曳至画中画轨道**

步骤 06 ❶ 选择画中画轨道；❷ 切换至“蒙版”功能区；❸ 选择“线性”蒙版；❹ 适当调整蒙版的位置和角度，如图 8-35 所示。

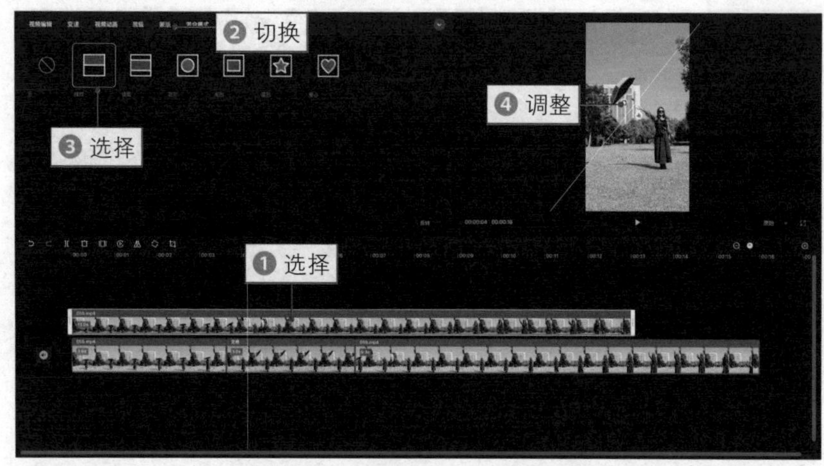

图 8-35　调整蒙版的位置和角度

步骤 07 调整定格画面片段的时长，至人物打响指的位置，如图 8-36 所示。

图 8-36　调整定格画面片段的时长

步骤 08 调整主视频轨道的时长与画中画轨道一致，如图 8-37 所示。

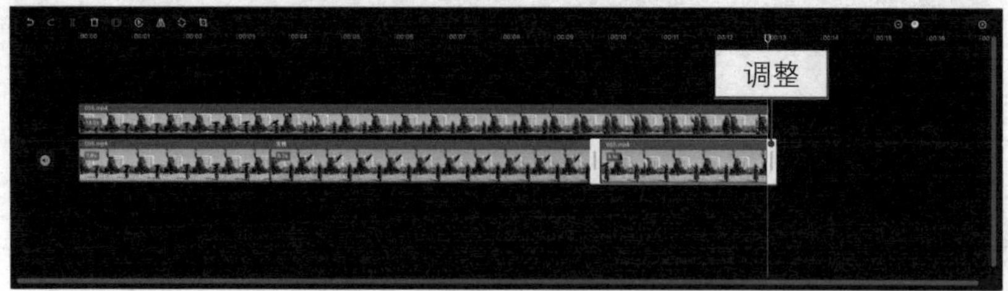

图 8-37　调整主视频轨道的时长

步骤 09 添加合适的背景音乐和音效，导出并播放预览视频，效果如图 8-38 所示。

图 8-38　**预览视频效果**

056　挥手变天：蓝天白云秒变漫天星辰

本实例主要使用剪映的“线性”蒙版和“正片叠底”混合模式这两大功能，制作出蓝天白云秒变漫天星辰的视频效果，下面介绍具体的操作方法。

扫码看效果　扫码看教程

步骤 01 固定手机机位，拍摄一段人物向天空挥手的视频素材，如图 8-39 所示。

图 8-39　**拍摄视频素材**

步骤 02 ❶ 在剪映中导入拍好的视频素材；❷ 将人物挥手的视频添加到视频轨道中，如图 8–40 所示。

图 8–40　**将素材添加到视频轨道**

步骤 03 ❶ 将时间轴拖曳至人物挥手的位置；❷ 将星空视频素材拖曳至画中画轨道中，如图 8–41 所示。

图 8–41　**将星空素材拖曳至画中画轨道**

步骤 04 选择画中画轨道，在预览窗口中适当调整星空素材的大小和位置，如图 8–42 所示。

图 8–42　**调整星空素材的大小和位置**

步骤 05 ❶ 切换至“蒙版”功能区；❷ 选择“线性”蒙版；❸ 适当调整蒙版的位置和羽化效果，如图 8-43 所示。

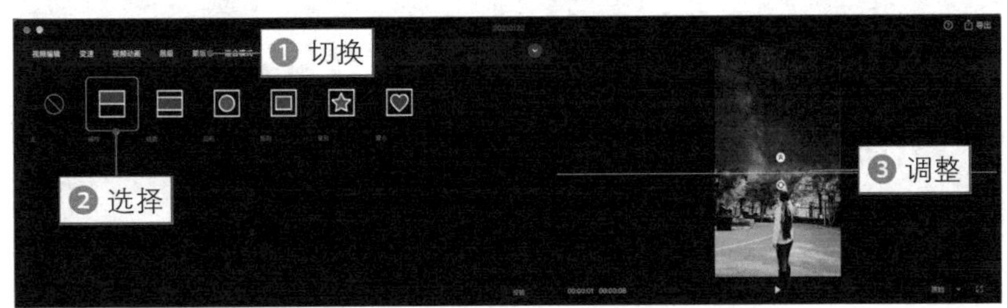

图 8-43　**调整蒙版的位置和羽化效果**

步骤 06 ❶ 切换至“混合模式”功能区；❷ 选择“正片叠底”选项；❸ 合成画面效果，如图 8-44 所示。

图 8-44　**合成画面效果**

步骤 07 ❶ 选择视频轨道；❷ 单击“分割”按钮，如图 8-45 所示。

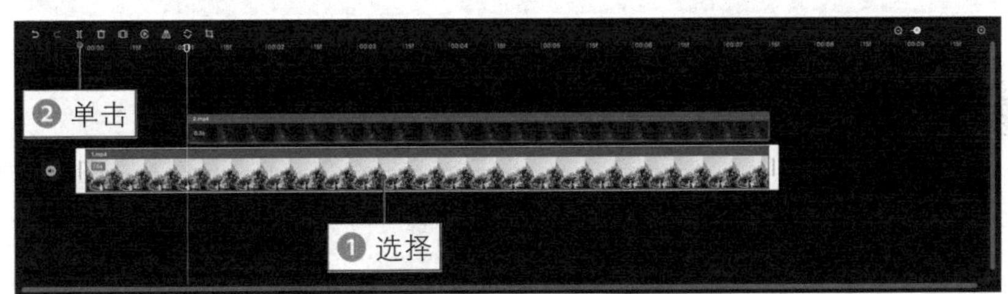

图 8-45　**单击“分割”按钮**

步骤 08 执行操作后，选择分割后的后半段视频，如图 8-46 所示。

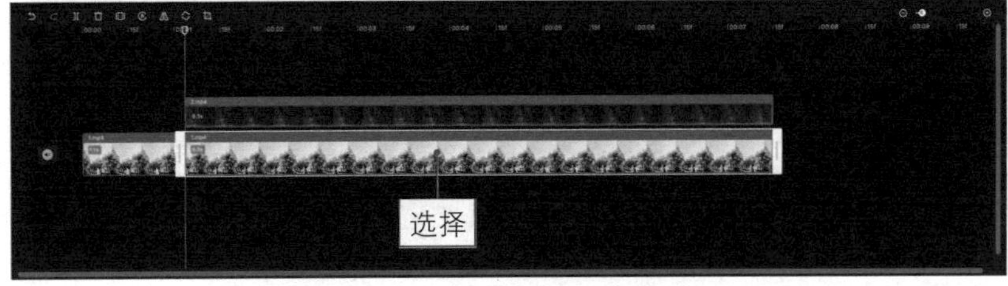

图 8-46　**选择分割后的后半段视频**

步骤 09 ❶ 切换至“调节”功能区；❷ 适当调整各参数，如图 8-47 所示。

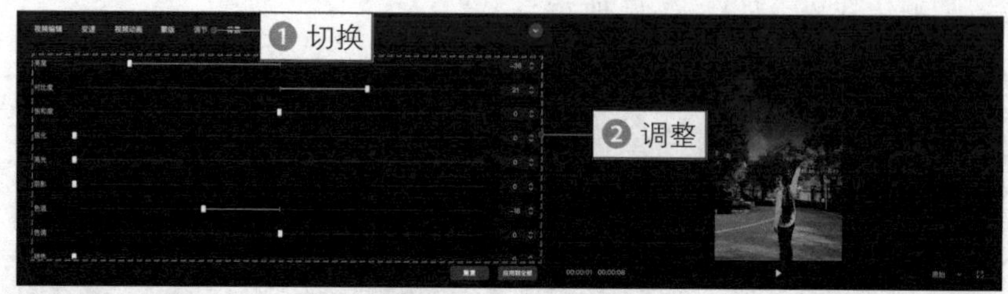

图 8-47　**调整各参数**

步骤 10 ❶ 切换至“特效”功能区；❷ 在 Bling 选项卡中选择“星星闪烁Ⅱ”选项；❸ 在画中画轨道上方添加一个特效轨道，并将时长调整为一致，如图 8-48 所示。

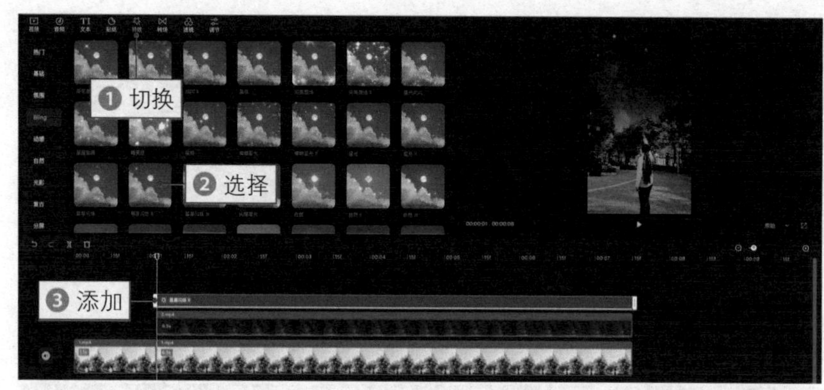

图 8-48　**添加并调整特效轨道**

步骤 11 导出并播放视频，预览挥手变天的画面效果，如图 8-49 所示。

图 8-49　**预览视频效果**

第 9 章

电影效果：轻松把视频变成影视大片

057 雪花飘落：制作城市夜景情景短视频

本实例主要使用剪映的“闪黑”转场、“飘雪”素材及“变亮”混合模式等功能，制作出雪花飘落的城市夜景视频效果，下面介绍具体的操作方法。

扫码看效果 扫码看教程

步骤 01 ❶ 在剪映中导入两个视频素材；❷ 将其添加到视频轨道中，如图 9-1 所示。

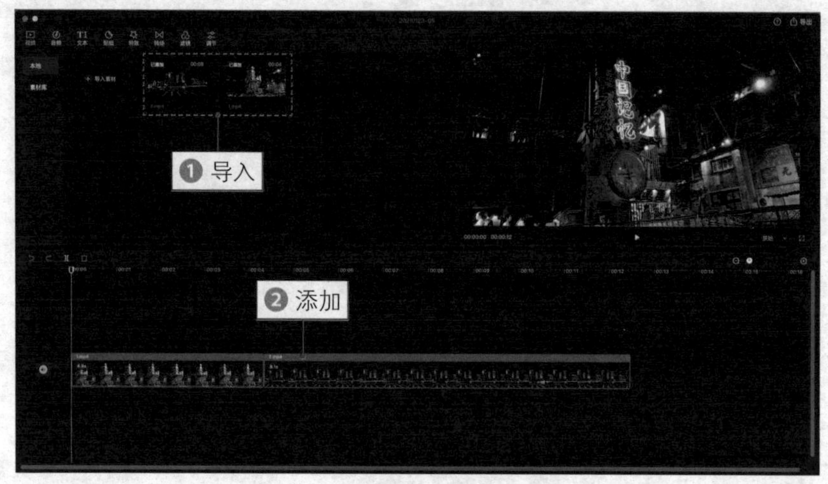

图 9-1 **将素材添加到视频轨道**

步骤 02 ❶ 切换至“转场”功能区；❷ 在“基础转场”选项卡中选择“闪黑”选项；❸ 单击添加按钮 ；❹ 添加“闪黑”转场效果，如图 9-2 所示。

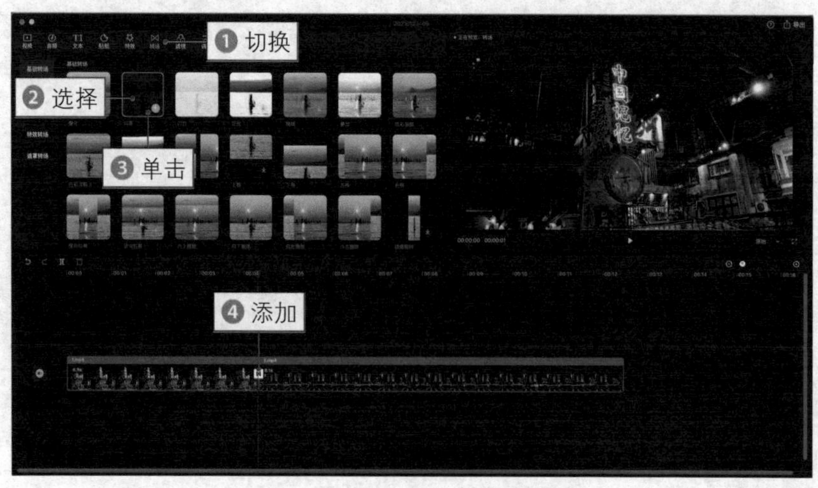

图 9-2 **添加“闪黑”转场效果**

步骤 03 ❶ 切换至“视频”功能区的“素材库”选项卡；❷ 在“飘雪”选项区中选择相应的素材；❸ 将其分别拖曳至画中画轨道，并适当调整时长，如图 9–3 所示。

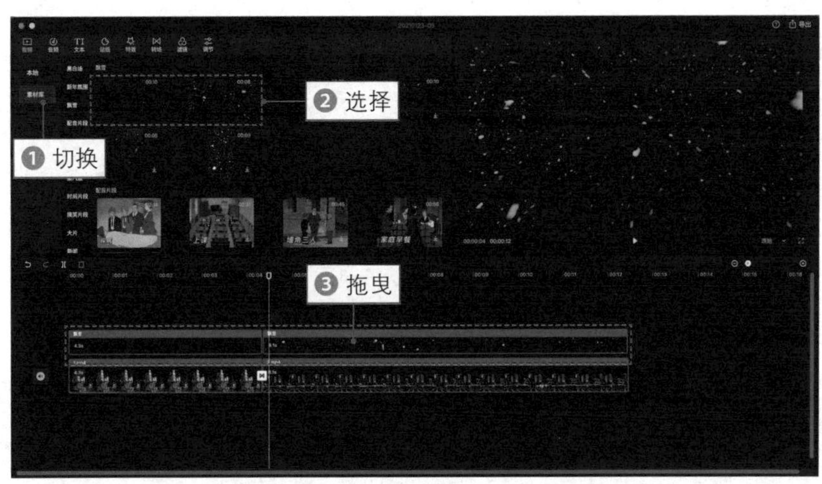

图 9–3　**添加“飘雪”素材至画中画轨道**

步骤 04 在时间线窗口中选择画中画轨道，如图 9–4 所示。

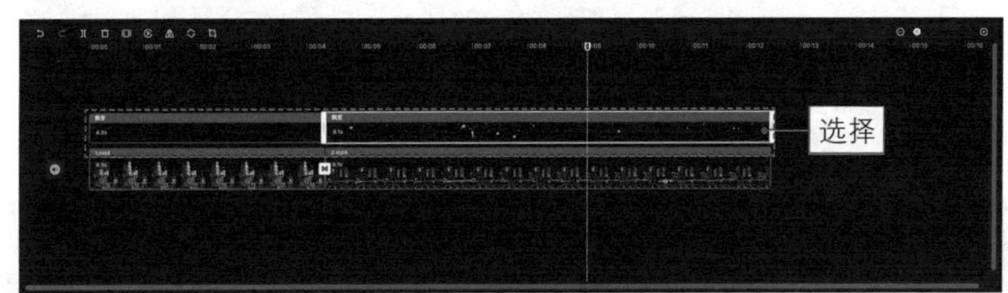

图 9–4　**选择画中画轨道**

步骤 05 ❶ 切换至“混合模式”功能区；❷ 选择“变亮”选项；❸ 合成下雪的画面效果，如图 9–5 所示。

图 9–5　**合成画面效果**

步骤 06 返回主界面，❶ 切换至“音频”功能区；❷ 切换至“音效”选项卡；❸ 在“环境音”选项区中选择“背景的风声”选项，如图 9-6 所示。

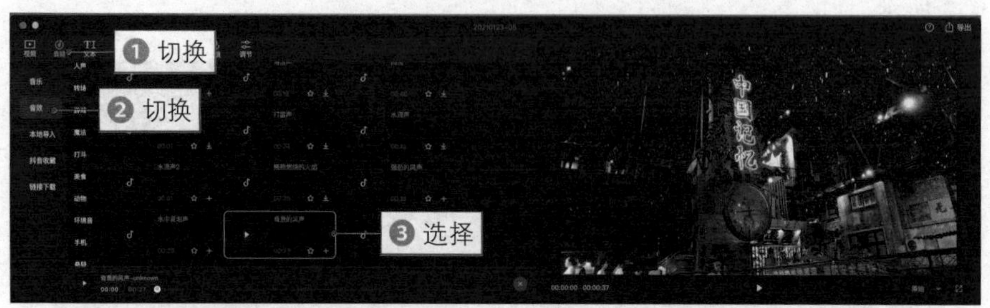

图 9-6 选择“背景的风声”选项

步骤 07 单击添加按钮 + ，添加背景音效，并适当调整其时长，如图 9-7 所示。

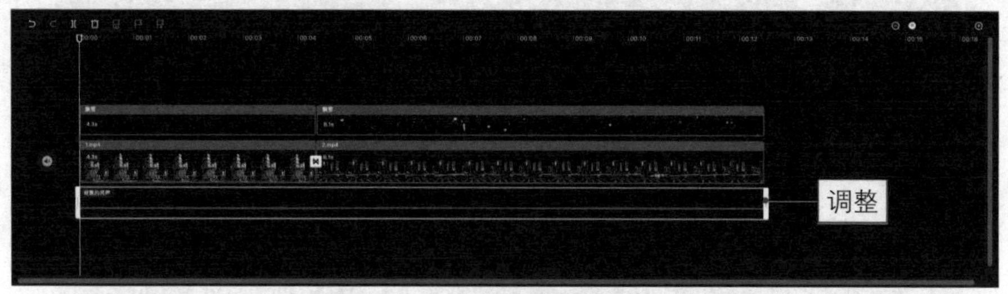

图 9-7 调整背景音效的时长

步骤 08 添加合适的背景音乐，导出并预览视频效果，如图 9-8 所示。

图 9-8 预览视频效果

058 凌波微步：制作影视剧中的轻功特效

本实例主要使用剪映的“常规变速”和“不透明度”等剪辑功能，制作出影视剧中的“凌波微步”特效，下面介绍具体的操作方法。

扫码看效果　扫码看教程

步骤 01 ❶ 在剪映中导入视频素材；❷ 将其添加到视频轨道中，如图 9-9 所示。

图 9-9　**将素材添加到视频轨道**

步骤 02 拖曳时间轴至合适位置，将视频素材多次添加到画中画轨道中，起始时间分别为 0.5s 和 1s 附近，如图 9-10 所示。

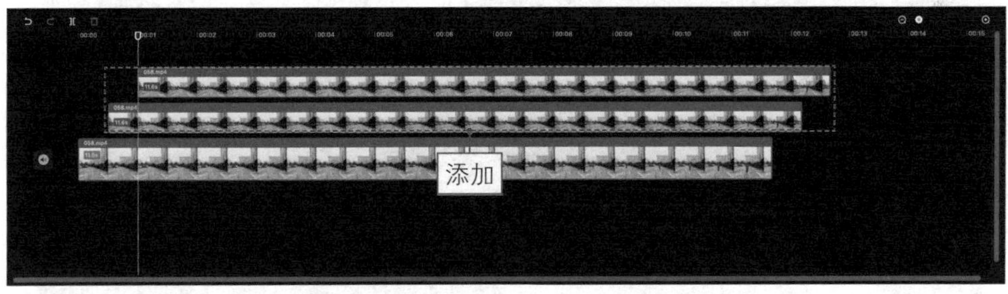

图 9-10　**将素材多次添加到画中画轨道**

步骤 03 选择视频轨道，❶ 切换至“变速”功能区；❷ 将“常规变速”的“倍数”设置为 3.0×，如图 9-11 所示。

图 9-11　**设置“倍数”参数**

步骤 04 使用相同的操作方法，对两个画中画轨道进行变速处理，如图 9-12 所示。

图 9-12　**对画中画轨道进行变速处理**

步骤 05 ❶ 分别选择两个画中画轨道；❷ 切换至“视频编辑”功能区；❸ 设置“不透明度”为 50，如图 9-13 所示。

图 9-13　**设置“不透明度”参数**

步骤 06 返回主界面，❶ 切换至“滤镜”功能区；❷ 选择“雾山”选项；❸ 为整段视频添加“雾山”滤镜效果，如图 9-14 所示。

图 9–14　**添加滤镜效果**

步骤 07　添加合适的背景音乐，导出并预览视频，如图 9–15 所示。

图 9–15　**预览视频效果**

059　穿越铁门：电影里的特异功能这么玩

本实例主要使用剪映的“分割”功能，制作人物“穿越铁门”的电影特效，人物在门前跳起后，突然穿越到门后，同时只留下了一件衣服落在门前，下面介绍具体的操作方法。

扫码看效果

扫码看教程

步骤 01　使用三脚架固定手机，拍摄一段人物走向铁门并跳跃的视频素材，如图 9–16 所示。

步骤 02　保持机位固定不动，人物脱掉外衣并绕到门后，拍摄一段人物跳跃的画面，同时将衣服扔到门口，如图 9–17 所示。

图 9–16　**拍摄第 1 段视频素材**

图 9–17　**拍摄第 2 段视频素材**

步骤 03 ❶ 在剪映中导入拍好的两个视频素材；❷ 将其添加到视频轨道中，如图 9–18 所示。

图 9–18　**将素材添加到视频轨道**

步骤 04 ❶ 选择第 1 个视频片段；❷ 拖曳时间轴至人物跳起的位置；❸ 单击“分割”按钮][，如图 9–19 所示。

图 9–19　**单击“分割”按钮**

步骤 05 ❶ 选择分割出来的后半段视频；❷ 单击“删除”按钮将其删除，如图 9–20 所示。

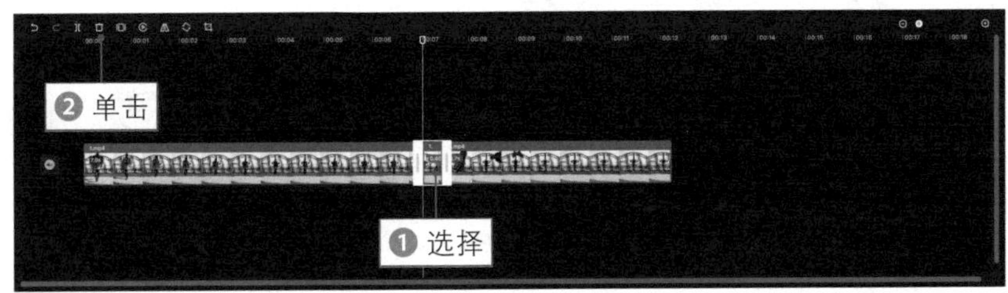

图 9–20　**单击“删除”按钮**

步骤 06 选择第 2 个视频片段，❶ 同样在人物跳起的位置分割视频；❷ 选择分割出来的前半段视频；❸ 单击“删除”按钮将其删除，如图 9–21 所示。

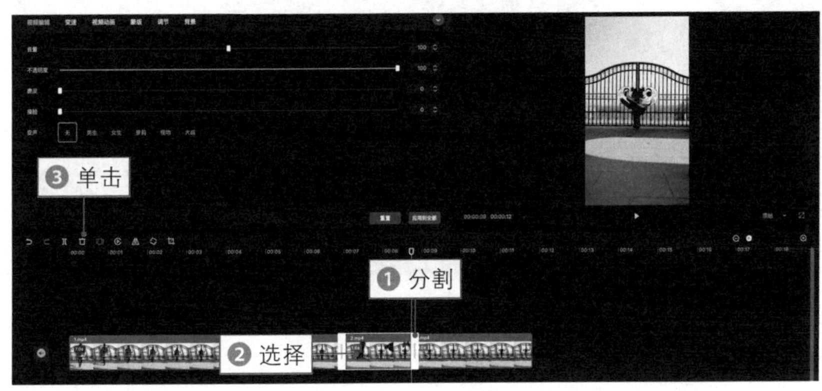

图 9–21　**单击“删除”按钮**

步骤 07 添加合适的背景音乐，导出并预览视频，效果如图 9–22 所示。

图 9–22　**预览视频效果**

060 城市碟中谍：制作大片感的镜头效果

本实例主要使用剪映的“曲线变速”功能和“电影感”特效，制作出充满影视大片感的镜头画面效果，下面介绍具体的操作方法。

扫码看效果

扫码看教程

步骤 01 ❶ 在剪映中导入 3 个视频素材；❷ 将其添加到视频轨道中，如图 9-23 所示。

图 9-23　**将素材添加到视频轨道**

步骤 02 ❶ 选择第 1 个视频片段；❷ 切换至“变速”功能区中的“曲线变速”选项卡；❸ 选择“蒙太奇”选项，如图 9-24 所示。

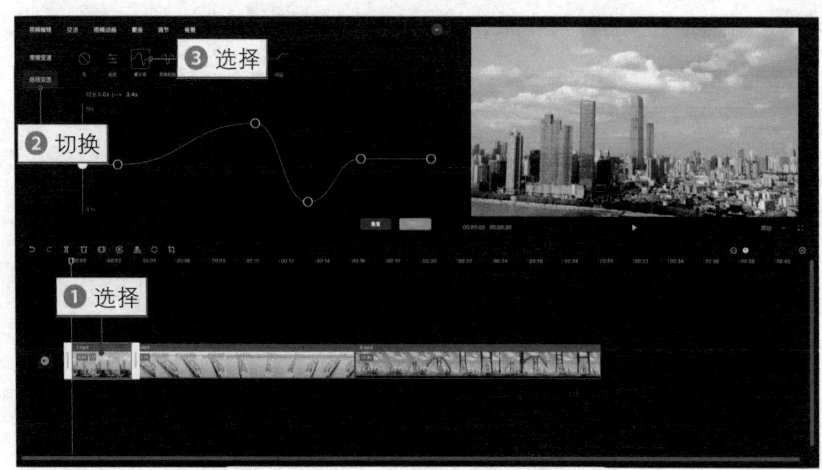

图 9-24　**选择“蒙太奇”选项**

步骤 03 选择第 2 个视频片段，❶ 切换至“变速”功能区中的“曲线变速”选项卡；❷ 选择“英雄时刻”选项，如图 9–25 所示。

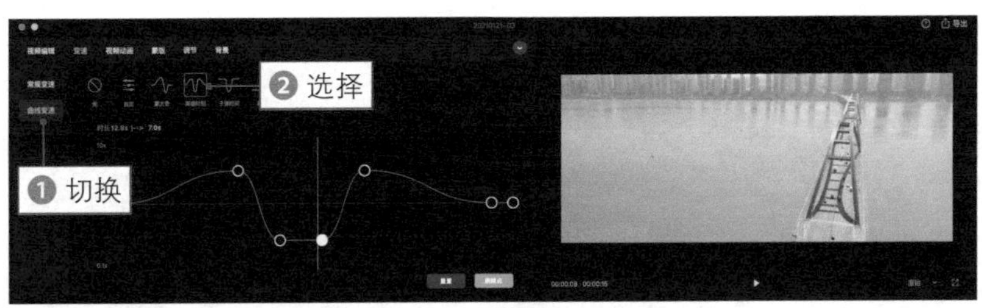

图 9–25　**选择“英雄时刻”选项**

步骤 04 选择第 3 个视频片段，❶ 切换至“变速”功能区中的“曲线变速”选项卡；❷ 选择“子弹时间”选项，如图 9–26 所示。

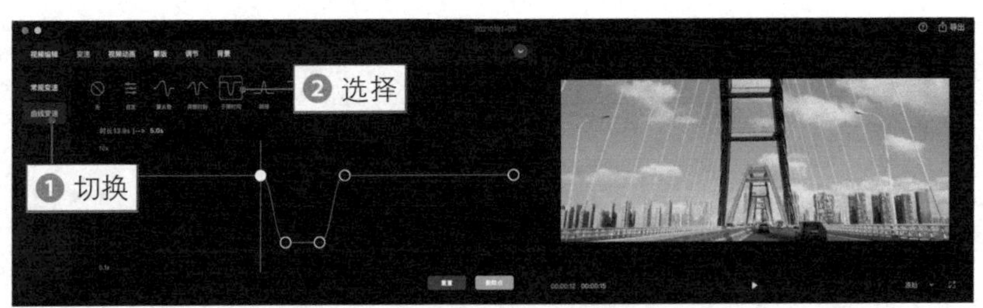

图 9–26　**选择“子弹时间”选项**

步骤 05 返回主界面，❶ 切换至“转场”功能区中的“运镜转场”选项卡；❷ 在第 1 个视频连接处添加“拉远”转场效果；❸ 在第 2 个视频连接处添加“推近”转场效果，如图 9–27 所示。

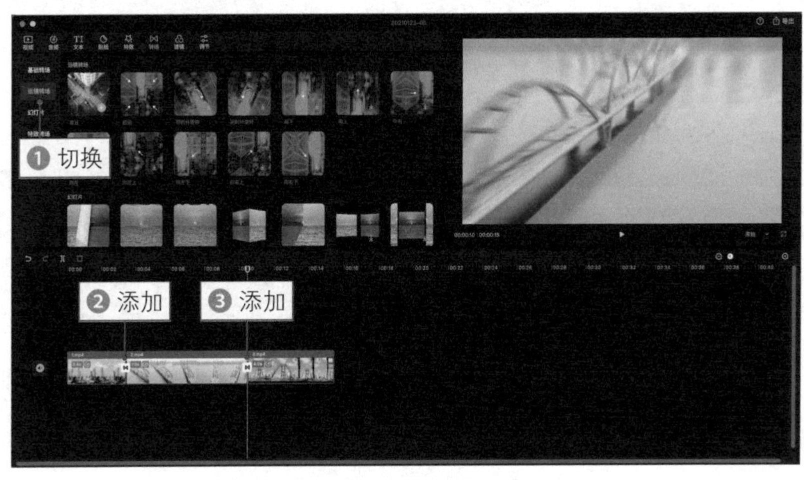

图 9–27　**设置转场效果**

步骤 06 ❶ 切换至“特效”功能区中的“基础”选项卡；❷ 选择“电影感”选项，如图 9-28 所示。

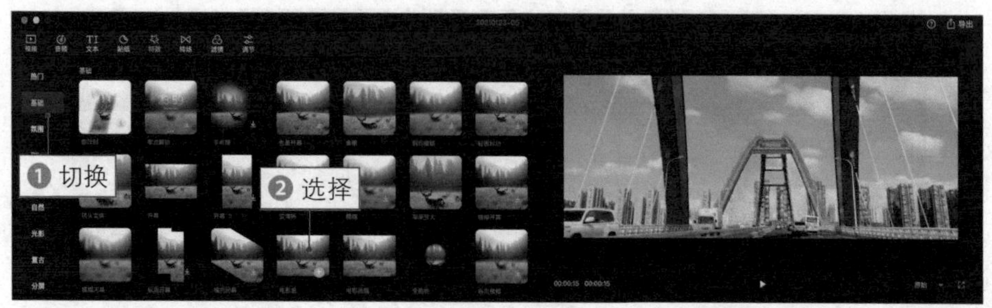

图 9-28 **选择“电影感”选项**

步骤 07 单击添加按钮⊕，为整段视频添加“电影感”特效，如图 9-29 所示。

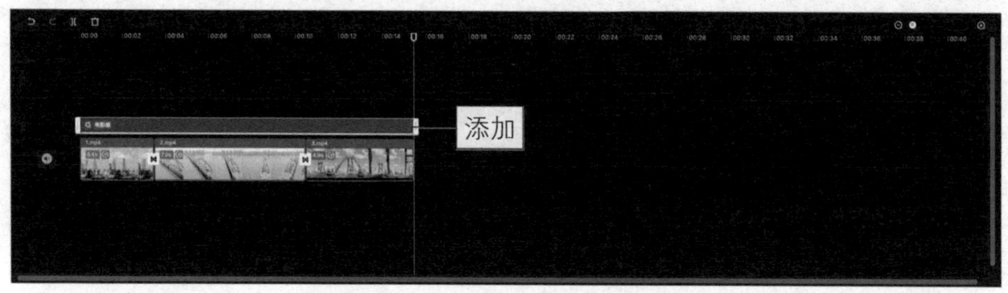

图 9-29 **添加“电影感”特效**

步骤 08 添加合适的背景音乐，导出并预览视频，效果如图 9-30 所示。

图 9-30 **预览视频效果**

061 一人变多人：超火的时间定格分身术

本实例主要使用剪映的“定格”功能、“镜面”蒙版和“玩法”贴纸，制作出超火的“时间定格分身术”视频效果，下面介绍具体的操作方法。

扫码看效果

扫码看教程

步骤 01 ❶ 在剪映中导入视频素材；❷ 将其添加到视频轨道中，如图 9-31 所示。

图 9-31　**将素材添加到视频轨道**

步骤 02 ❶ 将时间轴拖曳至人物摆第 1 个动作姿势的位置；❷ 单击“定格”按钮，如图 9-32 所示。

图 9-32　**单击“定格”按钮**

步骤 03 执行操作后，即可生成定格画面片段，如图 9–33 所示。

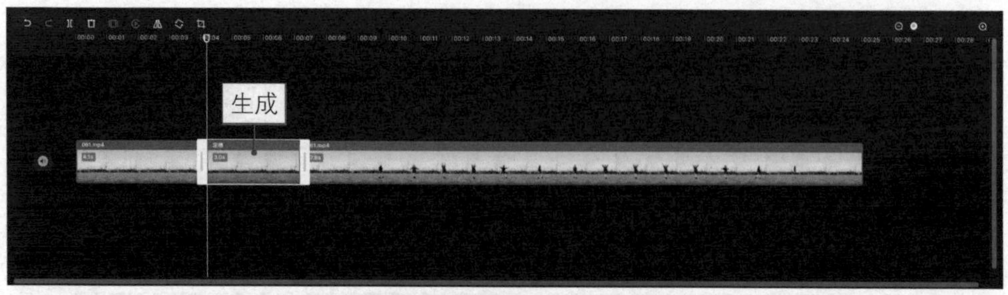

图 9–33　**生成定格画面片段**

步骤 04 将定格画面片段拖曳至画中画轨道中，适当调整其时长，将结束位置与视频轨道对齐，如图 9–34 所示。

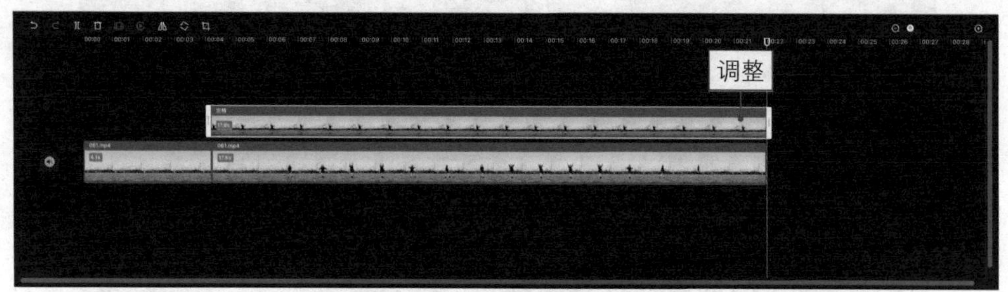

图 9–34　**调整画中画轨道的时长**

步骤 05 ❶ 选择画中画轨道；❷ 切换至“蒙版”功能区；❸ 选择“镜面”蒙版；❹ 调整蒙版的宽度、角度、位置和羽化效果，如图 9–35 所示。

图 9–35　**调整蒙版**

步骤 06 使用同样的操作方法，制作其他的定格分身效果，如图 9–36 所示。

图 9–36　**制作其他的定格分身效果**

步骤 07 ❶ 将视频比例设置为 9：16；❷ 将视频"背景"设置为相应的"模糊"效果，并应用到全部视频片段，如图 9–37 所示。

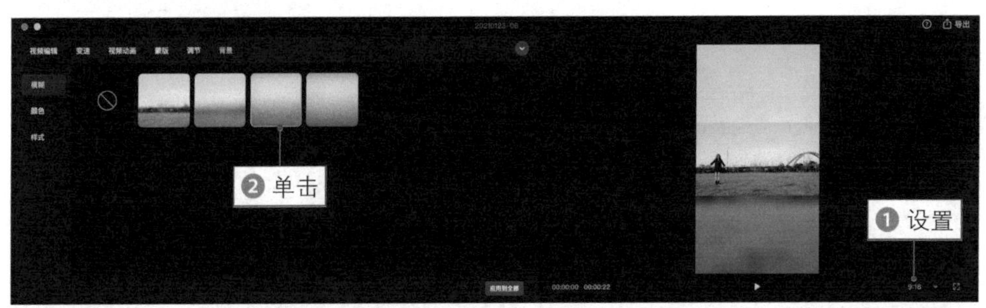

图 9–37　**设置视频比例和背景效果**

步骤 08 返回主界面，❶ 切换至"贴纸"功能区中的"爱心"选项卡；❷ 选择相应的贴纸效果；❸ 将其添加到人物摆动作的位置；❹ 复制多个贴纸，并调整其出现时间和时长；❺ 在预览窗口中调整各个贴纸的大小和位置，如图 9–38 所示。

步骤 09 导出并预览视频，可以看到，人物的每个动作姿势都被定格在画面中，画面看起来非常有趣，如图 9–39 所示。

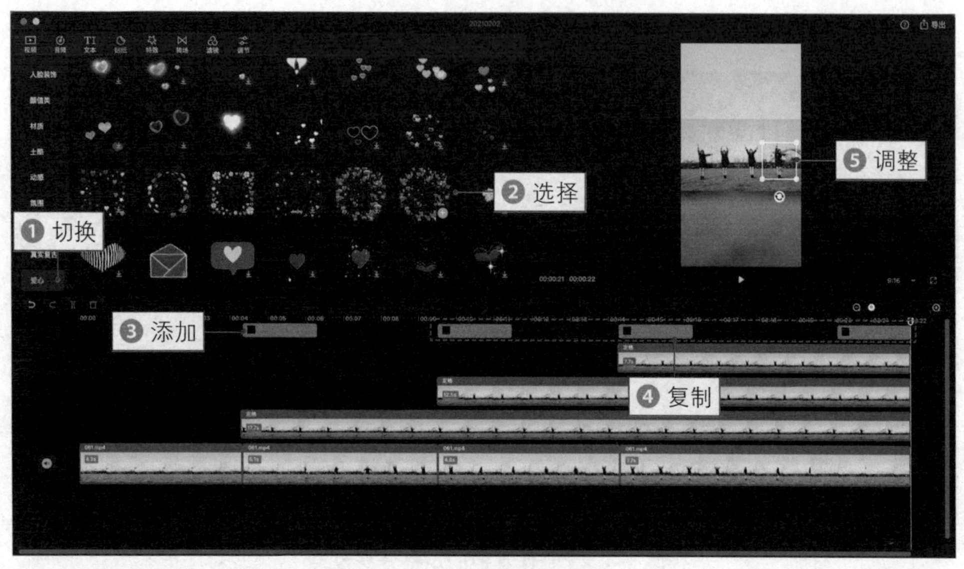

图 9-38　**调整贴纸效果**

图 9-39　**预览视频效果**

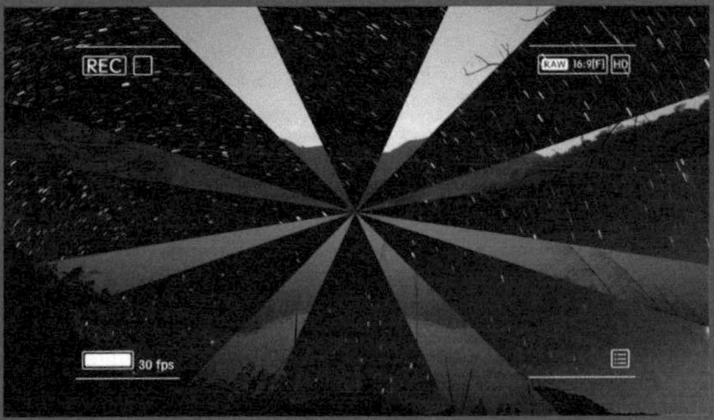

第 10 章

《秀美风光》：剪映后期制作全流程

扫码看效果

062 剪辑素材：对素材进行变速处理

扫码看教程

下面主要对视频素材进行剪辑处理，首先导入多个视频素材，然后使用剪映的“变速”功能，对素材的播放速度进行调整，具体操作方法如下。

步骤 01 ❶ 在剪映中导入 6 个视频素材；❷ 将其添加到视频轨道中，如图 10-1 所示。

图 10-1 **将素材添加到视频轨道**

步骤 02 ❶ 选择第 2 个视频片段；❷ 切换至“变速”功能区；❸ 在“常规变速”选项卡中设置“倍数”为 2.0×，如图 10-2 所示。

图 10-2 **设置“倍数”参数**

步骤 03 使用同样的操作方法，对第 3 个、第 4 个和第 6 个视频片段进行变速处理，如图 10–3 所示。

图 10–3 对其他视频片段进行变速处理

063 添加转场：让素材过渡更加衔接

扫码看教程

下面主要为视频素材添加转场效果，让各个素材之间的过渡效果变得更加协调，具体操作方法如下。

步骤 01 ❶ 将时间轴拖曳至前两个视频片段中间的连接处；❷ 切换至“转场”功能区；❸ 切换至“基础转场”选项卡；❹ 单击“横向拉幕”转场中的添加按钮 ；❺ 即可添加转场效果，如图 10–4 所示。

图 10–4 添加“横向拉幕”转场效果

步骤 02 ❶ 将时间轴拖曳至第 2 个和第 3 个视频片段中间的连接处；❷ 切换至“转场”功能区；❸ 切换至“幻灯片”选项卡；❹ 单击“立方体”转场中的添加按钮⊕；❺ 即可添加转场效果，如图 10-5 所示。

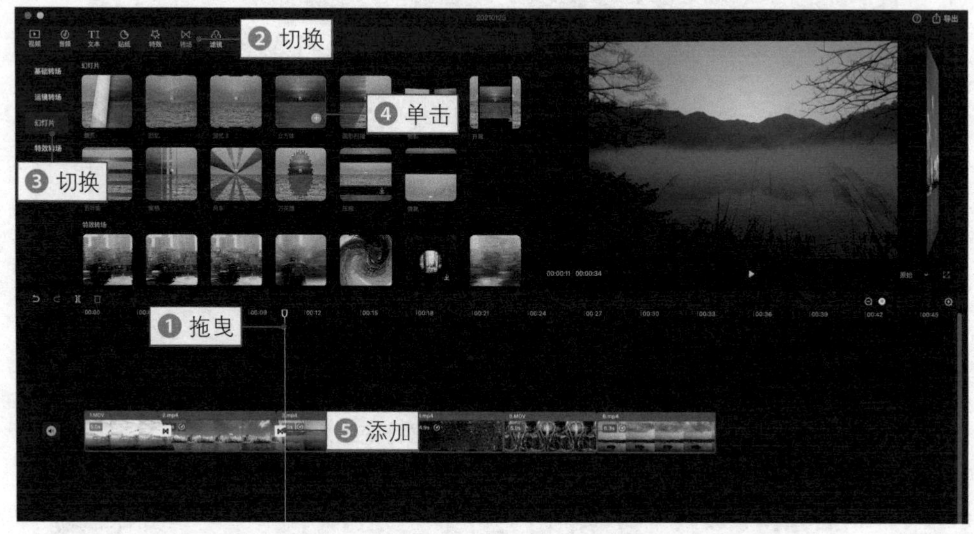

图 10-5　**添加“立方体”转场效果**

步骤 03 使用同样的操作方法，在其他的视频片段中间的连接处依次添加“风车”“横线”和“画笔擦除”转场效果，如图 10-6 所示。

图 10-6　**添加其他转场效果**

064 应用特效：制作片头和片尾效果

下面主要为视频添加片头、片尾和边框特效，让作品显得更加专业，具体操作方法如下。

步骤 01 ❶ 切换至“特效”功能区；❷ 切换至“基础”选项卡；❸ 单击“开幕”特效中的添加按钮⊕，如图 10–7 所示。

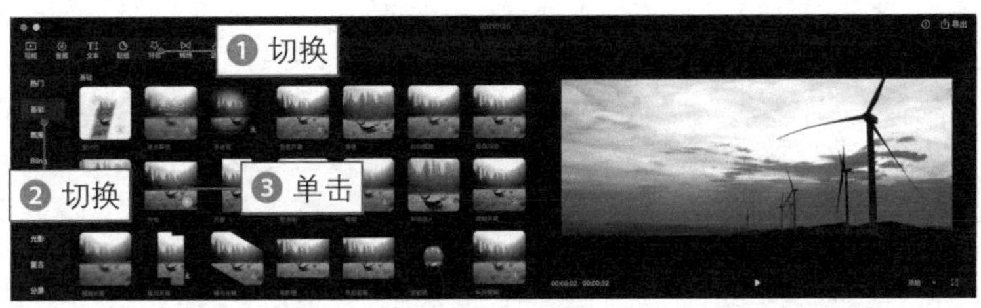

图 10–7 **单击“开幕”特效中的添加按钮**

步骤 02 执行操作后，在时间线的起始位置添加一个“开幕”特效，如图 10–8 所示。

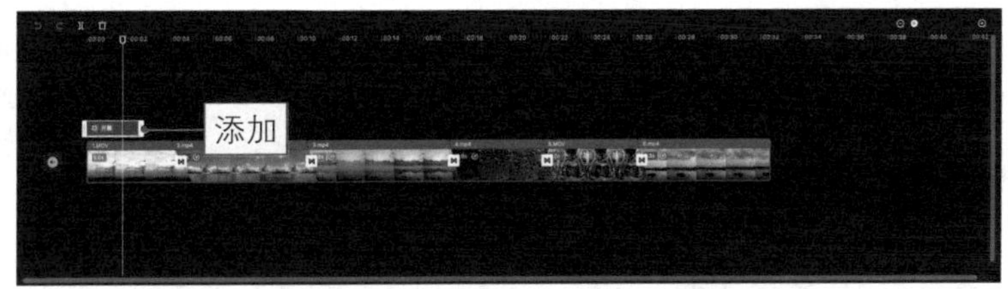

图 10–8 **添加“开幕”特效**

步骤 03 在“基础”选项卡中；❶ 单击“闭幕”特效中的添加按钮⊕；❷ 在时间线的结束位置处添加一个“闭幕”特效，如图 10–9 所示。

图 10–9 **添加“闭幕”特效**

步骤 04 ❶ 切换至“边框”选项卡；❷ 单击“录制边框Ⅱ”特效中的添加按钮⊕；❸ 添加一个“录制边框Ⅱ”特效，并适当调整其时长，如图 10-10 所示。

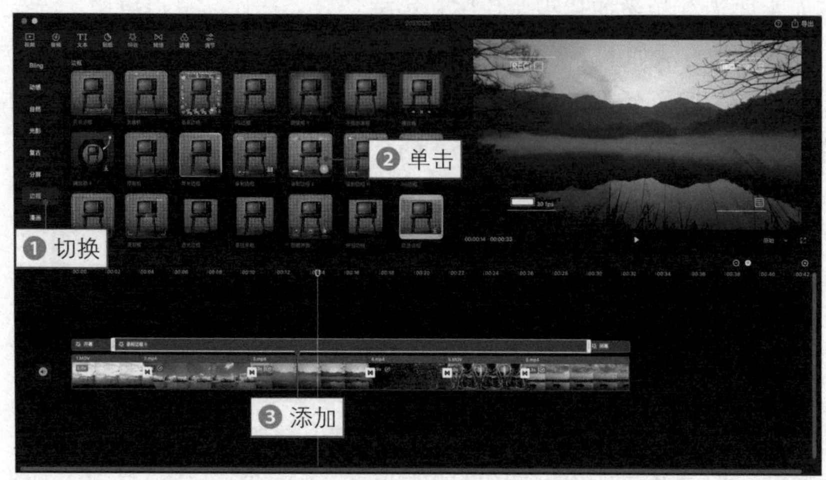

图 10-10 **添加“录制边框Ⅱ”特效**

065 输出视频：添加字幕和背景音乐

扫码看教程

下面主要为视频添加标题字幕、说明文字和背景音乐等元素，做好这些工作后，即可输出成品视频，具体操作方法如下。

步骤 01 ❶ 切换至“文本”功能区；❷ 在“新建文本”选项卡中单击相应花字模板中的添加按钮⊕；❸ 添加一个文本轨道，如图 10-11 所示。

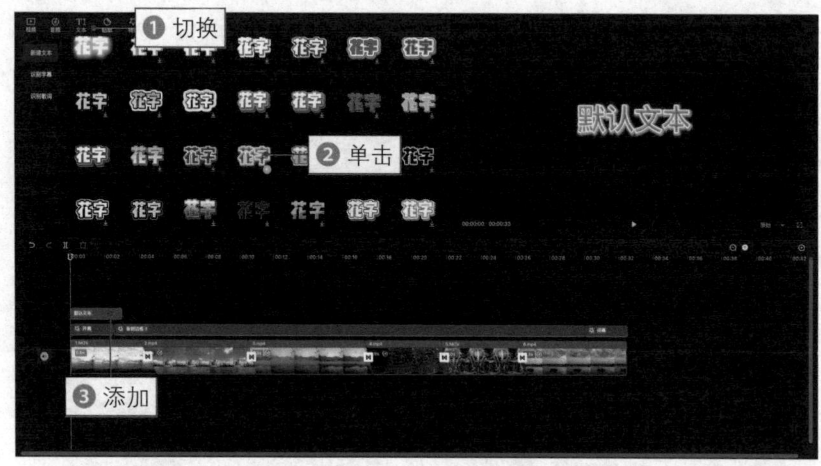

图 10-11 **添加文本轨道**

步骤 02 ❶ 选择文本轨道；❷ 在“文字编辑”功能区的文本框中输入相应文字；❸ 在预览窗口中适当调整文字的大小和位置，如图 10-12 所示。

图 10-12 **调整文字的大小和位置**

步骤 03 ❶ 切换至“文本动画”功能区；❷ 在“入场动画”选项卡中选择“生长”选项；❸ 将“动画时长”设置为最长，如图 10-13 所示。

图 10-13 **设置“入场动画”时长**

★专家指点★

给文字添加"生长"入场动画后，文字可以呈现出一种从小到大、从无到有的动画效果，不仅可以更好地突出视频主题，还能给观众带来唯美的视觉体验。

步骤 04 ❶ 新建一个文本轨道；❷ 在"文字编辑"功能区的文本框中输入相应文字；❸ 选择相应的"预设样式"选项；❹ 适当调整文字的大小和位置，如图 10–14 所示。

图 10–14　**调整文字的大小和位置**

步骤 05 ❶ 切换至"文本动画"功能区；❷ 在"入场动画"选项卡中选择"向上滑动"选项，添加文本动画效果，如图 10–15 所示。

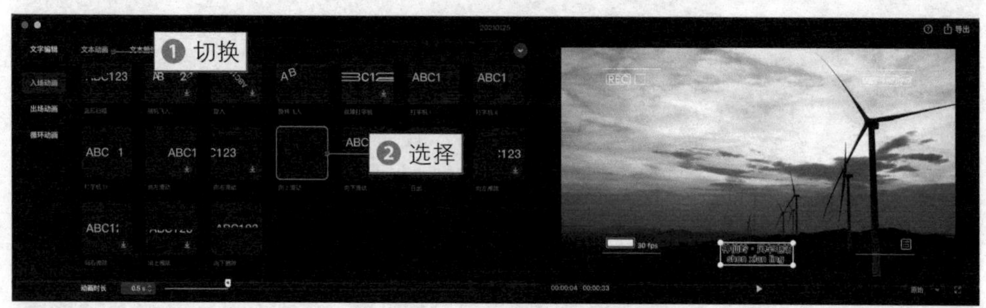

图 10–15　**添加文本动画效果**

步骤 06 ❶ 在时间线窗口中复制文字；❷ 在适当位置粘贴文字，如图 10–16 所示。

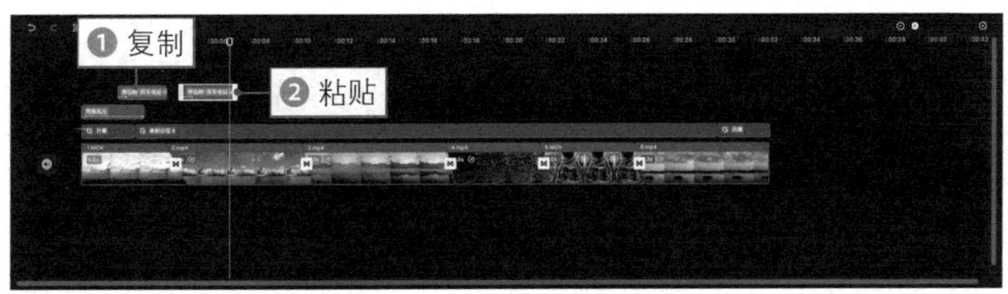

图 10–16　**复制并粘贴文字**

步骤 07 ❶ 在“文字编辑”功能区的文本框中修改文字内容；❷ 适当调整文字的时长，如图 10–17 所示。

图 10–17　**修改文字内容并调整时长**

步骤 08 使用相同的操作方法，复制并修改文字内容，制作其他的文字效果，如图 10–18 所示。

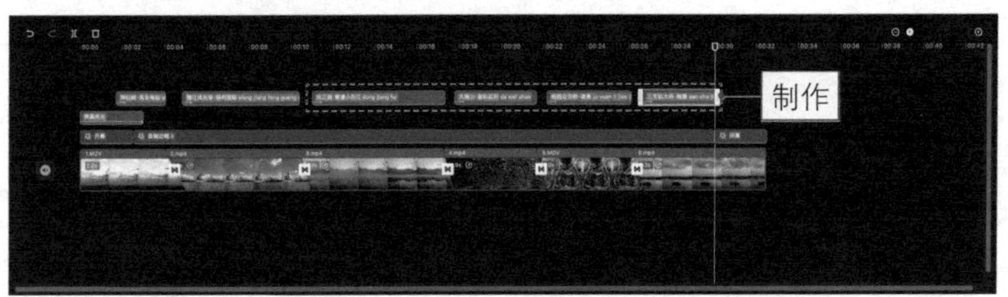

图 10–18　**制作其他的文字效果**

步骤 09 返回主界面，❶ 切换至“音频”功能区；❷ 在“本地音乐”选项卡中单击“导入素材”按钮，导入一个本地音乐素材；❸ 单击添加按钮➕，如图 10–19 所示。

步骤 10 在音频轨道中添加背景音乐，并适当调整其时长，如图 10–20 所示。

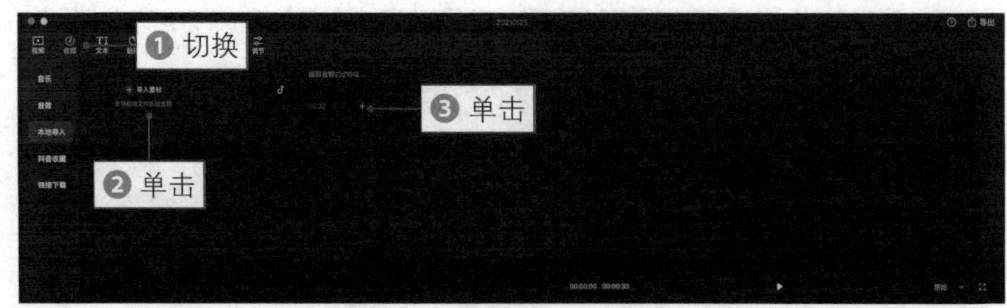

图 10-19　**单击添加按钮**

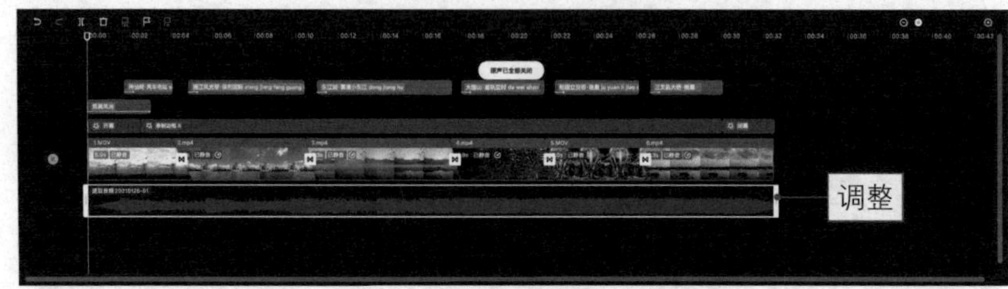

图 10-20　**调整背景音乐时长**

步骤 11 单击“导出”按钮，导出并播放预览视频，效果如图 10-21 所示。

图 10-21　**预览视频效果**

第 11 章

《蔡伦竹海》：高手进阶特效轻松玩

扫码看效果

066 三屏开场：制作超动感卡点片头效果

扫码看教程

下面主要运用剪映的“镜面”蒙版和“向左上甩入”视频动画功能，制作动感的斜向三屏开场片头效果，具体操作方法如下。

步骤 01 ❶ 在剪映中切换至“视频”功能区；❷ 切换至“素材库”选项卡；❸ 在“黑白场”选项区中选择黑场素材；❹ 将其添加至视频轨道中，如图 11-1 所示。

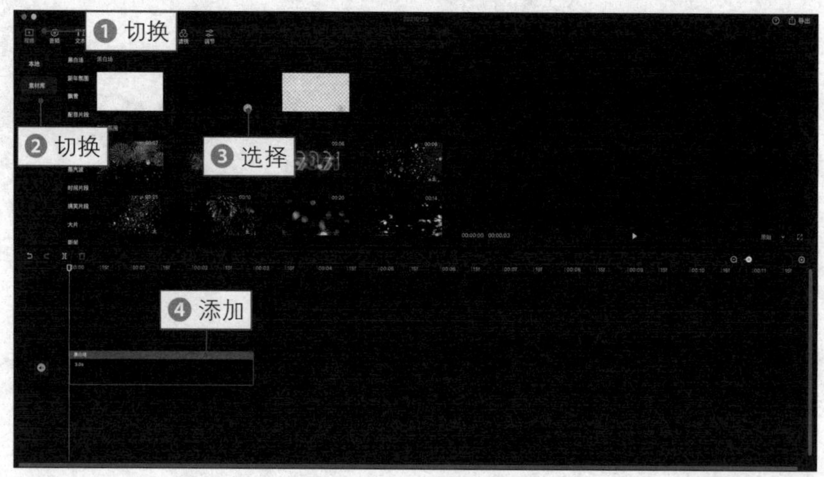

图 11-1　添加黑场素材

步骤 02 ❶ 导入 6 个视频素材；❷ 将相应视频素材拖曳至画中画轨道中；❸ 将黑场素材的时长调整为与画中画轨道一致，如图 11-2 所示。

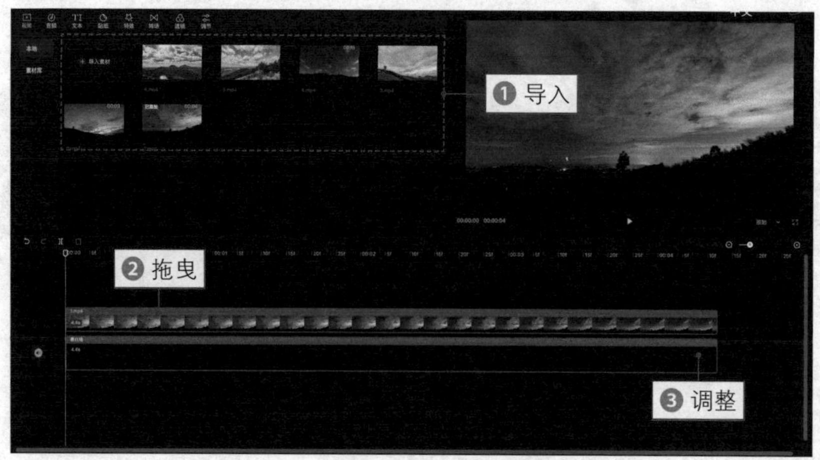

图 11-2　将素材拖曳至画中画轨道

步骤 03 将另外两个视频素材分别拖曳至其他画中画轨道中，将结束位置与第 1 个画中画轨道对齐，如图 11-3 所示。

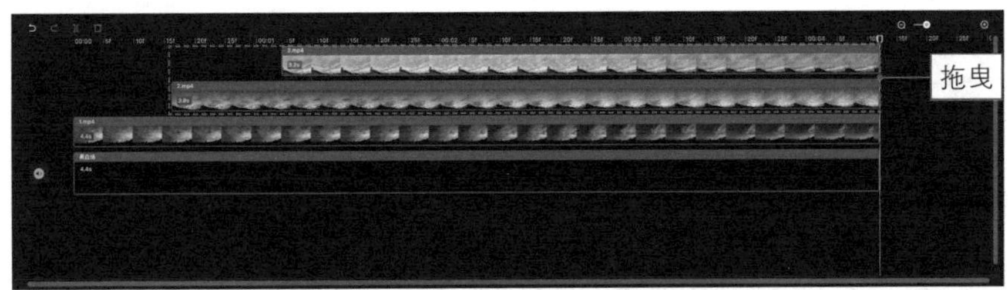

图 11-3 **将其他素材拖曳至画中画轨道**

步骤 04 ❶ 选择第 1 个画中画轨道；❷ 切换至“蒙版”功能区；❸ 选择“镜面”蒙版；❹ 调整蒙版的大小、位置和角度，如图 11-4 所示。

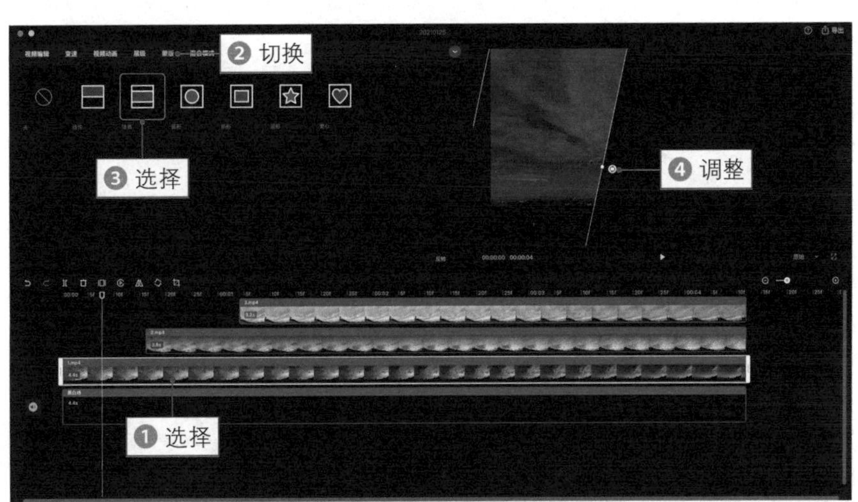

图 11-4 **调整蒙版的大小、位置和角度**

步骤 05 选择第 2 个画中画轨道，❶ 添加“镜面”蒙版效果；❷ 并适当调整蒙版的大小、位置和角度，如图 11-5 所示。

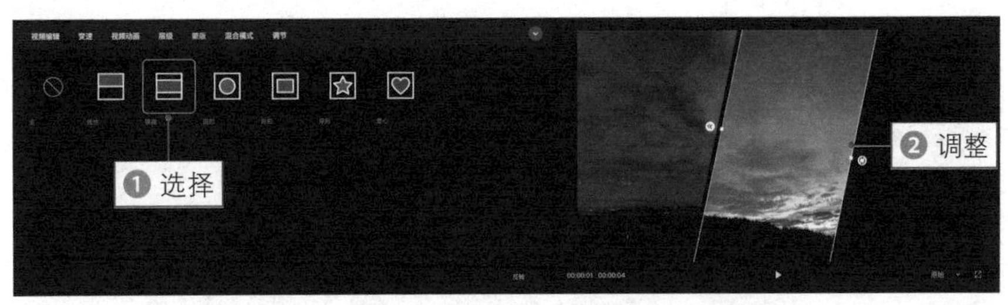

图 11-5 **调整第 2 个画中画轨道的蒙版效果**

步骤 06 选择第 3 个画中画轨道，❶ 添加“镜面”蒙版效果；❷ 并适当调整蒙版的大小、位置和角度，如图 11–6 所示。

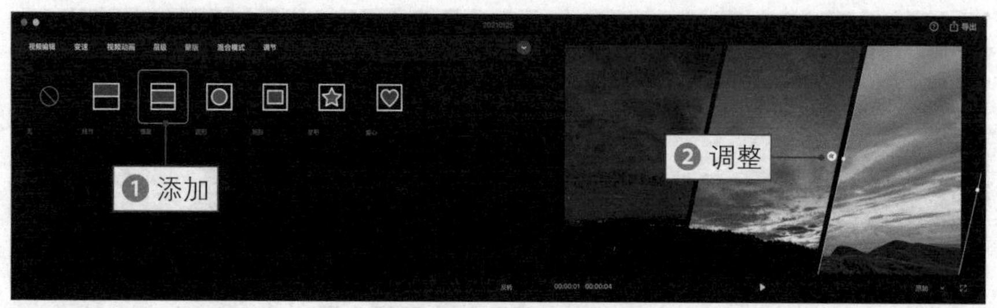

图 11–6 **调整第 3 个画中画轨道的蒙版效果**

步骤 07 ❶ 选择第 1 个画中画轨道；❷ 切换至“视频动画”功能区；❸ 在“入场动画”选项卡中选择“向左上甩入”选项，添加动画效果，如图 11–7 所示。

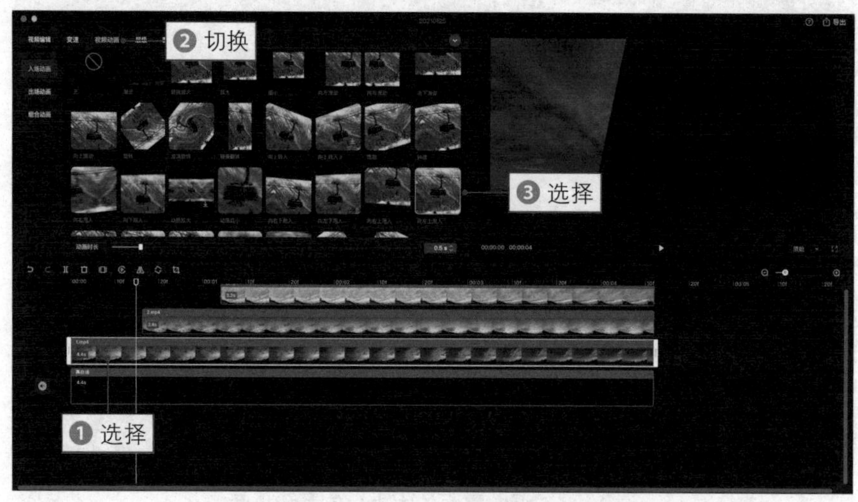

图 11–7 **添加“入场动画”效果**

步骤 08 使用相同的操作方法，为其他两个画中画轨道添加“向左上甩入”入场动画效果，如图 11–8 所示。

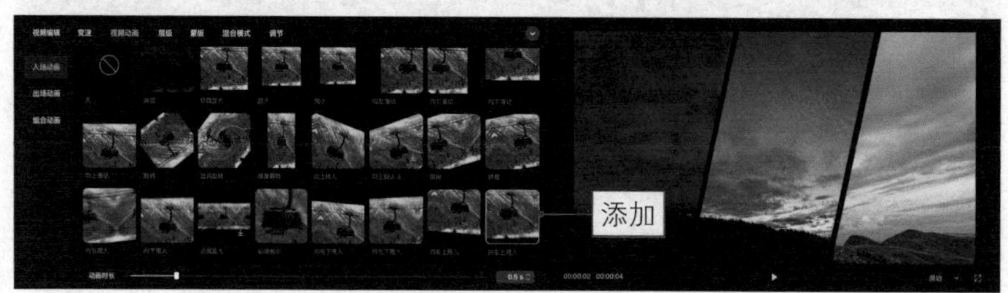

图 11–8 **为其他两个画中画轨道添加入场动画效果**

067 主体切换：制作时间和场景转换特效

扫码看教程

下面主要运用剪映的“素材库”功能制作一种时间转场的效果，同时给各个素材添加不同的转场效果，让视频的主体部分更加精彩，具体操作方法如下。

步骤 01 ❶ 切换至“视频”功能区；❷ 切换至“素材库”选项卡；❸ 选择一个新年氛围素材；❹ 将其添加至视频轨道中，如图 11–9 所示。

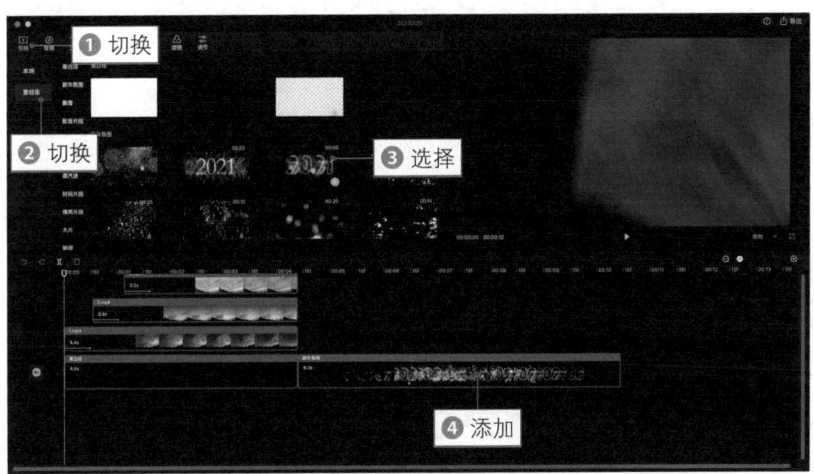

图 11–9 **添加新年氛围素材**

步骤 02 ❶ 切换至“本地”选项卡；❷ 将其他视频素材添加至视频轨道中，如图 11–10 所示。

图 11–10 **添加其他视频素材**

步骤 03 ❶ 切换至“转场”功能区；❷ 切换至“遮罩转场”选项卡；❸ 选择“圆形遮罩”选项，如图 11-11 所示。

图 11-11　**选择“圆形遮罩”选项**

步骤 04 单击添加按钮⊕，在相应视频素材的连接处添加“圆形遮罩”转场效果，如图 11-12 所示。

图 11-12　**添加“圆形遮罩”转场效果**

步骤 05 ❶ 切换至“幻灯片”选项卡；❷ 单击“回忆Ⅱ”转场中的添加按钮⊕；❸ 在相应视频素材的连接处添加该转场效果，如图 11-13 所示。

图 11-13　**添加“回忆Ⅱ”转场效果**

步骤 06 ❶ 切换至“特效转场”选项卡；❷ 单击“漩涡”转场中的添加按钮；❸ 在相应视频素材的连接处添加该转场效果，如图 11-14 所示。

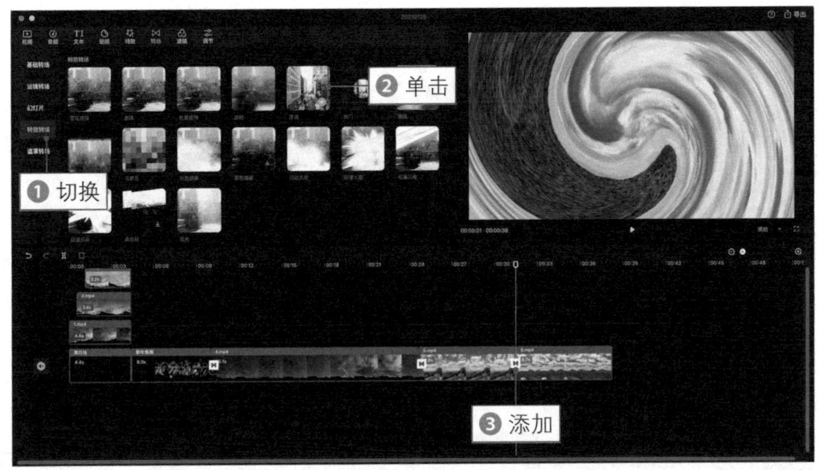

图 11-14 添加“漩涡”转场效果

068 字幕特效：使用酷炫的文字展现主题

扫码看教程

下面主要运用剪映的“文本”“特效”“滤镜”和“贴纸”等功能，制作出酷炫的主题文字展示效果，为短视频作品锦上添花，具体操作方法如下。

步骤 01 ❶ 创建一个文本轨道；❷ 在“文字编辑”功能区中输入相应文字内容，如图 11-15 所示。

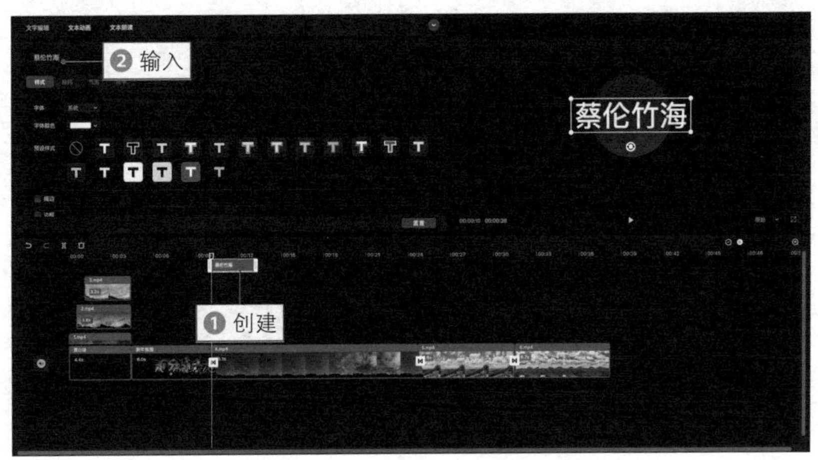

图 11-15 输入相应文字内容

步骤 02 ❶ 切换至“花字”选项卡；❷ 选择相应的花字模板；❸ 适当调整文字的大小和位置，如图 11-16 所示。

图 11-16 **调整文字的大小和位置**

步骤 03 调整文本轨道的时长，使其结束位置与视频轨道一致，如图 11-17 所示。

图 11-17 **调整文本轨道的时长**

步骤 04 ❶ 切换至“文本动画”功能区；❷ 在“入场动画”选项卡中选择“放大”选项；❸ 设置“动画时长”为 6.0s，如图 11-18 所示。

图 11-18 **设置“入场动画”选项**

步骤 05 ❶ 切换至“出场动画”选项卡；❷ 选择“闭幕”选项；❸ 设置“动画时长”为 6.0s，如图 11-19 所示。

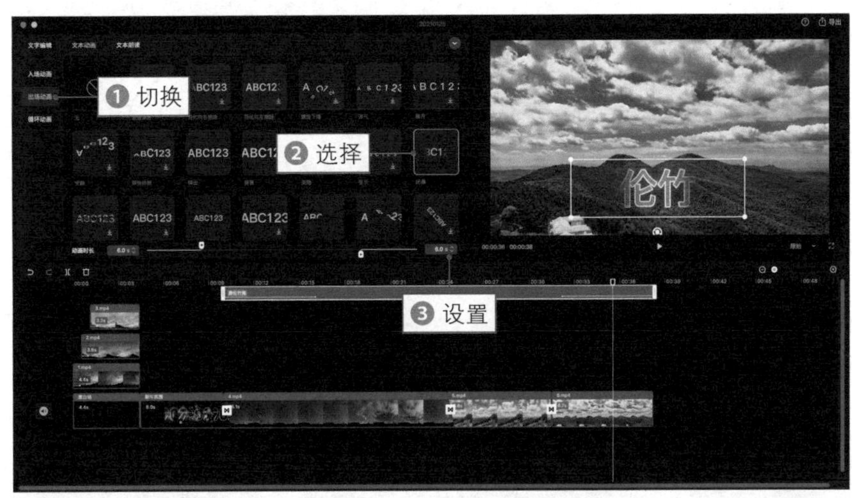

图 11-19 **设置“出场动画”选项**

步骤 06 返回主界面，❶ 切换至“特效”功能区；❷ 在“氛围”选项卡中选择“烟花”选项，如图 11-20 所示。

图 11-20 **选择“烟花”选项**

步骤 07 单击添加按钮⊕，在文字的起始位置处添加一个“烟花”特效，如图 11-21 所示。

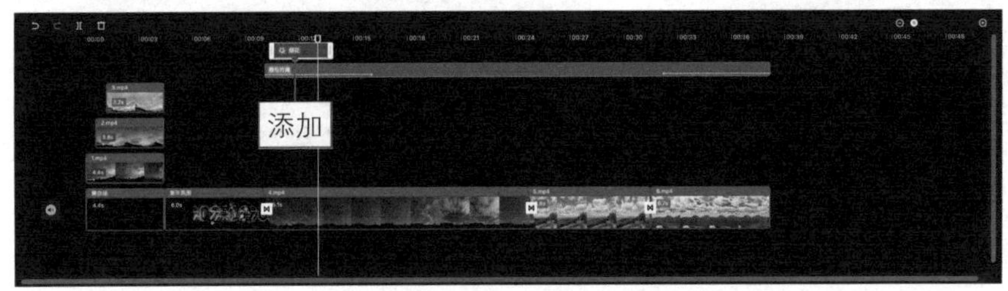

图 11-21 **添加“烟花”特效**

步骤 08 在“氛围”选项卡中选择“星星冲屏”选项，如图 11–22 所示。

图 11–22　**选择“星星冲屏”选项**

步骤 09 单击添加按钮，在文字的中间位置添加一个“星星冲屏”特效，并适当调整其时长，如图 11–23 所示。

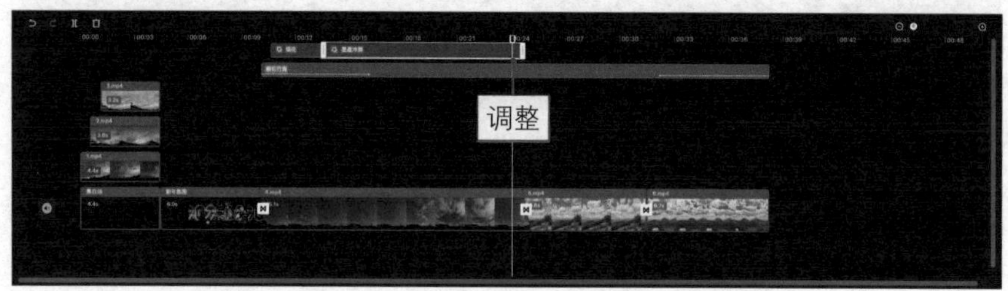

图 11–23　**调整“星星冲屏”特效的时长**

步骤 10 在“氛围”选项卡中，❶ 单击“星光绽放”特效中的添加按钮；❷ 在文字的结束位置添加该特效，如图 11–24 所示。

图 11–24　**添加“星光绽放”特效**

步骤 11 返回主界面，❶ 切换至“滤镜”功能区；❷ 选择“淡奶油”选项；❸ 在相应视频素材上添加一个滤镜轨道，增加蓝色调效果，更好地衬托文字，如图 11-25 所示。

图 11-25 添加“淡奶油”滤镜轨道

步骤 12 ❶ 切换至“贴纸”功能区；❷ 在“氛围”选项卡中选择一种星光贴纸；❸ 适当调整贴纸的大小和位置，如图 11-26 所示。

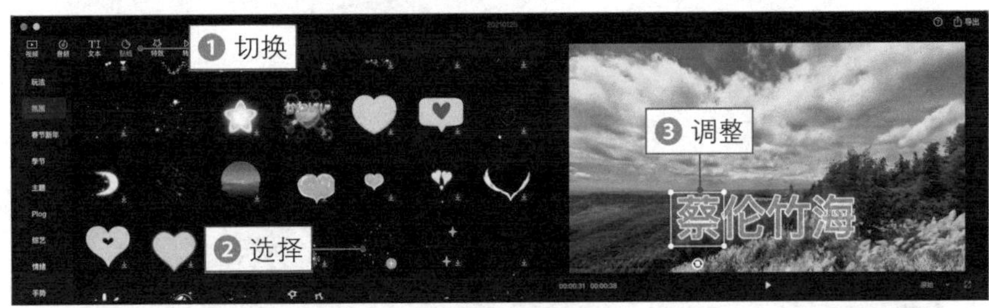

图 11-26 调整贴纸的大小和位置

步骤 13 在时间线窗口中适当调整贴纸轨道的时长，如图 11-27 所示。

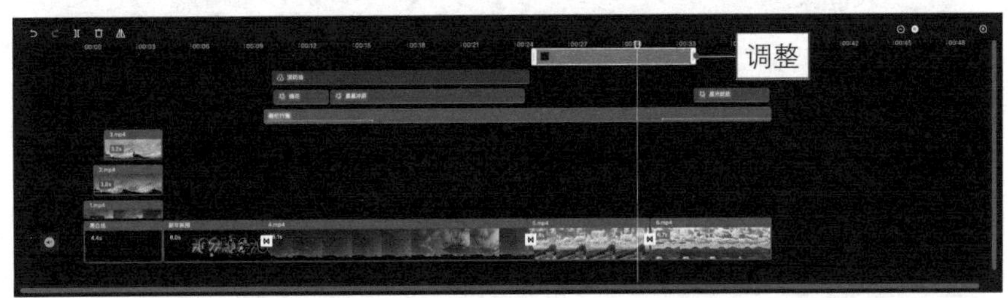

图 11-27 调整贴纸轨道的时长

步骤 14 ❶ 复制并粘贴贴纸至相应轨道；❷ 适当调整其位置，如图 11-28 所示。

图 11-28　复制并调整贴纸

步骤 15 添加合适的背景音乐，导出并播放预览视频，效果如图 11-29 所示。

图 11-29　预览视频效果